Неслучайный Мир Информации

Невероятная Реальность за Гранью Нашего Мира

С. В. Чеканов

2024 ErmisLearn

Неслучайный Мир Информации

Невероятная Реальность за Гранью Нашего Мира

С. В. Чеканов

Редактор (русская версия): Т.Смальцер.

Корректоры (русская версия): Т.Смальцер, Н.Чеканова.

Оформление: А.Д. Паскуаль Де Асторза (A.D. Pascual de Astorza)

- 1-е издание (v1.0), Май 2024

- 2-е издание (v1.1), Август 2024

ISBN: 979-8-9906428-1-2

English translation: "The Designed World of Information: Unveiling the incredible realm beyond" (by Sergei V. Chekanov)

По вопросам разрешения на воспроизведение отрывков из книги (текста и изображений) и переводов на другие языки пишите: С.В.Чеканову (автор), А.Д.Паскуалю де Асторза (оформление). Иллюстрации для этой книги были созданы с помощью искусственного интеллекта.

For information about permission for translation and reproductions of the text from the book, write to: S.V.Chekanov (author), A.D.Pascual de Astorza (images). The illustrations for this book were generated with the assistance of AI.

Оглавление

Посвящается моим родителям.

Шанс — это, возможно, псевдоним Бога, когда он не хочет подписываться своим именем.

Теофиль Готье (1811 - 1872).

1 Предисловие

От автора

Вы точно уверены в том, что окружающий вас мир не содержит тайн, которые влияют на вашу судьбу, а Вселенная не пытается с вами общаться?

Мир, который нас окружает, традиционно объясняется физическими законами и причинно-следственными связями. Бог или какие-то нематериальные силы не нужны, чтобы построить машину, сделать смартфон или ускоритель элементарных частиц. Считается, что если законы естествознания заданы, то они автономно работают и определяют структуру и поведение нашей Вселенной. Учёные находят такие законы и используют их для создания облегчающих нашу жизнь вещей.

Однако, не всё так просто. Наверняка вы слышали о невероятных случаях, основанных на совпадениях. Они происходят без какой-либо причины и их вероятность (часто, по субъективному мнению) должна быть очень мала. Например, вам приснился человек, с которым вы не общались десятки лет, но на следующее утро вы действительно встречаете его на улице. Или вы столкнулись с ситуацией в жизни, которая в точности совпала с сюжетом в недавнем фильме. Каждый из нас слышал о невероятных предсказаниях и всякого рода знамениях. По прошествии некоторого времени, оказывается, они могут сбыться. Ваш жизненный опыт подсказывает вам, что такие события весьма маловероятны, но вы не знаете, как их объяснить.

Такие удивительные явления невозможно объяснить с точки зрения материализма. Чаще всего, такие случаи отвергаются наукой и рассматриваются как случайности из-за трудности оценить вероятность таких совпадений. А если вдруг Вселенная посылает нам знаки или какие-то сообщения?

Несмотря на скептицизм, такие события можно использовать как ключ, чтобы открыть доступ к первичной реальности, которая стоит за кулуарами сцены мира. Для этого необходим правильный подход. В своей книге я использую законы математики и теорию вероятности для объяснения конкретных хорошо-документированных событий, произошедших с людьми и их судьбами. Я также показываю вычислительные опыты, которые легко можно повторить, чтобы убедится в иллюзорности материального мира. Именно эти, причудливо расставленные декорации, воспринимаются нами как жизнь. Оказывается, существуют хорошо задокументированные события, вовлекающие судьбы людей, вещей и окружающую природу, которые очень редки. Они могут восприниматься как некие странные сигналы, ставящие под сомнения рациональность Вселенной.

Хотя в подзаголовке моей книги не присутствует слово «Бог», эта книга может убедить читателя, что именно Бог стоит за устройством этого мира. Однако, эта книга не о религии. В этом тексте мы используем слово Бог для наиболее экономичного способа в определение общего источника жизни и переносимых информацией смыслов — то, о чём вы узнаете, прочитав эту книгу.

Слово «Бог» — это наиболее привычное для западного уха название для обозначения высшего существа, создавшего Вселенную и жизнь, но не имеющего материальной формы. Это понятие перекликается со словом «Дао» в китайском традиционном учении, которое означает «духовный путь», «глубинная и вечная основа всех вещей» или «сверхсознательное, бесформенное начало творения». Согласно даосскому учению, Дао — это внутренняя сущность материального мира и его невидимое начало. Рихард Вильгельм (1873 — 1930), немецкий востоковед и синолог, блестяще перевёл Дао как «смысл». Лао-Цзы, знаменитый древнекитайский философ 6—5 веков до н. э, описал Дао в своём всемирно известном манускрипте «Дао Де Цзин» так: «*Есть нечто бесформенное, но совершенное, существовавшее прежде, чем возникли небо и земля .. Ни от чего не зависит и неизменно. Всепроникающее и непоколебимое. Возникает мысль, что оно — это мать всех вещей, что существуют под небом. Я не знаю его названия, но называю его "Смыслом". Если бы я должен был дать ему имя, то назвал бы его "Великим".*» (Гл. XXV.).

Эквивалентность смысла и Бога также просматривается в христианском мировоззрении. Одна из первых строк Евангелия от Иоанна в Новом Завете Библии читается так: «В начале было Слово, и Слово было у Бога, и Слово было Бог». Слово — это основная самостоятельная единица языка, которая означает понятие, определение предметов, их свойств, явлений, отношений друг с другом. Это единица информации. На современном языке информация - это сведения о состоянии чего-либо. Эти сведения могут быть представлены в различной форме и в них заложен некий смысл (или идея) для получателя.

Идеи этой книги во многом дополняют концепцию синхронизма или синхроничности - термина, введённого знаменитым швейцарским психиатром и основоположником аналитической психологии Карлом Юнгом. Синхронизм - это действующий в природе творческий принцип, упорядочивающий события «нефизическим» (беспричинным) путём на основании их смысла. В своей работе я показываю новые факты, которые подтверждают это явление, и дополняю их результатами вычислений используя вероятностные методы. По большому счёту, я пытаюсь объяснить события в жизни людей, которые можно трактовать как «волновую рябь» в смысловых понятиях, затрагивающие их судьбы, связанные с ними события и даже окружающие их предметы. Может быть, такие наблюдения раскроют фундаментальную структуру бытия?

Я написал эту книгу для скептиков. Есть много трудов, апеллирующих к духовному началу, вере в Бога, религии, чтобы убедить людей в существовании первичной реальности, влияющей на нашу жизнь. В своих рассуждениях я применяю новую концепцию, основанную на статистике, которая наиболее близка к научному подходу понимания мира и событий. Я привожу примеры из жизни и дополняю их вычислительными методами, подтверждающими мою позицию, что такие события, действительно, очень редки и заслуживают внимания.

И последнее замечание. Эта книга содержит некоторые элементы нумерологии и связанные с ними знаками. Например, во многих местах текста вы найдёте число 6. Это наиболее часто встречающееся число. Следующее по популярности идёт число — 9. По какой-то невероятной случайности, из них состоит год, месяц и число моего дня рождения. Ну, это просто к слову.

Особенности этой книги

Эта книга рассчитана на широкий круг читателей. Несмотря на то, что она содержит достаточно строгие вычисления в конце, читатель может обратиться к ним только тогда, когда это необходимо. Другая необычная особенность этой монографии заключается в объединении концепций науки, философии, духовности и мистики. Последние три помогают прояснить ситуацию в тех случаях, когда наука и здравый смысл становятся бессильными.

Я попытался найти объяснение удивительным совпадениям, которые довольно хорошо задокументированы в прошлом. Все эти исторические случаи имеют маленькую вероятность. Это подтверждают строгие математические вычисления, код которых можно посмотреть в приложении. Чтобы проверить эти вычисления, нужно просто запустить программный код на компьютере и проверить ответ.

По большому счёту, наука говорит, что все эти события случились потому, что всегда есть маленькая вероятность того, что что-то произойдёт. Либо — нет никакого объяснения. Другие варианты невозможны, так как научно-материалистическая парадигма не допускает существования замысла, пытаясь всё объяснить неосознанными явлениями природы.

Я также должен отметить, что любые совпадения в предложенном объяснении необычных явлений также являются чистыми совпадениями. С большой вероятностью я могу утверждать, что мысли, изложенные на страницах этой книги, могли появиться в голове у многих других, учитывая, что количество людей на Земле приближается к 8 миллиардам. Просто работает закон больших чисел. А может быть что-то другое? После прочтения этой книги вы сможете ответить на эти вопросы. Если вы нашли свои мысли на страницах этой книги, то это не просто теория вероятности или слепой случай, привёдший к совпадению с тем, что написано. Такие мысли должны были прийти в голову очень многим, если эта книга правильно описывает нашу реальность и делает верные предположения, одно из которых — многочисленные совпадения в повседневной жизни не являются полностью случайными. Они — это признак чего-то общего, что объединяет всех нас. Поэтому я прошу прощения у тех, кто уже думал в том же направлении, что и я, но не решился об этом написать.

Благодарность

Я посвящаю эту работу своей матери — Нине, неожиданная смерть которой мотивировала меня к сбору информации для этой книги. Как и я, моя мама не была религиозной. Она ходила в церковь на всякий случай, обычно, чтобы поставить свечку за здравие и за упокой. Я не помню, чтобы она как-то отзывалась о существовании Бога. Однако события, которые происходили во время и после её смерти, были настолько статистически невозможны, что я полностью осознал, что этот мир не может восприниматься как реальность, в основе которой находится неодушевлённая материя. Я думаю, что события после её смерти были самой убедительной демонстрацией иной информационной реальности. Я расскажу об этих событиях на страницах этой книги.

Также, я посвящаю эту книгу моему отцу Владимиру. Он тоже не часто ходил в церковь, как и вся наша семья. Религия в советском обществе подавалась как явление устаревшее и архаичное, не дающее «двигаться навстречу коммунизму и светлому будущему». Она не была частью нашей повседневной жизни. Но именно папа напоминал мне, что этот мир полон удивительных событий, которые невозможно объяснить. Надо просто быть открытым ко всему новому. Часто, видев что-то необычное, он любил говорить: «Смотри… здесь что-то должно быть».

Сделав карьеру физика, изучающего элементарные частицы на международных ускорителях и написав сотни научных статей, я попытался применить вычислительные методы к некоторым известным событиям. Эта книга может рассматриваться как некоторое исследовательское путешествие в мир необычных гипотез. Я безгранично благодарен бесчисленному числу моих коллег, которых я встретил за 30 лет своей карьеры в физике, с которыми у меня было много увлекательных обсуждений о невероятной странности этого мира. Они все, без сомнения, оказали огромное влияние на мои умозаключения. Я также благодарен и тем, кто не согласен с моими предположениями. В спорах всегда рождается истина, которую мы все ищем.

Я особенно благодарен Ларри Сэнгеру, Тиму Чемберс, Космасу Захосу и всей команде редакторов за проверку известных фактов и событий, содержащихся в этой работе. Как я уже говорил, моей целью было как можно точно описать научные факты. Но их трактовку я оставил за собой. Именно интерпретации данных лежат за гранью научного поиска и являются вечными проблемами, ответы на которые зависят от мировоззрения.

Многие из моих друзей, узнав, что я пишу книгу о явлении синхронизма, прислали случаи из своей жизни, в которых случайные совпадения кажутся очень маловероятными. К сожалению, я не смог включить все эти жизненные ситуации. План этой книги был более амбициозным, чем просто перечисление случаев с синхронизмом.

Я благодарен моей сестре Наталье, которая помогла со сбором информации. Она навела меня на мысль сделать некоторые расчёты для событий, которые было трудно объяснить с точки зрения материалистического понимания мира, где всё работает как механические часы, а случай правит совпадениями, происхождения которых мы не понимаем.

Я очень признателен моей жене Татьяне за помощь в придании моей рукописи более литературного стиля, что облегчило восприятие материала широким кругом читателей.

Я также благодарен моим сыновьям Алексею и Роману за их критические замечания с точки зрения материалистов-скептиков. Обсуждение с ними некоторых частей этой книги напомнило мне мою юность и споры с отцом об устройстве мироздания и смысле бытия. И, как это обычно бывает, такие жаркие дискуссии помогают в нахождении подходящих терминов для объяснения сложных понятий и явлений.

Сергей В. Чеканов. (Sergei V. Chekanov, Ph. D.)

(Чикаго, февраль 2024)

2 Этот мир таков, потому что мы в нём

Вселенная, которую мы видим, от элементарных частиц (с размером порядка 10^{-18} метра) до скопления галактик (размером до 10^{23} метров) невероятно сложно устроена. Но в то же время, каждая отдельная её часть чрезвычайно точно подстроена одна под другую. Доминирующая научная концепция, описывающая этот мир, называется «тонкая настройка Вселенной». Согласно этой концепции, в основе Вселенной лежат не произвольные, а строго определённые значения фундаментальных постоянных, входящих в физические законы. Наш мир перестанет существовать при изменении одной физической постоянной на долю процента.

Давайте приведём один пример. Если изменить массу нейтрона - частицы, которая является основным компонентом атомных ядер, всего на одну тысячную долю процента, то это повлечёт за собой нестабильность атома водорода. Что, в свою очередь, приведёт к отсутствию во Вселенной водорода — главного строительного материала для звёзд. Следовательно, это приведёт к отсутствию звёзд.

Существует порядка двадцати различных фундаментальных параметров, определяющих структуру нашей Вселенной. И это число постоянно растёт с каждым новым открытием. Эти постоянные величины связаны между собой законами и математическими соотношениями. Изменяя одну постоянную на ничтожно малую величину, вы меняете другие постоянные. Такая невероятно точная подстройка постоянных, входящих в физические и химические законы, является необходимой для существования звёзд, планет и галактик. Более того, сами законы природы выглядят так, как если их специально отобрали, чтобы наша Вселенная и сама жизнь могли существовать.

Такая точная подстройка проявляется и на планетарном уровне. Небольшие изменения размера Солнца, Луны или даже Юпитера привели бы к невозможности жизни на Земле, а значит и существованию человека.

В настоящее время, наиболее популярное объяснение такой невероятной подгонки значений, описывающих наш мир фундаментальных физических постоянных, основывается на «антропном принципе». Суть его заключается в том, что без наблюдателя (человека) существование Вселенной невозможно. Именно наблюдатель придаёт мирозданию все необходимые качества для развития не просто биологических, но разумных форм жизни. Во всем бесконечном многообразии других вселенных, которые были ранее или существуют в настоящий момент, только в этой Вселенной появился человек. Он её и наблюдает.

Получается, с одной стороны, антропный принцип содержит объяснение структуры нашей Вселенной, тонкой подгонки физических постоянных и космологических параметров, необходимых для возникновения и существования разумной жизни, а с другой — говорит о возможности существования других Вселенных с иными законами (и наблюдателями).

Термин «антропный принцип» впервые предложил в 1973 году английский физик Брэндон Картер, однако сама идея неоднократно высказывалась и ранее. Первыми её явно сформулировал советский астрофизик Абрам Зельманов (1913 – 1987) в 1955 году. К сожалению, много учёных не признают эту идею абсолютно научной, так как она объясняет «неизвестное через другое неизвестное по логике порочного круга», как писал польский философ и футуролог Станислав Лем (1921 – 2006).

Ещё один вариант объяснения «тонкой настройки» — это теория космологического естественного отбора, предложенная американским физиком-теоретиком Ли Смолиным. Согласно этой модели, при возникновении новой вселенной, ей передаются законы физики и фундаментальные постоянные от вселенной-предка «по наследству», но с небольшими случайными отклонениями от исходных значений. Те вселенные, чьи законы физики не позволяют образовываться устойчивым системам, не оставляют «потомства». Таким образом идёт некий космологический естественный отбор вселенных.

К сожалению, даже такие гипотезы не являются научными, так как их невозможно проверить. Более того, это попытка объяснить одно неизвестное, то есть «тонкую настройку» через весьма сложное манипулирование другими неизвестными (и ненаблюдаемыми) механизмами.

Есть ещё одна ненаучная гипотеза объясняющая, почему законы природы устроены так, что возможна биологическая жизнь и существование человека. Можно предположить, что дизайн законов произошёл в результате сознательной деятельности.

Плохо ли то, что все эти гипотезы ненаучны?

Наука — это специфическая область деятельности. Она направлена на выработку и систематизацию объективных знаний о действительности на основе причинно-следственных связей. Гипотеза, что мир создан разумом, не научна. Но и многие гипотезы учёных о бесконечном множестве вселенных не научны, так как никогда не смогут быть проверены. Наряду с этим, они слишком сложны по сравнению с гипотезой о сотворении мира и разумной основе, на которой строится этот мир.

Мироздание познаётся не только наукой. Наука — всего лишь один из инструментов для ответов на основополагающие вопросы, такие как «как это устроено» и «какие процессы нужны чтобы это объяснить», без привлечения разумного влияния извне. Не все значимые принципы могут быть сведены к научно-рациональным. Есть много других способов, чтобы понять мир. Верно ли то, что у вас был прадедушка, который любил вашу прабабушку? Вы можете добраться до истины, но наука здесь совершенно ни при чем. Наука по своей сути действует в определённых рамках. Она воздерживается от суждений об эстетике и морали, избегает спекуляций о глубинных смыслах и ограничивает свои выводы действием природных явлений. Исторические документы, логическое мышление и философский поиск предоставляют ценные ресурсы для решения вопросов, выходящих за рамки научного исследования. Они также могут привести к правильным ответам. А ещё есть интуиция и чувства.

Но вернёмся к «тонкой настройке». Давайте посмотрим на нас с вами со стороны. Представьте космический корабль, летящий в недрах космоса. Он невероятно сложный и полностью автоматизирован. Его создали с одной целью — лететь в космосе и поддерживать жизнь человека внутри себя. Корабль состоит из миллиона частей, точно подстроенных для каждой функции. Внутри корабля находится младенец. Корабль построен так, что он заменяет ему мать. Он его растит, кормит и обучает элементарной логике, используя игры. Ребёнок не осознает, где он и для чего он летит. В конце концов, он понимает, что летит в каком-то устройстве и замечает, как оно выглядит снаружи. Он начинает задавать вопросы. Где я? Что это? Чтобы понять, кто построил космический корабль, он начинает экспериментировать и собирает похожий корабль-игрушку из Лего кубиков. Малыш счастлив, но вот незадача — корабль из кубиков не имеет ни одной функции настоящего корабля. Пытаясь воссоздать процессы корабля, он опускает свой Лего корабль в мешок и начинает экспериментировать с содержимым, создавая давление, трение и даже произнося заклинания. Разумеется, все его попытки оказываются тщетны. Мальчик быстро приходит к выводу, что корабль создан более совершенным разумом.

Второе его озарение связано с пониманием, что создание столь удивительной конструкции связано с достижением какой-то загадочной цели, частью которой он также является. Просто этот вывод следует из его наблюдений — любая сложная часть корабля создана для некоторого предназначения. Осознав уникальность своего окружения, ребёнок начинает догадываться о том, что у него тоже есть предназначение, или миссия. В подавляющем большинстве случаев, его рассуждения о своём предназначении будет верным. Кто-то зачем-то создал такое сложное устройство для поддержания его жизнеобеспечения. Конечно, возможны некоторые другие объяснения. Например, что он попал на корабль благодаря некой случайности. Но это явно будет слишком надуманным, а мы ищем простое и наиболее естественное объяснение.

Наука не решится на открытие, к которому пришёл этот ребёнок. Разумный дизайн сложных систем исключён из научного объяснения. Если бы ребёнку объяснили, что он должен пользоваться научным подходом и ничем больше, то он бы бил и мял мешок с Лего кубиками до старости, пытаясь найти случайный процесс, ведущий к функциональной сложности, но так бы и не доказал причин возникновения корабля.

С точки зрения материалистов, приведённый мной пример не является убедительным, так как мы уже знаем, что космические корабли создаются разумными существами. Но так ли это важно? Как ещё мы можем высказывать своё мнение по какому-либо вопросу, не опираясь на имеющиеся у нас концепции? Даже если бы это был не описанный выше корабль, а нечто более сложное, не похожее ни на один из нам доселе известных объектов, вывод всё равно был бы тот же. Шанс, что сложное окружение, поддерживающее жизнь, собралось само собой по воле случая, а человек просто оказался в этом окружении и смог эту случайность выявить, является ничтожно малым.

Давайте теперь придумаем историю в поддержку «тонкой настройки» из чисто материалистических представлений. Вы можете это сделать? Если у вас и получится, вас вряд ли кто-то поймёт. Ведь вам придётся оперировать сложными и выдуманными категориями, для которых нет ни малейшей причины быть правдой. Главное — придумать естественный процесс, создающий невероятную сложность структуры, способной выполнять определенные функции.

Материалисты верят в созидательные чудеса механических взаимодействий молекул, приводящих к жизни. Им требуются миллиарды лет и громадные пространства Вселенной, чтобы убедить себя и других, что такие созидательные свойства неживой материи возможны. Это единственный спасительное объяснение для таких рассуждений. Далее в этой книге мы покажем, что даже события, произошедшие в течении несколько сотен лет, иногда не поддаются механико-натуралистическому пониманию мира. Тогда что же можно говорить о миллиардах лет на гигантских пространственных масштабах? Случиться может всё. И здесь все наши ожидания того, что естественные явлениях природы, способны рационально объяснить невероятную сложность жизни, заканчиваются.

Наш мир устроен так, что правда кроется в наиболее простом объяснении. Как сказал в 11-м веке богослов и философ Ансельм Кентерберийский (1033 – 1109):

«Всякое сложное нуждается для своего существования в том, из чего оно сложено, и этим вещам оно обязано своим существованием; ибо чем бы оно ни было, оно существует через них, а они существуют не через него; и потому сложное никогда не может быть высшим».

Другими словами, сложное объяснение слишком сильно зависит от многих непредсказуемых факторов. Это снижает вероятность правильной интерпретации событий. Сложные случайные (и неслучайные) процессы, происходящие в течение огромного промежутка времени, могут привести к любому исходу. Совершенно не очевидно, что такие естественные процессы являются причиной того, что мы здесь. Но об этом — позже.

Что является причиной тонкой подстройкой физических величин, законов и существование самих законов? Наиболее вероятное и логическое объяснение — первоначальный план, как в нашем примере с ребёнком и кораблём. А для всякого плана нужны чертежи и вычисления. Нужна информация. А ещё нужно осознанное решение и возможность его воплотить.

3 Информация, смысл и сознание

Если вы спросите, что такое информация у специалиста, то ответы будут приблизительно такими: информация – это сведения о состоянии чего-либо, в которые заложен некий смысл (идея) для получателя. Или информация — это знания, которые необходимы для ориентирования и взаимодействия с окружающей средой.

Проблема со всеми этими определениями в том, что они оперируют такими трудными концепциями как сведения или знания. Это не делает задачу определения информации проще. Некоторые даже используют слово «стимулы» или «смыслы», имеющие значение в определённом контексте для получателя. В любом случае, это определение является достаточно абстрактным и может вызывать трудности. В большинстве случаев люди пытаются представить полки книг, жёсткие диски компьютеров или ещё что-то материальное, что содержит записи данных. Но в действительности, понятие информации является абстрактным.

Информация — это фундаментальный продукт сознания, который нельзя потрогать или увидеть (Colburn 2000). Оно отличается от мысли или знания. Мысль может быть мимолётной и непостоянной, в то время как информация более устойчива и структурирована. Знание означает осведомлённость или понимание предмета на основе полученной информации и мыслей. Знание — это частный вид информации.

Информация означает организованные данные, которые могут содержать описание предмета, знаний, чувств и инструкций на выполнение каких-либо действий. Это данные, которые имеют смысл для кого-то. В абстрактном виде, для информации не нужен материальный носитель. Просто людям гораздо проще понять слово «данные» — когда информация вводится и сохраняется в каком-либо материальном хранилище. Такие носители данных могут меняться и усложняться в зависимости от прогресса в обществе. Первоначально, это были расположения камней на песке, береста и папирус. Сейчас мы используем бумагу, жёсткие диски компьютеров и модифицированные электромагнитные волны. Вполне логично, что до того, как информация была перенесена на материальные предметы в виде сообщений, она должна была где-то существовать.

Пожалуй, здесь следует напомнить, что такое сознание и интеллект, так как оба понятия являются центральными для нашего обсуждения. Обычно сознание относится к понятию знания и восприятия себя как нечто независимое от внешнего мира.

Сознание осознаёт своё бытиё, переживает его чувственно. Оно имеет восприятие и понимание окружающего и себя. Будучи отделённым от мира, сознание имеет свободу воли и может принимать решения.

Слово «сознание» будет использоваться наравне с понятием «душа». В некоторых религиях душа — это та часть нас, которая переходит из одной жизни в другую. С другой стороны, сознание относится к данному воплощению души на Земле. После смерти вся информация, накопленная сознанием, стирается. Однако, душа продолжает свой путь. Я не могу сказать, происходит ли такое уничтожение информации или нет. По-моему, стирание невероятного количества информации, накопленной в течении жизни человека, выглядит довольно нелогичным. Если такое происходит, так что же остаётся душе? Эта книга не является религиозной, поэтому я не буду делать отличия между сознанием и душой.

В отличие от сознания, интеллект — это способность к обработке информации. Он может решать задачи и выполнять расчёты для управления окружающей человека средой. Он не связан с чувственной стороной восприятия мира. В этой книге мы также будем использовать слово разум — совокупность сознания и интеллекта.

И так, в этом мире для существования и обмена информацией нужны материальные носители. Говорят, что информация кодируется на эти носители. Но для информации и кодирования нужен интеллект под руководством сознания, которое принимает решение о действии, а интеллект делает всю основную работу по переработке и кодированию полученных знаний. В то же самое время, необходим второй разум, который может прочитать информацию. Это чтение возможно, если этот второй разум уже договорился с источником информации. Или он сам догадался как прочитать и понять информацию по причине похожести устройства своего разума или даже общего источника. <u>Рис.3.</u> иллюстрирует понятие информации и обмена между отдельными частями, которые могут представлять людей.

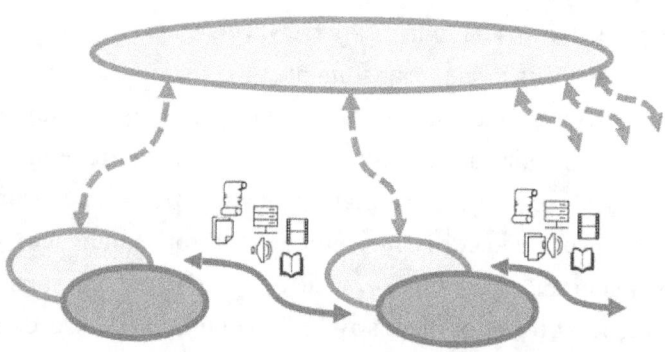

Рис.3. *Тёмные синие стрелки показывают обмен информации в виде данных. Тёмные овалы — интеллект. Светлые овалы — сознание. Стрелки с прерывистыми линиями показывают связь, необходимую для восприятия данных, как некую информацию.*

Информация в этом мире всегда оставляет след в виде сложных регулярностей, предметов, конструкций или процессов, которые легко отличить от типичных предметов и явлений неживой природы. В создании такого обмена через неодушевлённые предметы и процессы участвует интеллект. Но самое главное — информация неразрывна связана с сознанием, которое, при помощи интеллекта, может понять, что имеет дело именно с источником знаний. Это потому, что именно сознание абстрагирует себя от материи.

Допустим, вы увидели на песке эти два рисунка:

$$.. — . .. — . — .. / . —— . — — .. — . \qquad (1)$$

и

$$.. .. — . — .. — . / . — . ——— . — .. \qquad (2)$$

Какой из них является информацией? Пока вы не поняли, что перед вами, эти рисунки для вас просто некоторые последовательности. Они легко могли возникнуть благодаря природным явлениям, таким как порывам ветра или эрозии. Потенциально эти замысловатые узоры могут быть некоторой записанной информацией на материальном носителе — песке. Пока вы это не докажете.

На самом деле, рисунок (1) несёт информацию, а точнее — инструкцию что-то сделать. Эта информация записана при помощи азбуки Морзе — способа кодирования, в котором буквы алфавита и другие символы представляются в виде последовательностей из точек и тире. Эта запись означает "найди воду".

Однако узор (2) ничего не означает, хотя он удивительно похож на (1). Так как определить, где информация, а где просто случайный набор линий и точек? Технически — никак, пока вы не проанализируете кем и как создавались эти рисунки. Есть несколько способов, когда регулярность становится для нас информацией:

Вы способны прочитать запись, потому что вы были в контакте с автором и узнали, как записи создаются.

Вы смогли расшифровать запись, имея некоторое представление об авторе, о том, как он думал, что он мог сказать. То есть у вас был некий контакт до того, как вы увидели эту регулярность.

Вы заметили, что эта регулярность воздействует каким-то образом на некоторые механические компоненты, сложные устройства, или даже некоторые (разумные) существа.

Во всех этих случаях, чтобы распознать информацию, вам надо иметь прямые или опосредованные представления о тех, кто создал эту регулярность. Вам нужен некий интеллектуальный «мост», который соединит вас с автором до того, как автор создаёт что-либо. Замечено, что если два сознания имеют общий источник и оперируют схожими идеями и смыслами, то это является наиболее благоприятным для 1-го и 2-го способа. Именно поэтому Рис.3 иллюстрирует, что сознание частей (маленькие овалы) имеет прямой доступ к основному источнику сознания.

Итак, информация — это продукт сознания. Но что делать с приборами и компьютерами, которые наблюдают за неким процессом, собирают данные, перерабатывают, производят вычисления и создают описание в двоичном коде на жёстком диске? Создают ли они информацию? Ответ — нет. Они создают данные, которые должны быть понятыми. Как только это понимание произойдёт, данные станут информацией и «круг замкнётся». Сознание создаёт приборы для помощи в сборе данных и выработает способ записи этих данных, с последующим прочтением и осознанием. Все эти приборы, собирающие и обрабатывающие информацию, являются продолжением нашего интеллекта. Это просто инструменты.

Мы ничего не сказали об интеллекте — способности применять информацию для решения задач, делать вычисления и управлять окружающей средой. Можно ли сказать, что для усвоения информации, интеллект достаточен? Ответ очевиден из примера с инструментом и компьютером. Интеллект способен запоминать, структурировать информацию и использовать её для вычислений. То, что и делают компьютеры. Но понять, принять решение и дать команду на решение задачи может только сознание.

Оно способно выделить и осознать себя во внешнем мире как нечто совершенно отличное от материи. Тем, чем оно и является. Об этом мы будем говорить позже.

Что же приводит в действие компьютер с всякого рода искусственными интеллектами? Если для нашего разума необходимо сознание для запусков вычислительных процессов интеллекта и принятия решений, то для запуска алгоритмов в компьютерах, не нужно никакого сознания. В микропроцессоре одни алгоритмы запускаются другими. Всё происходит за счёт расчётов, как в сложном калькуляторе. Может этих вычислений достаточно, чтобы назвать сознание биологических организмов просто продвинутыми вычислениями или побочным продуктом сложного интеллекта? Тут следует заметить, что команды на запуск алгоритмов в компьютере производятся программным кодом. Это — «слепок» человеческого разума, который включает в себя сознание. Компьютер просто воспроизводит такой код как проигрыватель играет пластинку. Программный код — это «замёрзший» во времени разум человека, сознание которого, возможно, тоже является крохотной «снежинкой» застывшего первородного духа Вселенной или Бога. Только для нашего сознания сковывающий лёд — это время и пространство. Для первоначального источника человеческого сознания нет ни того не другого.

Но вернёмся к информации. Очень часто можно слышать, что есть компьютеры, которые, используя некоторые алгоритмы, могут выявить, является ли последовательность знаков информацией. Один из таких методов — вычислить энтропию.

3.1 Энтропия

Энтропия — это величина для характеристики данных или некой системы. Это мера случайности или беспорядка. Энтропия численно равна количеству хаотических скачков в данных или непредсказуемости появления какого-либо символа. В этом смысле энтропия может отражать количество информации на символ в некотором сообщении. Однако любая случайная последовательность данных без всякого смысла тоже может иметь большую энтропию.

Набор чисел и слов, перемешанных случайным образом, имеет наибольшую энтропию. Энтропия повторяющегося слова или буквы равна 0. Если подсчитать энтропию словосочетания 'привет мир' и затем перемешать все буквы, то энтропия окажется точно такой же, как и для первоначального словосочетания. Но как только мы добавим дополнительную букву, энтропия увеличится. Если взять большое количество случайных букв, то энтропия будет наибольшая. Повторение одинаковых букв уменьшает энтропию.

В главе <u>20.1 Приложение</u> мы приводим вычисление энтропии Шеннона для 3-х предложений. Здесь показан результат этих вычислений:

- "I LIKE SNOW"   Entropy= 3.095

- "I LEKI SNOW"   Entropy= 3.095

- "I LEKI SNOWMAN" Entropy= 3.378

Первое предложение имеет смысл ("Я люблю снег"). Второе предложение не имеет смысла, но оно состоит из тех же букв, что и первое. Но энтропия не изменилась для такой последовательности из букв. В третьем случае мы добавили несколько букв, что увеличило энтропию. Но смысла не прибавилось.

Самая большая проблема с энтропией — это то, что энтропия не может ничего сказать о том, является ли текст сообщением или это просто случайный набор букв. Обычно сообщение не должно иметь очень большую энтропию, так как большая энтропия соответствует случайному набору разнообразных букв. В то же самое время маленькая энтропия может соответствовать набору символов, который не имеет никакого содержания, но просто содержит периодическое повторение каких-либо символов.

Чтобы решить, является ли набор букв каким-то сообщением, необходим разум и сознание, которое может правильно воспринять сообщение. Можно также применять всякие алгоритмы и нейронные сети, которые уже были настроены на известные сообщения и поэтому могут уловить упорядоченную последовательность букв. Тем не менее они — просто инструменты, созданные для того, чтобы человек разобрался в смысле сообщения. Только сознание с помощью вычислительных способностей интеллекта может распознать и понять информацию. Именно сознание придают смысл расшифрованным данным и запускает вычислительные алгоритмы разума. Сознание также нужно для создания информации. Одного интеллекта машины или человека недостаточно.

Наша Вселенная может рассматриваться как замкнутая система, в которой энтропия всегда растёт. Это значит, что вся материя неотвратимо движется к деградации, беспорядку и разрушению. В свою очередь, это значит, что информация, заключённая в нашей Вселенной, постоянно уменьшается. Самое начало рождения Вселенной характеризовалось максимальным количеством информации.

Биологические организмы — это маленькие «пузыри», в которых нет естественного закона увеличения энтропии в течение короткого срока их существования. Живые существа являются обширными хранилищами хорошо структурированной информации по сравнению с окружающей средой. Но и они «схлопываются» со временем и умирают под воздействием окружающего мира, движущегося к хаосу.

3.2 Продукт информации легко узнаваем

Даже ввиду сложности распознать информацию вычислительными методами и алгоритмами, распознание признаков информации, записанной или использованной на предметах материального мира, не представляет никакой трудности для человека.

Представьте, что вы прилетели на космическом корабле на планету, где совершенно нет жизни. Спустившись по трапу с корабля и пройдя несколько километров, вы обнаружили предмет с невероятным количеством шестерёнок, насечек и невероятным количеством соединённых трубок. Что бы вы подумали об этом? Даже если у вас нет никаких аналогий, то последняя мысль, которая может прийти в голову, это то, что этот предмет возник благодаря каким-то естественным процессам на этой планете.

Этот артефакт должен являться информационным продуктом разума, который, используя абстрактное мышление, спроектировал этот механизм и трансформировал материю в части этого механизма. Других вариантов просто нет и быть не может. В таких ситуациях не место материалистическому объяснению появления такой сложной системы.

Мы судим об информации по её следам, оставленным в материальном мире. А поняв эти следы, мы можем судить о разуме, который эту информацию создал. Машины, построенные на основе информационных вычислений, не могут появиться сами по себе из материи, каким бы сложным процессам они не подвергались в результате случайных воздействий в природе. Сколько бы вы ни трясли камни, либо нагревали какую-либо комбинацию газов, вы никогда не получите функционирующий предмет.

Информация не может возникнуть из случайных процессов. Случайные процессы могут привести к системам с очень большой энтропией (например, хаотическое перемешивание букв) или с малой (некоторая периодичность). Физические процессы действительно могут создавать в малых объемах периодические системы с малой энтропией и даже создавать системы, которые могут казаться сложными. Однако это будет мнимая сложность, которая не имеет ничего общего с наличием информации при создании таких структур.

Рис. 3.1. *В чём различие между старым неработающим часовым механизмом и снежинками?*

Например, в чём разница между снежинками и старым неработающим механизмом часов на <u>Рис 3.1</u>? Ведь они имеют такую похожую периодичность структуры! Это может решить только интеллект и разум, которые могут определить, что зубья шестерёнок могут взаимодействовать друг с другом. А значит возможна некоторая функция. Следовательно, это механизм.

В этом примере мы видим потенциально-функциональную сложность, в которой каждая часть выполняет некоторую деятельность по некоему алгоритму. Это является признаком присутствия информации при дизайне всей такой системы. Даже если одна шестерёнка возникла случайно, все другие зубчатые колеса должны иметь особую структуру таким образом, чтобы их зубья подошли друг к другу. Если все они произошли случайно, то эта случайность должна сопровождаться невероятными совпадениями. Только тогда и вся система станет рабочим механизмом. Однако, кажущийся нам функциональный механизм ещё не означает, что есть некая цель.

Конечный вывод о наличии информации о дизайне может сделать только сознание, используя необходимый для анализа наблюдений интеллект. В случае со снежинками, такую функциональную сложность невозможно найти. И, следовательно, узор снежинок — это просто регулярность структуры, произошедшая по некоему природному закону.

Как мы говорили раньше, функциональная сложность – это только одна разновидность наличия информации.

Объекты, узоры и последовательности могут содержать сообщения. Например, определённая регулярность в структуре на песке может быть сообщением, как мы обсуждали ранее. Интеллект и сознание могут определить, является ли такая структура сообщением. Но, как мы говорили ранее, только сознание принимает решения о запуске алгоритмов интеллекта и придании значения информации, в то время как интеллект помогает выполнять необходимые вычисления.

3.3 О вероятностях

В этой книге мы будем использовать математику на самом элементарном уровне. Для наших вычислений мы ограничимся делением и умножением чисел.

Как многие уже знают, вероятность – это отношение количества благоприятных событий на количество всевозможных. Благоприятные события – это подходящие варианты исхода события. Если мы бросаем монетку и хотим, чтобы выпал «орёл», то выпадение «орла» и есть так называемое благоприятное событие. Для подсчёта вероятности нам также надо знать количество всевозможных событий – это количество всех возможных вариантов исхода действия. В случае с монетой возможны 2 исхода – «орёл» и «решка».

Определение вероятности часто происходит из понятия равно-возможности всевозможных событий, которая устанавливается из общих соображений симметрии изучаемых явлений. Допустим, если у нас «N» возможных событий, и у нас нет информации, какие возможности более реальны, то вероятность события из всех возможных будет равна «1/N».

Давайте посчитаем вероятность выпадения «орла» (или «решки») при броске монеты. У нас есть два возможных исхода: выпадает орёл или выпадает решка. Это равновозможные события, так как мы используем геометрические соображения — симметрию монеты. Существует одно благоприятное событие и два возможных. Следовательно, получаемая вероятность $1/(1+1)$ = 0.5.

Давайте приведём конкретный пример. Представим, что мы подкинули монету 5 раз и мы видим выпадение «орла» 5 раз подряд. Значение вероятности такого совпадения

0.5×0.5×0.5×0.5×0.5 = 0.031. Или мы можем записать произведение вероятностей как 0.55. Если мы спросим, какова вероятность выпадения «орла» 5 раз подряд для 10 человек, то нам просто надо умножить 0.031 на 10. Мы получим вероятность 0.31 (или 31%). Из 100 человек, в среднем 3 человека увидят выпадение «орла» из 5 последовательных бросаний.

Однако вероятность того, что выпадет 10 раз «орёл» будет очень мала для 100 участников подбрасывания монеты. Вероятность такого события — 0.000976. Необходимо по крайне мере 1000 участников для положительного исхода. И это событие даже не будет 100% гарантированным для такой большой группы участников.

Чтобы понять доводы, описанные в этой книге, нам нужно немного повторить элементарную теорию вероятности и её общие понятия. А именно, нам нужно вспомнить, как рассчитать вероятность того, что два (или более) события наступили. В этой книге мы будем иметь дело с независимыми событиями.

Оказывается, здесь всё довольно просто. Если вы знаете вероятность одного события и вероятность второго события, то вы просто перемножаете эти вероятности. Если A и B — два независимых события, то вероятность $P(AB)$ того, что оба события A и B произойдут одновременно, определяется выражением:

$$P(AB) = P(A) \times P(B).$$

Например, предположим, что подающий заявление в колледж определил, что его шансы на поступление составляют 40%. А шансы поступления его друга в другой колледж составляет 20%. Значит, вероятность что они оба поступят в колледж — 0.2×0.4 =0.08 (8%).

В случае если A и B являются зависимыми событиями, то вероятность одновременного возникновения обоих событий определяется выражением:

$$P(AB) = P(B) \times P(A|B).$$

Здесь $P(A|B)$ обозначает условную вероятность события A при условии, что событие B наступило. Например, предположим, что подающий заявление в колледж студент определил, что его шансы на поступление составляют 40%, и он знает, что общежитие будет предоставлено только для 50% всех принятых студентов. Тогда шансы на зачисление и получение жилья в общежитии определяются как $0.4 \times 0.5 = 0.2$ (20%).

Выражение, приведённое выше, происходит из теоремы Байеса, названного в честь её автора Томаса Байеса (1702 – 1761), английского математика и священника. Это правило использует методы для обновления вероятностей, которые являются степенью доверия после получения новых данных. В байесовской интерпретации вероятность трактуется как разумное ожидание, представляющее состояние знаний, или как количественная оценка личного убеждения или веры.

В случае с бросанием монеты мы используем принцип симметрии и, поэтому, получаем $1/2 = 0.5$ для вероятности появления «орла» (или «решки»). Если рассматривать кубик, то вероятность выпадения одной (известной) стороны кубика будет равна $1/6$.

Но есть очень много случаев, когда принцип симметрии не работает. А есть случаи, когда мы вообще ничего не можем сказать о наших ожиданиях для величины вероятности.

Представьте, что у нас нет никакой информации о событиях. Всё, что нам известно это то, что есть несколько возможностей. В этом случае мы будем считать, что все возможности рав-новероятны. Для людей, знающих статистику, это так называе-мое неинформативные априори, введённые французским математиком Пьер-Симон Лапласом (1749 – 1827). Это один из старейших принципов — принцип безразличия, который назначает равные вероятности для всех возможностей.

Например, можно задать такой вопрос: какова вероятность того, что в 10-и городах, равномерно распределённых по всей Земле, будет облачно ровно в полдень? При этом у нас нет совершенно никакого представления о том, как часто там бывают солнечные дни и в какой климатической зоне эти города находятся. Наверняка должен быть некий ответ для вероятности такого события. Эта вероятность точно не 0, но и не 1. Эти вероятности исключены, следуя разумному предположению, что на Земле есть атмосфера и облака. Поэтому разумно предположить, что есть две возможности для погоды в одном городе: либо облачно, либо светит солнце. Значит полученная вероятность равна $1/2 = 0.5$, используя принцип равной вероятности для двух возможностей. Применяя принцип умножения, конечная вероятность облачности для всех 10 городов одновременно будет $(0.5)^{10}$ $= 0.00098$. Это маленькая величина, и она совпадает с интуицией. Она говорит о том, что если бы было 1000 параллельных миров похожих на Землю, то только в одном мире мы имели бы возможность наблюдать облачность в 10 городах.

Но является ли вычисленное значение для такой вероятности строгом в научном смысле? Конечно, нет. Для выполнения этого расчета науке необходимы исторические данные о погоде и климате в каждом городе. Тем не менее, такие рассуждения действительно отражают нашу повседневную интуицию, которая подсказывает, что мы имеем дело с редким событием. Нам не нужно сильно беспокоиться о возможной неточности в подсчёте, так как сам факт умножения вероятностей решает за нас эту задачу и приводит к маленьким значениям. Кстати, полученная вероятность для облачности в 10 городах не так уж далека от реальности. Вы сами можете это проверить, используя прогноз погоды в реальном времени.

Даже когда мы говорим, что у нас нет точной информации о вероятности событий и присваиваем равные вероятности для всех возможностей, мы всё равно опираемся на некоторые приблизительные знания. Например, мы знаем, что на Земле возможны облачные и солнечные дни. Мы не говорим о Венере (где всегда облачно), или о Меркурии (где всегда солнечно). Поэтому даже неинформативные априори часто базируются на некоторой начальной информации и убеждениях.

При вычислении вероятностей мы часто используем принципы симметрии, которые отражают некоторые закономерности в сути явлений. В других ситуациях, когда мы совершенно ничего не знаем о вероятностях событий, мы будем использовать неинформативные априори, предполагая, что все возможности равновероятны.

Пожалуй, это вся математика, которую нам надо знать, чтобы понять эту книгу.

3.4 О вероятностях и информации

В главе <u>3.1 Энтропия</u> мы затрагивали проблему энтропии. Как мы определили, совершенно не каждая конструкция из букв может называться информацией. Хотя такие конструкции могут иметь очень большую энтропию.

Но какова, собственно, вероятность создания осмысленного предложения? Представьте себе обезьяну, которая играет с картинками. На каждой картинке написано по одной заглавной букве из алфавита. Также есть картинка с пробелом. Мы хотим узнать, является ли обезьяна разумной? И какова вероятность того, что обезьяна, играя этими картинками и вытаскивая не глядя точно 6 картинок, составит одно единственное предложение «I LIKE» (рус: «Я люблю»). Хотя эту вероятность можно было бы рассчитать аналитически, я не буду утомлять вас такими вычислениями. Глава 20.2 Приложение показывает программный код для расчёта этой вероятности. Полученное значение для шанса создать это предложение будет такова:

$$3 \times 10^{-9}.$$

Это невероятно маленькая вероятность для обыденной жизни. Если вдруг эта обезьяна решила написать полное предложение, которое имеет некий смысл, такое как «I LIKE SNOW» (рус: «Я люблю снег»), использованное в главе 3.1 Энтропия, то такая вероятность будет близка к 0 для любой практически цели.

Пример с обезьяной даёт нам некоторое интуитивное представление о том, с чем мы имеем дело, когда говорим о создании информации случайным образом, если такой перебор молекул происходил в некой среде для образования первой жизни. По своей величине вероятность получения слова из N букв, когда всего есть M букв, из которых можно выбрать, уменьшается как $1/N^M$. В математике функция «$1/N^M$» является одной из самых быстро убывающих функций с возрастанием N и M. По-видимому, природа пытается дать нам эту очевидную подсказку, используя законы математики. Материальный мир, с его случайным перебором молекул, не в состоянии создать даже небольшую последовательность, которая могла бы быть воспринята как некая информация.

Давайте теперь попробуем решить более сложную задачу. Начальное предложение будет «I LIKE». Конечное — «I

LIKE SNOW». Мы будем вытаскивать четыре буквы случайным образом, а затем подставлять эти случайные буквы в начальное предложение до тех пор, пока мы не получим требуемое предложение — «I LIKE SNOW». Глава 20.3 Приложение показывает программный код, который считает такую вероятность. Наш результат

$$7.4 \times 10^{-9}$$

снова приводит к очень маленькой вероятности. Этот пример демонстрирует, что «мутация», то есть добавление или подстановка случайной буквы с целью получения какой-либо полезной информации, приводит к вероятностям, которые такие же маленькие по величине, как и исходная вероятность получения первоначального слова случайным образом.

Конечно, наш пример довольно прост по сравнению с ситуациями, которые могут демонстрировать возникновение жизни. С другой стороны, он не отражает даже удаленно то количество информации, которая заложена в ДНК — молекуле, хранящей генетическую информацию организма.

3.5 Жизнь и информация

Клетки — строительные блоки живых существ. Это невероятные фабрики по переработке огромного потока информации, находящейся в ДНК. Эти длинные молекулы обеспечивают хранение и передачу из поколения в поколение генетической программы для функционирования живых организмов. Другие длинные молекулы, такие как РНК, производят кодирование и чтение генетической информации.

Если представить, что клетка – это сложный прибор, наподобие компьютера, то понять, что такое ДНК, можно сравнив его с жёстким диском, на который записаны директивы по функционированию клеток. Информация, заложенная в ДНК, — это инструкции для выполнения действий, анимирующих клетки, и, в конце концов, самих живых существ, состоящих многих триллионов клеток. Чтобы такие функции происходили, не требуется присутствия сознательного разума. Но чтобы инструкции были правильно поняты как сигнал к конкретным действиям, присутствие разума, который создал эти молекулярные механизмы, неизбежно. По крайне мере для тех, кто не верит в созидательную роль мёртвой материи.

Не все согласны с таким мнением. Большая категория учёных считает, что простейшие биологические организмы возникли спонтанно из неживых молекул. Они могут возразить, что никакого сознания и замысла не надо для объяснения биологической информации. Информация может возникнуть случайным образом.

Информация из ничего — это краткое определение подхода, когда разумное вмешательство не нужно в появлении жизни. Рассуждения обычно идут таким образом (Dawkins 2006):

«В какой-то момент случайно образовалась особенная молекула. Это была молекула-репликатор, которая первой сумела воспроизвести себя. Таким образом, она получила преимущество перед другими молекулами в первичной среде. Со временем, реплицирующиеся молекулы становились всё более сложными».

С точки зрения информационного подхода, такие рассуждения имеют проблемы. Если мы представим, что некий случайный процесс создал длинную молекулу, которая сможет делать свои копии, это совершенно ничего не говорит о том, как создать простейшую клетку, где данные сохраняются и потом читаются другими молекулами для каких-либо действий. Действительно, в природе можно найти процессы, делающие свои копии. Однако клонирование себя не является признаком жизни. Создание новых типов клеток — это более распространённое явление. Вы можете создать компьютерные алгоритмы, которые делают копии неких сложных структур, правда, не случайным образом, а после того, как заданы определённые правила (Wolfram 2002). Это мало имеет отношение к жизни, даже такой простой, как примитивная клетка.

Даже самые старые из известных одноклеточных организмов являются непостижимо сложными. Так, клетка простейшего организма является не просто механизмом для клонирования, но молекулярной машиной, отделённой от окружающей среды мембраной. В ней содержатся специализированные и скоординированные части, между которыми циркулируют информационные потоки. Она должна уметь сохранять информацию, которая описывает порядок протекания процессов внутри клетки, реагировать на окружающую среду и иметь возможность для передачи её потомкам (в изменённом виде). Мы уже знаем из предыдущей главы, что даже простейшую информацию, в виде директив к выполнению неких действий, нельзя получить путём случайного перебора и законов мёртвой материи.

Одно из наиболее точных определений жизни дано в книге «Космосапинс — Эволюция человека от происхождения Вселенной» (Hands 2016). Оно звучит так:

«Жизнь — это способность замкнутой системы реагировать на изменения внутри себя и в окружающей среде, извлекать энергию и материю из окружающей среды и преобразовывать эту энергию и материю во внутренне направленную деятельность, включающую поддержание собственного существования».

Эти процессы, которые нужны для поддержания таких способностей, являются глубоко информационными по смыслу. Заметим, что способность производить потомство не является главной характеристикой жизни.

Но сначала немного биологии. Все клетки состоят из белков, которые выполняют определённые функции. Одни протеины функционируют как крошечные машины. Другие — как строительные компоненты. Каждый белок состоит из цепочки аминокислот, которые являются строительными блоками белков. Они соединяются в длинные цепи, которые в итоге складываются в функциональные белки. Простейшая форма жизни состоит минимум из 250 белков, а каждый белок состоит (в среднем) из 350 аминокислот. Есть 20 незаменимых аминокислот, из которых состоит вся жизнь. Но здесь появляется некоторая сложность. Аминокислоты существуют в двух формах: левосторонней и правосторонней. Все живое состоит из левосторонних аминокислот. Если одна правосторонняя аминокислота попадёт в нашу аминокислотную цепь, наш белок будет разрушен.

Есть разные оценки вероятности того, что жизнь началась спонтанно. Для таких выводов надо подсчитать вероятность создания одного функционального белка, содержащего всего 150 аминокислот, предполагая, что они появились случайно. Какова вероятность получить 150 левых аминокислот подряд? Учитывая, что шансы получить левовращающуюся аминокислоту составляют 50%, вероятность получения 150 левовращающихся аминокислот равна $(0.5)^{150}$ или 1 шанс из 10^{45}, то есть 1 за которой следуют 45 нулей (Meyer 2009) (Barnett 2015). Это та же вероятность, что вы подбросите монету 150 раз подряд и получите орёл или решку. Ещё одна оценка для получения функционального белка из всех возможных белков составляет 1 из 10^{74} (Miller 2019).

Для серьёзных утверждений о том, что жизнь появилась случайно в каком-то месте Вселенной и оказалась на Земле, где были все условия для дальнейшей эволюции, надо иметь дело с астрономически малыми вероятностями. Для сравнения, число субатомных частиц во Вселенной составляет 1080 (очень приблизительно!).

Франсис Крик (1916 – 2004), физик и лауреат Нобелевской премии по биологии, заявил в 1982 году:

«Честный человек, вооружённый всеми доступными нам сейчас знаниями, может только заявить, что возникновение жизни кажется в настоящий момент почти чудом, учитывая так много условий, которые нужно было бы выполнить, чтобы она возникла».

Молекулярный биолог Джеймс Уотсон и Фрэнсис Крик открыли ДНК в 1950-х годах.

Сегодня мы знаем, что попытки спонтанно создать жизнь в случайных химических процессах не выдержали даже самых элементарных тестов. Когда говорят, что жизнь появилась на нашей планете самопроизвольно спустя примерно полмиллиарда лет после возникновения Земли, то всё, что вам следует знать, — это то, что нет ни малейшего подтверждения такой гипотезы. Из миллионов событий, наблюдаемых на Земле сейчас и в прошлом, человечество не знает ни одного явления или структуры, созданной стихийно неживой природой без участия человека, которое несло бы на себе след информации. Даже минимальное количество записанной информации, такое как предложение «Я ЗДЕСЬ», требует огромного количества случайной перестановки при отборе букв, даже для весьма скромного количества букв в алфавите. Полезная информация появляется только из другого источника информации, и благодаря тому, что была создана с использованием иной информации. А жизнь возникает только из жизни.

Но закончим обсуждение простейшей клетки. Давайте рассмотрим сложные биологические системы, состоящие из миллиардов клеток. Каждая клетка нашего тела кодирует примерно 1.5 гигабайта. Данные из Американской Библиотеки Конгресса могут легко храниться в архиве ДНК размером с маковое зёрнышко. Все данные, когда-либо созданные человечеством, могут храниться в сфере размером не больше мячика для пинг-понга (Lim 2021). Обычная бактерия может хранить около 1.25 экзабайта. Один экзабайт равен 10^{18} (квинтиллион) байтов. Среднестатистическое человеческое тело состоит из 37.2 триллиона клеток. Таким образом, такое тело с 37.2 триллионами клеток будет содержать ошеломляющие 55.8 миллиардов терабайт данных. Один терабайт равен 10^{12} байт. Мы не берёмся проверять эти вычисления (Mushtaq 2023), но даже если и есть некоторая погрешность в этих вычислениях, так как этот вопрос ещё не до конца изучен, то это не очень важно. Сам масштаб информации в этом примере просто невероятен.

Жизнь, даже в её маленьком проявлении в виде клетки, это не просто база данных с информацией. Сама клетка содержит миллионы молекулярных роботов — то есть машин, образованных из органических молекул, которые используют эту информацию для постройки других сложных молекул, делают копирование этой информации и анимируют клетку по заданному алгоритму. Клетка, по большому счёту, является невероятно сложным заводом по обработке информации. Это не просто жёсткий диск с данными. Это молекулярные роботы, обрабатывающие информацию и анимирующие процессы клеточной жизнедеятельности.

Даже если допустить, что природа смогла создать органическую молекулу, которая стала объединяться с другими молекулами, чтобы создать простейшую клетку организма с 1.5 гигабайт, и начала её обрабатывать с целью анимации всех её частей, то как такая клетка смогла создать организмы с количеством полезной информации в миллиарды раз больше? Здесь мы имеем в виду смысловую информацию, которая является полезной для запуска процессов, ведущих к увеличению сложности микроорганизмов и созданию первых сложных организмов.

Простейшие организмы образовались и начали передавать свою генетическую информацию, чтобы естественный отбор начал действовать. До сих пор остаётся загадкой, что же послужило толчком для их трансформации в супер-сложные конгломераты клеток, которыми являются млекопитающие и, в конечном счёте, человек. Роль естественного отбора в локальных изменениях видов достаточно хорошо изучена. Однако, до сих пор, трудно понять (Meyer 2013) почему произошло увеличение информации, полезной для постройки невероятно многообразного количества видов. Чтобы повысить приспособляемость к окружающей среде? Я сам не думаю, что я более приспособлен к окружающей среде, чем какой-нибудь простейший организм.

Как я уже говорил, чтобы произвести новую информацию, нужен замысел. Если его нет, как могут произойти простейшие клетки? Даже если у вас есть какой-то объём первоначальной информации, вы не можете естественным образом получить новую информацию, которая в миллиарды раз превышает первоначальную. Вы можете перемешивать первоначальные данные, либо «вкраплять» случайным образом какие-то новые элементы данных (известные в биологии как мутации), а затем снова отсеивать неудачные комбинации данных. Вы не получите никакой новой информации. Этот процесс настолько безумно нелеп, что абсолютно невозможно получить новое смысловое сообщение.

Информационную запись гораздо проще уничтожить случайным процессом, чем создать, добавить, а потом отсеять ненужное. Это просто закон создания информации.

Здесь я полностью соглашаюсь со Стивеном Меером (Meyer 2013) (Meyer 2021), учёным и философом. С точки зрения информационного подхода, образование простейших организмов путём перебора, случайного добавления информации и отсева не имеет никакого смысла. Замысел и разум являются единственными эффективными способами создания жизни. В главе 3.4 О вероятностях и информации я показал простейший численный пример, иллюстрирующий с «чем мы имеем дело», когда говорим о появлении сложной информации из простой. Вероятность, которая необходима для создания фразы «I LIKE SNOW» («Я люблю снег») случайным образом, астрономически мала.

Как физик, я точно знаю, что единственным способом проверить верность гипотезы — это провести эксперимент. В моей области (физика высоких энергий) есть десятки достаточно красивых гипотез, которые дополняют Стандартную Модель физики. Но они были опровергнуты после того, как их предсказания сверили с экспериментами. Если биологи поставят эксперимент, который однозначно докажет создание сложных организмов, таких как те, которые мы наблюдаем сейчас, из молекул или, хотя бы, из простейших клеток, то я с удовольствием изменю своё мнение.

Пожалуй, здесь стоит напомнить, что простейшие алгоритмы действительно могут приводить к сложным структурам используя несколько простых абстрактных правил (Wolfram 2002) для компьютерных моделей. Из таких правил могут возникать очень сложные структуры, которые могут иметь большую энтропию, как мы показали в главе 3.1 Энтропия. Но большая энтропия ещё не значит получение информации, способную на невероятно сложную функциональность. Именно это требуется для атрибутов жизни. По большому счёту, люди до сих пор не знают, как получить смысловую информацию алгоритмически или путём воздействия на неорганические молекулы. Что это за «естественные процессы», создавшие самый сложный информационный продукт в виде клетки из неживых молекул? Как можно серьёзно воспринимать «теории», которые оперируют к невероятно далёкому прошлому?

У биологов нет выхода — они должны работать, используя принцип, в котором нет месту разумному дизайну. В результате им приходится прибегать к всякого рода выдумкам, чтобы удержаться в пределах научных методов. Вы хотите вывести из равновесия человека, который хочет вас убедить, что первая протоклетка появилась из химических процессов около четырёх миллиардов лет назад? Вот несколько вопросов, которые можно задать:

● Приведите пример естественного процесса, который создаёт последовательность данных, способную восприниматься животными и людьми как нечто имеющее смысл или побуждающее к действиям.

● Если случайный процесс создал сложное образование, например, колонию из сложных органических молекул, как можно доказать, что она не разрушится? Ведь количество неблагоприятных факторов, разрушающих сложные молекулы, может быть гораздо больше, чем благоприятных. Это то, что мы наблюдаем в большинстве случаев. Как опровергнуть это?

Учёные, занимающихся постройкой моделей, используя сложные научные термины, часто забывают, как вернутся к простоте и доказуемости. Такие модели или гипотезы могут, на первый взгляд, показаться научными. Но при ближайшем рассмотрении становится ясно, что это просто фантазии, оторванные от реальности. Количество необоснованных предположений настолько велико, что проще всё объяснить одним единственным определением — наличием разумного замысла. Но это объяснение не входит в правила науки.

Появление информации из случайных процессов природы можно сравнить с созданием вечного двигателя. Возможность работы такой машины неограниченное время означала бы получение энергии из ничего. Такие устройства могут выглядеть сложно, и порой разобраться в них трудно. Но в конце концов результат такого рассмотрения всегда один и тот же — такие двигатели невозможны, так как их работа противоречила бы законам термодинамики. Поэтому к разбору таких машин проще подойти с проверки выполнения таких законов, а не с детального рассмотрения инженерной конструкции. Также и с информацией — она не может просто возникнуть из природных законов материального мира.

Некоторые могут сказать, «Хорошо, мы полностью поддерживаем мнение, что информация не может зародиться сама. Значит, вопрос о зарождения жизни окончательно решён! Жизнь была создана. Это выглядит как настоящая теория!»

Однако это не совсем так. Утверждение о невозможности создания информации материей может быть только хорошо аргументированной гипотезой или эмпирическим законом. Оно отлично обосновано всем историческим опытом человечества. Невероятная редкость получения последовательностей, воспринимаемой людьми как информация, тоже известна и проверена нами в главе 3.4 О вероятностях и информации, используя вычисления. Но этого недостаточно для настоящей теории, которая не только должна объяснять существующие данные, но её предсказания должны быть подтверждены экспериментально. Пожалуй, в этом и есть основная проблема для тех, кто пытается строго доказать существование некой силы, создавшей мир. Мы вернёмся к обсуждению этой темы в конце этой книги.

Главной особенностью в гипотезах о зарождении жизни из молекул и её эволюции до сложнейших биологических животных и человека является то, что они вовлекают невероятно большие промежутки времени — сотни миллионов и даже миллиарды лет. Используя аналогию с математикой, это как найти сложную нелинейную функцию из нескольких известных точек. В данном случае, такие точки это разрозненные в пространстве и времени ископаемые останки древних организмов. Так как мы с точностью не можем сказать, как всё происходило в далёком прошлом, учёные заполняют пробелы в знаниях предположениями. Но как их заполнить? На спасение приходят именно эти миллиарды лет — всё может случиться за такой промежуток времени. И даже жизнь способна возникнуть из молекул, если призвать на помощь всю изобретательность.

Жизнь — это не только записанная информация внутри клетки. Нужны ещё две составляющие: создатель информации и некий агент, который читает информацию и понимает её. Именно они анимируют молекулярных роботов, выполняющих свои функции в клетке. Они должны использовать один и тот же протокол для шифрования и расшифровки информации. Это возможно только тогда, когда вся система задумана как одно целое. В таких случаях нужен внешний агент, который создал весь дизайн.

Здесь я, пожалуй, остановлюсь, воспроизведя начинающую быть популярной точку зрения о появлении жизни из неживой материи вне рамок научного метода (Hands 2016).

3.6 Теория эволюции

Согласно Теории Эволюции (Darwin 1859) Чарлза Дарвина (1809 – 1882), английского натуралиста и путешественника, наблюдаемые формы жизни являются результатом не творческой деятельности разумного Творца, а изменчивости, наследственности и естественного отбора. Естественный отбор – это главный процесс, движущий эволюцию. Он оставляет только самые сильные и приспособленные организмы. В результате, оставшиеся сильные особи способны дать здоровое потомство, которое сможет выжить в меняющихся условиях среды.

Современная теория эволюции содержит много составных частей, таких как естественный отбор, генетическая изменчивость, формирование адаптаций, видообразование под действием внешних факторов и так далее. Она больше похожа на коллекцию всевозможных механизмов, целью которых является доказательство общего происхождения. А именно, что все живые организмы произошли от одного общего предка в процессе естественного развития. Чтобы находиться в рамках научного метода, ничего лишнего вне естественных факторов не предполагается. В дальнейшем мы будем называть современную теорию эволюции просто «Теорией Эволюцией» (для краткости).

Может ли коллекция механизмов Теорий Эволюции изменять строение живых организмов и производить новые сложные растения и животных из других сложных организмов? Почему бы и нет? Современная эволюционная теория подкреплена множеством фактов из различных областей, включая ископаемые остатки организмов, сравнительную анатомию, молекулярную биологию, географию и лабораторные эксперименты над простейшими организмами.

Однако вопрос, который я хочу поставить, будет выглядеть так: может ли эволюция объяснить все детали природы с её разнообразием и появлением 8.7 миллионов видов организмов, именно таких, как мы видим их сейчас? Заметим, как этот вопрос поставлен. Я не спрашиваю, предлагает ли Теория Эволюции убедительное объяснение, почему и как организмы могут меняться. Этот вопрос уже решён для большинства учёных.

Эволюционные биологи ответят, что Теория Эволюции создавалась именно для объяснения живых организмов. Она способна ответить на вопрос обо всех деталях их строения и как они произошли. Эта теория. Она многократно проверена, есть большое количество опытов и наблюдений. И даже мы можем проследить, как виды меняются, исследуя их гены. Допустим, эта теория. Это биологам решать, как называть коллекцию всевозможных природных и генетических механизмов, меняющих организмы. Но ведь вопрос в другом. Может ли она дать теоретический ответ на вопрос, который я задал? А именно, как объяснить всё, что мы видим вокруг, во всех деталях? Ответ может быть таким: это теория. Совершенно точно. Но для детального предсказания окружающего мира, как мы сейчас его видим, не хватает исторических данных о том, как конкретно происходило образование того или иного животного или растения.

Именно в этом месте вы начинаете понимать, что имеете дело с понятием веры. Есть вера в то, что когда мы получим достаточное количество исторических данных, то механизмы эволюции обязательно ответят, почему организмы такие, какие мы их сейчас видим. Однако в данный момент на вопрос, который я задал, такая теория не может ничего сказать конкретно: нет данных о детальных обстоятельствах для точных объяснений. А значит, мы не можем её проверить в исторических масштабах, которые требуются для понимания всего многообразия мира растений и животных. Биологи часто используют эпитет «несовершенная» теория. И добавляют, что совершенных теорий не бывает.

Здесь можно провести аналогию с другими областями знаний. Если я знаю, что есть теория электромагнетизма, у меня не появится ни малейшей проблемы рассчитать предсказания для любой системы из проводников электричества с известными начальными условиями. Она является теорией именно потому, что у неё есть конкретная область, где она может давать точные предсказания. Эта теория, которую можно легко проверить в лаборатории. Но если я спрошу, может ли эта теория дать предсказания силы тока во всех проводниках тока в мире, включая атмосферу в данный момент, то какой будет ответ? Конечно нет! Мы не знаем всех начальных условий и свойств проводников тока во всём мире. Теория есть, но предсказания нет. Нет дополнительных знаний, которые не связаны с самой этой теорией. Более того, я не исключаю, что эта теория не будет работать для каких-либо явлений природы или материалов, с которыми люди ещё не встречались. Её нужно будет улучшить для этих целей. И хотя она является отличной теорией, тем не менее, она не способна отвечать на некоторые общие вопросы. И не может быть проверена в таких масштабах, которые от неё требуются. Именно проблема обратного инжиниринга огромного пласта информации прошлого не под силу даже для самой идеальной теории. Такие теории могут только создавать гипотезы и некоторые модели для описания глубокого прошлого.

В этом и состоит моя точка зрения. Эволюция — это хорошо проверенный набор механизмов для объяснения почему и как организмы меняются. Но она не способна дать ответы на вопросы, почему организмы именно такие, какие мы их видим сейчас, во всём многообразии их деталей. «Теорией» называется наиболее высокий достижимый уровень уверенности в научном знании. Здесь слово «высший» имеет в виду высший с точки зрения понимания, а не в сравнении с другими способами объяснения. Теория должна не только объяснять, но и предсказывать. Может ли эволюция что-то сказать об осьминоге: его появлении, внешнем виде и отсутствии изменений в его внешности в течение миллионов лет? Совершенно нет. Или, почему у самцов нарвалов есть рога? Согласен, вопрос детский. Но именно такие детские вопросы о некоторых особенностях животных приводят к очень расплывчатым объяснениям биологов, которые и ответами даже не назовёшь. Например, научный ответ может быть таким: «рог у самцов нарвала необходим для привлечения самок». Но почему рог, а не что-то другое? У нас нет данных обо всех обстоятельствах того, как это точно произошло исторически. У эволюции нет подтверждения для многих конкретных наблюдений. У неё есть только уверенность, что существует набор механизмов, которые могут привести к изменениям в организмах. Думая об этом, я наткнулся на очень похожую точку зрения (Aczel 2015):

«Хотя ненаучно и невежественно не признать, что эволюция даёт нам мощный принцип, который часто объясняет то, что мы видим в биологической сфере, столь же неоправданно предполагать, что эволюция — это совершенная теория, объясняющая все. Теория, которая не может дать превосходных предсказаний будущих результатов и явлений, не является полной теорией».

Здесь я приведу несколько примеров из других областей. Например, есть Стандартная модель — теоретическая конструкция в физике, описывающая электромагнитное, слабое и сильное взаимодействие всех элементарных частиц. Это — модель, не теория, так как в ней есть порядка двадцати параметров, которые нельзя предсказать, но можно измерить экспериментально. Такие бы «проблемы» Теории Эволюции для описания образования сложной жизни! Есть теория электромагнетизма, с её понятиями электрического заряда и электромагнитного поля. Это именно теория со всеми её признаками (со строгими предсказаниями и проверками в лабораториях). Как мы говорили, даже она не способна дать точный ответ на множество общих или исторических вопросов. Теория есть, но нет данных для её использования. Есть квантовая теория поля. И это тоже теория. Она даёт прекрасное и точное описание природы, когда мы знаем все начальные условия для предсказаний. В химии есть теория валентных связей, описывающая как каждая пара атомов в молекуле удерживается вместе. Этот список примеров не составляет труда продолжить. Мы можем измерить предсказания таких теорий в лабораториях. У них есть строгие предсказания для конкретных и известных условий. Используя эти теории, можно создать смартфоны и построить ускорители частиц, которые стоят миллиарды долларов. Всё это будет прекрасно работать. Эти теории не «несовершенные». Да, они могут видоизменяться со временем и объединяться в другие теории, но они уже максимально описывают всё, что мы знаем в пределах условий их применимости. Есть космологические теории, описывающие развитие Вселенной. Как и в случае с описанием наблюдаемой жизни, они имеют дело с событиями далёкого прошлого. Мы не можем измерить предсказания космологов в лабораториях. Однако такие теоретические описания событий в нашей Вселенной построены на законах и теориях, хорошо протестированных экспериментально на Земле. Заметим, что космологи не описывают информационные исторические явления прошлого, а имеют дело с более предсказуемыми естественными процессами. Тем не менее, в космологии, такие теории в подавляющем большинстве случаев называют именно моделями, а не теориями.

Я совершенно уверен, что эволюция работает, и сложные живые организмы меняются, подстраиваясь под воздействие окружающей среды и других механизмов Теории Эволюции. Но уверены ли мы в том, что всё что мы видим вокруг, произошло из протоклетки? Или некого простейшего организма? Как доказать модели исторического развития живых существ на протяжении миллиардов лет?

Усложнение организма — это всегда появление новой информации. Действительно, есть некоторые лабораторные опыты, которые показали, как бактерии и насекомые адаптируются и изменяются даже в течение коротких по времени экспериментов. Но от таких опытов до теории, которая говорит о том, как простейшая биологическая клетка привела к человеку за миллиарды лет эволюции — бесконечно громадный шаг. Действительно, лабораторные опыты показывают адаптацию мух и бактерий. Ископаемые остатки имеют похожее строение, что тоже может говорить об общих предках. Но этого недостаточно для доказательства появления животного мира во всем своём многообразии из простых клеточных простых клеточных организмов, когда мы говорим о миллиардах лет истории (Meyer 2013).

С точки зрения компьютерного моделирования, работы по клеточным автоматам показали, что невероятная сложность может быть получена без естественного отбора (Wolfram 2002). Более того, такое моделирование смогло воспроизвести некоторые свойства биологических систем. Всё, что надо задать — простое правило поведения для таких алгоритмов, и вся сложность возникает без всякого отбора и борьбы за выживание. Но кто задаёт такие правила в природе? Это большой вопрос.

Теории, такие как Теория Эволюции, пытаются объяснить события на астрономических промежутках времени. Они не учитывают простой факт — миллиарды лет (и даже миллионы лет) — невероятно большой срок для информационных процессов. Его невозможно представить, ни смоделировать на компьютере. Время в таких рассуждениях — это своего рода «волшебник», который может сделать невероятно сложную биологическую систему с огромным количеством заложенной информации. Но на этот аргумент всегда можно привести следующий контраргумент. Мы просто не знаем, что может случиться в течение такого большого промежутка времени. Это слишком немыслимая величина. Раз мы говорим о необозримо большом временном промежутке для информационных процессов, всё может случиться, даже если вероятность таких событий очень мала. Мы ведь помним принцип больших чисел — если ждать очень долго, то всегда может что-то произойти, потому что число возможностей увеличивается. Смотрите главу <u>3.3 О вероятностях</u>.

Роль случайных явлений и внешних обстоятельств, потенциально происходящих на протяжении сотен миллионов лет, настолько велика, что теорию на основе наблюдаемых артефактов невероятно сложно создать. Эти процессы можно представить как огромные пики резкого развития (или деградации), происходящие на очень коротком промежутке времени. Они ведут к резким флуктуациям или случайным отклонениям в поведении и организации сложных биологических систем. Это информационные взрывы. Такие непредсказуемые и хаотические явления могут приводить к кардинальным изменениям в ДНК и к дополнительным "вбросам" информации, приводящим к революционным изменениям за очень короткий промежуток времени.

Эти сценарии показаны на <u>Рис. 3.6</u>. Если существуют точки на некоторой поверхности, мы всегда можем экстраполировать их некой кривой линией и утверждать, что именно такая кривая линия и есть описание данных. Эта прямая может быть нашей придуманной моделью. Но то, что это кривая линия — действительно реальность, требующая очень серьёзных доказательств. Аналогичным образом действуют биологи, изучающие эволюцию. Они предполагают, что из разрозненных окаменелых ископаемых можно установить всю картину происхождения видов. Просто представьте миллиарды лет эволюции, где маленькие изменения работают на протяжении невероятных временных масштабах — и ответ получен. Но ответ ли это?

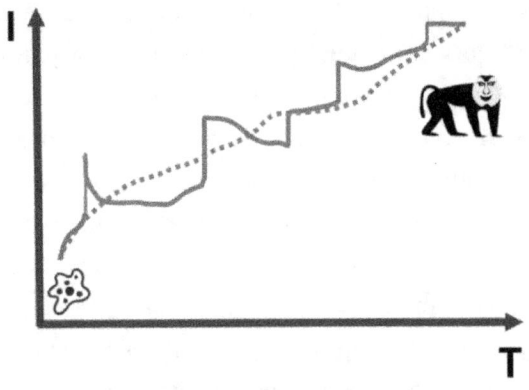

Рис. 3.6 *Схематичный график, показывающий рост биологической информации, обозначенной буквой "I", как функция времени ("Т"). Прерывистая кривая — это наши ожидания согласно Теории Эволюции. Непрерывная прямая с резкими скачками — один из возможных сценариев появления новой информации. Внезапные скачки могут происходить очень быстро, так что на полной шкале в миллиарды лет, толщина вертикальных линий будет незаметна.*

Типичным примером может быть Кембрийский взрыв, произошедший 540 миллионов лет назад в начале Палеозойской эры. Он характеризуется как беспрецедентно быстрое появление различных видов организмов. В то время появились основные группы многоклеточных животных, существующих до наших дней. Кембрийский взрыв происходил на протяжении десятков миллионов лет. Даже на таком промежутке времени роль эволюции не была маленькой. Под взрывным появлением информации я понимаю гораздо более короткие временные интервалы, такие как десятки или сотни лет.

Если примеры таких внешних и непредсказуемых явлений? Конечно. Простейшие организмы могли находиться в метеоритах. Наличие микроорганизмов в обломках метеоритов уже доказано. Другой пример: Земля могла быть засеяна простейшими микроорганизмами при массированной бомбардировке кометами. Учитывая, что есть много информации о неизвестных летающих объектах, сложная жизнь могла "редактироваться" разумными существами с других планет. Внезапная вулканическая активность могла подвергнуть воздействию радиации колонию живых организмов, что привело к резкой мутации, уничтожив при этом все другие организмы, которые накапливали эволюционные преимущества. Или просто стая животных провалилась в ущелье с совершенно другими новыми факторами, которые привели к резкой мутации в течение нескольких поколений. Теория Эволюции объясняет, что эти обстоятельства уже включены в её механизмы. Но знаем ли мы, как они проявлялись в конкретных ситуациях прошлого? Разве этого достаточно, чтобы дать конкретные объяснения?

Эти примеры можно продолжать бесконечно. Сотни миллионов лет должны приводить к огромному количеству маловероятных событий, которые могут иметь громадное влияние на информационную составляющую жизни и её изменение во времени. В последующем мы покажем, что даже в течение сотен лет или даже на протяжении жизни одного человека, необъяснимые явления и обстоятельства, приводящие к кардинальным изменениям, весьма возможны. Не говоря уже о миллиардах лет.

Современные модели, объясняющие сложность из простого к сложному, говорят, что есть постепенное накопление изменений. Просто надо представить, как они медленно накапливаются с начала образования жизни. К сожалению, это невозможно представить. Археологи и биологи работают с маленькими срезами времени, исследуя останки животных в геологических слоях земли. Временной промежуток между этими геологическими разрезами десятки или сотни миллионов лет. Сами редкие места археологических раскопок разбросаны на громадных расстояниях по поверхности Земли. В основном мы получаем информацию из окаменелостей (ископаемых остатков организмов). Они возникают при очень определённых условиях: когда пустоты мягких тканей заполняются грунтовыми водами с последующей минерализацией. Такой процесс должен происходить исключительно быстро. Поэтому в истории Земли такие события происходят очень редко, так как нужна совокупность многих редких обстоятельств. Информация о подавляющем большинстве древних обитателей до нас не доходит. Ведь они разрушатся прежде, чем окаменеют. Поэтому невозможно создать теорию, которая способна построить непрерывное описание эволюции и учесть резкие пики в появлении новой биологической информации.

Эволюция живых существ чем-то напоминает эволюцию обществ. Ещё в середине 19-века английский философ Герберт Спенсер (1820 – 1903) выдвинул гипотезу, что общество — это эволюционирующий организм, подобный живому организму, изучаемой биологической наукой. Сам термин «эволюция» — это термин Спенсера. Согласно ему, общество растёт, увеличивается в своём объёме (населении) и усложняется. Затем начинается разделение функций. Информационная составляющая общества тоже увеличивается в своём объёме. Она становится аналогична некоему сложному «организму». Как биологические организмы, общество приспосабливается к окружающей среде. Оно может «поглощать» более примитивные общества. В социальных организмах есть правительства, которые, как мозг животных, отвечают за принятие решений.

Можно ли развитие обществ описать чистой эволюцией и медленно происходящими мутациями, как учит биология? Отчасти. В истории обществ случайные и непредсказуемые события имеют невероятно огромную роль. Они случаются в очень короткие промежутки времени, но определяют дальнейшую эволюцию общества. Случайность в истории, как и в природе, «действует» наравне с необходимостью. К этому выводу сейчас пришли многие учёные. Например, если бы у Клеопатры нос был немного короче или длиннее, она не была бы столь красива и не влюбила бы в себя столько римских полководцев. Это бы изменило ход истории многих обществ на территории Римской империи. Как писал Блез Паскаль (1623 – 1662), французский математик и философ: «Если бы нос Клеопатры был короче, всё лицо мира изменилось бы». Вторжение европейцев на американский континент было случайным для существовавших в то время американских цивилизаций. В 1185 году во́ины князя Игоря, выступавшие в поход против половцев, наблюдали солнечное затмение. Это случайное совпадение затмения Солнца перед началом похода многие приняли за грозное предзнаменование. Бояре, сопровождавшие князя Игоря в походе, пытались объяснить князю, что надо повернуть назад, так как это знамение не к добру. Князь не послушался их. Игорь и многие князья были взяты в плен половцами, а многие воины погибли. Это затмение могло сыграть большую психологическую роль в поражении русского войска (Балашов 2022). Главной причиной в возникновении исторических альтернатив в России, как считает советский и российский философ С.А. Экштут, была историческая случайность (Ėkshtut 1994).

Как мы видим, случайности и непредсказуемые события в истории играют огромное значение. Если бы у нас не было архивных записей, а только археологические находки, каменные усыпальницы царей и развалины замков, то мы совершенно не поняли бы деталей путей развития обществ. Конечно, мы смогли бы догадаться о некой эволюции обществ, подобно догадке Спенсера и Дарвина, но это была бы неполная картина в объяснении процессов развития обществ.

Учёные, создавая модели прошлого, действуют подобно судмедэкспертам, используя минеральные и органические образования земной коры. К сожалению, свидетелей того, что произошло в прошлом, нет. Это очень важно для информационно-богатых событий. Я приведу одну аналогию: допустим, вам надо вспомнить, что вы ели 3 дня назад. Вы ничего не помните о том, что было в то время. Нет никаких записей или свидетелей. Всё, что вы можете сделать — это порыться в мусоре и найти обрывки упаковок от продуктов или проверить чек из магазина. Если даже вы найдёте скорлупу от яиц и предположите время, когда вы выбросили эту скорлупу, это совершенно не будет значить, что три дня назад вы ели яичницу. Это может быть хорошей гипотезой, если вы знаете, что больше никакой информации о прошлом вы получить не сможете. Однако масса других обстоятельств тоже возможна! А если к вам пришёл друг и приготовил своё любимое блюдо из яиц, которого вы никогда не ели? Может это был торт или пирог? Или вы сами решили приготовить новое блюдо, посмотрев рекламу по телевизору? Как мы видим, даже в такой простой ситуации вы ничего не можете сказать наверняка. Тогда как можно быть уверенным в событиях, произошедших в масштабах времени, которые человек не может даже представить? Поэтому все сведения об исторических событиях и о том, как что-то произошло на протяжении миллиардов лет, являются всего лишь моделями и гипотезами.

Несовершенную теорию, на мой взгляд, коротко можно определить как модель. Такое понятие как несовершенная теория «просит» присутствия других эпитетов как «просто теория», «совершенная теория» и так далее. Всё, что есть в научном методе — это гипотезы, модели, эмпирические законы и теории. Гипотеза Дарвина середины 18-го века стала моделью или законом, после прохождения определённых проверок в 19-м веке, доказывающих её обоснованность. Модели становятся научной теорией после разнообразных и независимых экспериментов и когда они начинают иметь высокую объясняющую и предсказательную силу. Именно так мы понимаем слово «теория» в естественных науках. Теория Эволюции — это теоретическая основа, объединяющая механизмы и модели для объяснения изменений организмов. Но когда мы имеем дело с историческими информационно-богатыми событиями, которые невозможно наблюдать и воспроизвести экспериментально, она не может объяснить всё богатство конкретных особенностей организмов. У нас нет информации, в какой последовательности все эволюционные процессы происходили, когда одни процессы включались, а другие механизмы эволюции переставали работать. А может быть, все они действовали одновременно.

Теория Эволюции не способна ответить на длинный список вопросов, стоящий перед ней для объяснения всего разнообразия окружающих нас биологических форм. Почему есть животные, у которых до сих пор не найдены предки? Такие «живые ископаемые», как акулы, крокодилы и некоторые виды крабов, существовали всегда. Они не были подвержены эволюции за многие десятки миллионов лет, хотя другие животные эволюционировали. Трилобиты внезапно появились в кембрийский период примерно 520 миллионов лет назад и были самыми продвинутыми формами жизни на Земле. Но мы не знаем, как они появились за такой короткий период эволюции. Их примитивные предки не обнаружены. Также мы не знаем, какими факторами обусловлено сложнейшее строение трилобитов, их внешний вид и поведение. Мы не нашли «колыбели» таких ранних экспериментов со сложной жизнью.

Теория Эволюции не поддаётся проверке для подавляющего большинства окружающих нас видов животных. Какое предсказание Теории Эволюции вы знаете, которое со временем подтвердилось? Мне посчастливилось узнать о нескольких подтверждениях таких предсказаний для простейших живых организмов. Но на Земле существует порядка 8.7 миллионов видов.

Конечно, можно представить, что в будущем мы найдём все объяснения и докажем предсказательную способность эволюции создавать конкретные сложные организмы из простейших клеток. Тогда можно будет говорить, что Теория Эволюции — это именно теория для решения таких вопросов. Но пока эта теория просто является объединяющим принципом для различных научно обоснованных механизмов, которые объясняют изменчивость сложных организмов без точных количественных и качественных предсказаний нашего прошлого.

Я как-то слышал, что статьи с подтверждением Теории Эволюции часто не принимают к публикациям в журналах, так как в них нет ничего нового, а сама эта теория не требует дальнейших доказательств. Что может быть более комичным?

3.7 Мозг и информация

Как мы уже обсуждали, сознание является первопричиной информации, её создателем и потребителем. Интеллект, в свою очередь, действует как вспомогательный инструмент, помогая в создании, обработке и усвоении информации для повседневных действий. Все такие операции интеллекта происходят, когда решение принято сознанием. Именно сознание решает, как интерпретировать результаты обработки данных. Чтобы создать и воспринять информацию, необходимо абстрагироваться от понятий этого мира. Надо осознать себя как нечто другое, чем материя и время. Надо «подняться» над материей и отделить себя от неё. Это сознание и делает. А осознав себя, вы получаете смысл и чувство того, что вы есть. Если вы знаете, что этот мир вам не принадлежит, то значит у вас есть смысл быть отделённым от мира. Но какой?

Только отделив себя от чего-либо, вы получаете возможность изменять среду, от которой вы себя отделили. Проанализировав и поняв эту среду, появляется возможность созидать в ней что-то новое. Способность сознания к созданию объектов, используя интеллект и своё биологическое тело, является главной особенностью человека. А творением может быть всё. От машины до Вселенной.

В материалистическом понимании мозг является генератором сознания — всей совокупности мыслей, идей, чувственных и умственных образов, позволяющих человеку осознавать факт собственного существования. Этот орган служит для переработки и хранения информации. Он также создаёт новую информацию. Сознание и ощущение «Я» — это побочный продукт деятельности мозга.

Другое влиятельное направление в философии — дуализм. Оно признаёт равноправие несводимых друг к другу двух начал: духа и материи, идеального и материального. Множество великих философов, чей вклад в общество был огромен, принадлежали именно к школе дуализма. Среди них – Платон, Аристотель и Декарт. Дуалисты утверждают, что разум и мозг — не одно и тоже. Дуалисты и материалисты враждовали на протяжении веков. Однако конечный ответ может оказаться для всех неожиданностью (смотрите главу 3.9 Идеализм и информация).

Человеческий мозг невероятно сложен. Мозг зрелого человека насчитывает около 100 миллиардов нейронов, каждый из которых имеет связи с более чем с 1000-ю других нейронов. Нейроны общаются друг с другом с помощью электрических импульсов. Кора головного мозга человека является самой крупной среди млекопитающих по своим относительным размерам. Она составляет более 80% массы мозга. Однако другие приматы (как и не приматы) имеют достаточно впечатляющий объём мозга.

Это касается отношения веса мозга к весу тела, так и абсолютного размера мозга. Например, количество нейронов в мозгу кита в 5 раз больше, чем у человека.

На другом конце шкалы размеров, у таких живых существ, как муравьи, мозг содержит порядка 250,000 нейронов. Муравьи обладают эффективными методами ведения сельского хозяйства, освоили животноводство, навигацию, придумали рабовладение и кастовую систему. Сами по себе муравьи достаточно глупы. Но в муравейниках они показывают удивительную сложность организации жизни. Это потому, что муравейник подобен организму с распределённым между отдельными муравьями мозгом. Гнезда муравьёв похожи на коллективный разум. Каждый муравей — это отдельный мобильный процессор, или маленький автономный кусочек мозга, передвигающийся и обменивающийся сигналами. Муравейник с 1 миллионом рабочих особей можно рассматривать как громадный «супермозг» с 250 миллиардом нейронов. Связи между такими автономными кусочками мозга (муравьями) происходят разными способами. Основное средство коммуникации муравьев это феромоны, биоактивные вещества, которые выделяются муравьи.

Несоответствие между нашими удивительными интеллектуальными способностями и не таким уж и выдающимся размером мозга предполагает, что человеческий мозг является исключением из правил животного мира. Есть ли сознание у животных? Почти наверняка, да. Основным методом обнаружения сознания является зеркальный тест. Он выявляет способность узнавать себя в зеркале и отличать себя от других. Обезьяны и дельфины легко проходят этот тест. Домашние животные, такие как кошки и собаки, не проходят такой тест. Даже дети до 15 месяцев (в среднем) не способны узнать себя в зеркале. Это не значит, что у них нет сознания. Совершенно определённо у них есть самосознание. Просто животные полагаются больше на инстинкты, чем на интеллект. Им не нужна развитая кора головного мозга, так как инстинктивная память о способах реакции на внешнюю среду не требуют больших ресурсов. А значит, нет необходимости в развитой коре головного мозга. В природе инстинкты работают гораздо эффективнее и реагируют быстрее на опасности. Даже можно предположить фантастический сценарий. Если сознание является пришельцем из нематериального мира идей и форм, то наблюдать своё отражение в зеркале — занятие не для слабонервных. Необходимо время и развитый интеллект, чтобы обвыкнуться и понять: здесь возможно иметь тело и, значит, видеть его отражение.

Сознание и интеллектуальные способности зависят друг от друга. Некоторые считают, что сознание возникает как некоторое явление при очень развитом интеллекте. Чем больше вычислительные способности интеллекта и поток сенсорной информации, тем больше степень сознания. В этом случае роботы приобретут сознание на некотором этапе развития технологий искусственного интеллекта. Когда-нибудь некий робот, подметающий где-то пол, подойдёт к зеркалу, узнает себя и спросит: «Это я? Но зачем?».

Другие, и я в их числе, считают сознание первичным. Интеллект, как вычислительная часть разума, служит сознанию. Чем больше степень осознания себя, тем больше необходимо «мощностей» интеллекта для обслуживания присутствия сознания в организме. Для быстрых реакций на опасности окружающего мира необходимы сложные инстинкты, так как интеллект работает гораздо медленнее (но более гибко). Более активное использование инстинктов и меньшая роль интеллекта не всегда означает меньшее осознание себя.

У учёных нет однозначного ответа на вопрос о соотношении сознания и интеллекта. Но те, кто имеет домашних животных или имел опыт общения с ними, почти наверняка согласятся со второй точкой зрения. Они давно «проголосовали» именно за эту позицию, не дожидаясь научных доказательств. Для них животные имеют сознание или душу.

Полагаясь на инстинкты для выживания в природной среде, животные часто воспринимаются как нечто низшее. Просто у них способ взаимодействия с окружающей средой атомов и молекул устроен по-другому. Возможно, они и есть те братья по разуму, которых мы ищем. Они были на Земле гораздо раньше нас. Но животным больше подходит словосочетание «братья по сознанию». Разум включает в себя интеллект, но в нём для них нет прямой необходимости. Большинство существ на других планетах так же будут использовать инстинкты для поддержания присутствия сознания в мире атомов. Может быть, в этом и есть причина отсутствия контактов с инопланетным разумом. Интеллект является исключительно редким даром. Он совершенно не нужен для жизни. То, что им наделён человек, делает его особенным в космических масштабах.

А раз сознание — это то, вокруг чего образуются интеллект и инстинкты, то роботы никогда не смогут осознать себя, какими бы сложными они ни были. Вопрос «Это я? Но зачем?» продвинутого робота перед зеркалом будет просто запрограммирован в некоем алгоритме или создаваться в результате генератора случайных вопросов. Мы уже говорили ранее, что вычисления в компьютерах создаются программными кодами, которые просто являются «замёрзшими слепками» человеческого разума. Они могут только запускать алгоритмы и выглядеть как разумные.

Это может показаться невероятным, но наука до сих пор не выяснила, является ли человеческий мозг «генератором» или «приёмником» сознания. Доказать это невероятно сложно. Кроме того, ответ на этот вопрос зависит от взглядов на мир и системы веры.

Дело в том, что повреждения мозга нарушают его вычислительные функции. Именно это происходит с компьютерами в случае его поломки. Но то же самое можно сказать о приборе, принимающим сигналы. При нарушении функций мозга сигнал будет видоизменён, часть информации может быть утеряна, или мы не получим сигнал вовсе из-за настройки мозга на неправильную «волну».

Предположим, у вас на столе стоит гаджет — Гугл Эхо, или Амазон Алекса. Вы задаёте вопрос — он вам отвечает. Такие приборы действительно производят некоторые вычисления в реальном времени и собирают информацию. Но как только задача, которую надо решить, становится сложной, такие приборы отправляют запрос на очень мощный главный сервер и получают ответ по интернету. В этом случае эти приборы являются приёмниками. Совершенно неразумно ставить у себя на столе суперкомпьютер, который бы делал сложные вычисления и находил правильный ответ из громадной базы данных.

В биологии существует одна вещь, в которой можно быть совершенно уверенным: строение организмов всегда оптимизировано для жизненной активности. То, что наш мозг может получать и перерабатывать информацию, делать некоторые вычисления в реальном времени и, одновременно, работать как приёмник и передатчик — это может быть вполне обоснованной гипотезой.

А если это так, то это открывает невероятное количество явлений, которые невозможно объяснить с точки зрения того, что мы являемся роботами с компьютером в верхнем отделе тела — голове. Полученная мозгом информация может иметь один источник. А значит, возможно, у нас у всех есть доступ к этому источнику. Мы все связаны через него.

Научных доказательств того, что мозг может выполнять функции, не укладывающиеся в концепцию обычных вычислений, как в компьютерах, не существует, но есть некоторые догадки. Одно из самых загадочных свойств мозга можно обнаружить в случаях сильного повреждения мозга без потери физических и умственных способностей. Например, в 2007 году во Франции был обнаружен 44-летний мужчина, у которого осталось только 10% ткани головного мозга (Feuillet, Dufour, and Pelletier 2007). Остальная часть черепа была заполнена спинномозговой жидкостью. Несмотря на это, мужчина был способен вести нормальную жизнь, работать и иметь семью. Как и все люди, он чувствовал в себе «Я». Коэффициент интеллекта (также известный как IQ) был равен 75, что соответствует приблизительно 20% людей. Одно из предположений, почему интеллектуальные способности были мало затронуты, состоит в том, что мозг адаптировался и перенёс интеллектуальные функции на оставшиеся малые части мозговой ткани. Мозг способен «перекалибровываться». Или есть ещё другие механизмы?

Также заслуживают внимания опыты с животными. Они показали, что изменения в мозге не приводят к каким-либо серьёзным изменениям в их поведении (Pietsch 1981). В таких опытах использовались саламандры. Во время экспериментов части мозга саламандр удалялись или изменялись. Их мозг даже переворачивали. Однако, саламандры всё ещё могли функционировать относительно нормально. Это наводило на предположения, что мозг может работать подобно голограмме, где память распределена повсюду, и каждая часть содержит целое в размытой форме, что позволяет восстановиться многим функциям.

Совершенно очевидно, что такая способность мозга является полной противоположностью тому, что происходит в компьютерах. Небольшая поломка в центральном процессоре и блоке памяти неминуемо приведёт к катастрофической остановке компьютера.

Тот факт, что мозг может легко восстановить интеллектуальные способности после повреждения, служит некоторым подтверждением того, что не все вычисления происходят в мозге. Если вы когда-либо занимались радиоделом, то вы, наверное, знаете, что существует большое количество различных типов приёмников — от невероятно простых до очень сложных. Простейший радиоприёмник не имеет усилительных элементов и не нуждается в источнике электропитания. Такие «детекторные» радиоприёмники могут работать, получая питание только от энергии радиоволн. Они очень просты и содержат всего несколько деталей — катушку с проводом, переменный конденсатор, антенну, диод и наушник. Есть более сложные радиоприёмники, в которых электрические сигналы улавливаются и усиливаются. Они содержат транзисторы. Есть приёмники с несколькими блоками для усиления сигнала, переменными резисторами для настройки на волны, изменения громкости и тембра. Есть приёмники с цифровыми настройками на частоту волн и с запоминанием станций.

Когда вы поражаете часть сложного радиоприёмника, эффект поломки может быть несколько другим, чем в случае с компьютером. Повредив одну часть приёмника, у вас ещё есть хороший шанс услышать радиостанцию. Например, в случае поломок, вы не сможете отрегулировать громкость звука, или вы начнёте слышать помехи, или переключатель станции перестанет работать. Один из уроков, которые я запомнил из детства, собирая радиоприёмники, был такой. Однажды, собрав радиоприёмник на транзисторах, я сделал ошибку. Та часть схемы, где должно было происходить усиление сигнала, перестала работать. Перегорел один из транзисторов. Но, каким-то чудом, я всё ещё мог услышать тихую радиостанцию. Оказалось, что энергия волны радиостанции была достаточной для принятия сигнала.

Как видите, здесь есть некоторая аналогия с мозгом. Приборы, принимающие сигналы, могут работать даже при некотором повреждении, так как вся работа по созданию информации находится снаружи таких приборов. Цель же приёмника — найти сигнал и усилить. Возможно, что цель мозга также в этом, плюс некоторые другие функции, необходимые для работы самого тела. Конечно, это очень интригующая гипотеза.

Главное свойство сознания — это умение выделять себя из окружающей среды, как нечто особенное. Это совершенно разнится от функций интеллекта — умения анализировать, вычислять и решать задачи. Именно сознание принимает решения, так как оно включает в себя свободу воли. Как мы уже говорили, основная гипотеза материального понимания мира заключается в том, что сознание — это процесс, а не что-то существующее объективно. Это действительно процесс. Его нельзя потрогать, как нельзя потрогать музыку. Однако, если это процесс, то любой процесс протекает по каким-либо законам. Например, процесс деления ядер происходит по законам, которые мы можем обнаружить и записать. Одно из популярных объяснений законов природы — это то, что они не являются субъективными. Наука просто их открывает. Законы заданы до образования самой материи и лежат в основе всех процессов. Материя не может создавать законы, по которым она сама работает. Смотрите главу <u>7.2 Дающий законы</u>. Значит, сознание-процесс должно быть создано до того, как невероятно сложная система — наш мозг, появилась.

Во-вторых, сознание — это очень необычный процесс. Сознание может переключаться с одного вида деятельности на другое, в зависимости от своего решения. Все процессы в физическом мире не меняются от случая к случаю. Они строго зафиксированы и не могут изменяться по своему усмотрению, в отличие от сознания. Это значит, что сознание является совершенно новым процессом, с которым мы не сталкивались в физическом мире. Всё, что когда-либо создавалось человеком и природой, всегда имело конкретные функции. Например, органы тела или сложные машины могут выполнять только определённые функции, которые установлены первоначально. Они не могут изменить такие функции сами по себе в течение какого-то времени. Это сильно отличается от мозга, который может выполнять совершенно разные функции в зависимости от своего желания. Чувствовать, писать стихи, экспериментировать, любить и так далее. Если сознание — субъективный процесс мозга, как проигрываемая проигрывателем музыкальная пластинка, то он не может менять то, что он делает в каждый момент своей жизни.

Итак, сознание — это совершенно новый процесс, не принадлежащий миру материи. Этот процесс был запланирован до того, как клетки мозга стали производить такие действия. Принципы этого процесса были определены извне. Сознание, как некий алгоритм, было спланировано вне материи, как и сами законы природы, которые должны существовать до того, как время, пространство и материя появились.

В этом случае этот мир не является «домом» для нашего сознания. Оно несёт в себе память среды, где нет ни материи, ни пространства и ни времени. И именно поэтому, в отличие от самого совершенного компьютера, мы способны на абстрактное восприятие и описание этого мира. Мы готовы задавать вопросы, которые не могут появляться внутри машины самопроизвольно, отделив себя от материи и почувствовав своё присутствие.

Читатель может задать вопрос: где доказательства того, что наш разум имеет прямой контакт с миром идеального? Где те частицы или поля, которые такое взаимодействие осуществляют? Конечно, прямых лабораторных доказательств нет. Именно поэтому такая гипотеза является спекулятивной. Но мы работаем в рамках идеалистического мировоззрения (смотрите главу 3.9 Идеализм и информация). Оно утверждает, что энергия, материя, пространство и время — вторичны. Образно говоря, материальный мир — это интерактивный фильм-игра, проигрываемый проектором, который не является частью этого фильма. Поэтому, такой проектор способен не только создавать, но и созерцать всё действо со стороны. Именно эта особенность отделения от материи делает сознание чем-то особенным и создаёт ощущение присутствия внутреннего «Я». Из этого следует, что доступ нашего сознания к иной информационной реальности не происходит через физические поля или частицы. Это часть самого полотна мироздания, на котором все действия и происходят.

Как говорил Пабло Пикассо (1881 – 1973) — испанский художник и основоположник кубизма[1]: «Компьютеры бесполезны. Они могут только дать вам ответы». Действительно, компьютер может задать вопрос, если мы этот вопрос запрограммируем. Но это будет наш вопрос, а не компьютера. Например, мы можем спросить — «Кто я?». Это не вопрос, созданный машиной или алгоритмом. Он возникает внезапно, в какой-то случайный момент, невзначай. И именно в такие моменты мы приходим в изумление, что всё это, включая нас, каким-то образом присутствует в этой Вселенной. Мы можем всё это видеть, анализировать и удивляться, что мы здесь. Такие вопросы могут возникнуть только в сознании, которое обнаружило себя в необычной для него реальности, запертой в сделанной из химических молекул одежде для взаимодействия с чужеродной средой. И значит, некоторые способны прийти к выводу, что этот мир не является настоящей родиной нашего духа.

---

[1] Течение в западноевропейском искусстве, связанное с концепциями модернизма.

3.8 Наука всё объяснит?

Часто можно услышать такую фразу: «поскольку наука успешно справляется с объяснением механизмов устройства мира, то она ответит в будущем на все вопросы, на которые пока нет ответов». Пожалуй, это самое большое заблуждение. У нас нет никаких доказательств для утверждения того, что наука всё может объяснить. Всё, что у нас есть — это примеры, когда наука справлялась с объяснением одного явления другим. Наука — это особый способ логического описания и познания мира, основанный на эмпирической проверке. Доказательство утверждение «наука может объяснить всё» не может использовать саму науку. Нам нужно использовать что-то другое. Но что?

Наука работает эффективно в ситуациях, когда можно наблюдать явление и провести эксперимент, изолировав проблему от случайных влияний посторонних факторов. Эксперимент должен быть легко проверяемым независимыми исследователями и легко повторяемым.

Когда нельзя провести точные измерения и эксперименты, то наука может только делать предположения и строить модели. То, что существует набор исторических примеров, когда наука была успешна в объяснении чего-либо, не может служить доказательством утверждения «наука может объяснить всё». Верить или не верить в него зависит от вашего мировоззрения.

Вопросы, на которые наука в принципе никогда не сможет ответить с полной уверенностью — это происхождение Вселенной, жизни и человека. Точные детали их появления покрыты толстыми пластами далёкого прошлого. Они не наблюдаемы, и провести эксперименты невозможно. Всё, что мы можем сделать — это построить непротиворечивые гипотезы и модели.

Но есть и другие типы вопросов, на которые наука в принципе не может ответить. Наиболее удачную аналогию привёл британский математик Джон Леннокс (англ. John Lennox). Допустим, вы видите кипящий чайник с водой и спрашиваете — почему вода кипит? Учёный объяснит это явление в терминах физических законов — температуры и наружного давления воздуха и так далее. Но ответ, который тоже является правильным, — «потому что я хочу выпить чай». Это тоже правильно. Просто это другой глубины ответ, другого уровня и взгляда на проблему. Пожалуй, большинство людей ожидает именно такое объяснение, наблюдая за кипящим чайником.

Такие ответы на вопросы о предназначении предполагают, что у сложных вещей и явлений может быть некий смысл в их появлении. Совершенно очевидно, многое из того, что мы видим вокруг, произошло от других явлений. Они и были настоящей причиной. Эти механизмы появления чего-либо из других явлений или вещей можно обнаружить, используя науку. Но если есть движение к некой цели, то и само это движение могло возникнуть с некоторой целью. Законы, по которым такое движение происходит, также могут возникать по некоему первоначальному замыслу. Совершенно неразумно ограничиваться только вопросами, объясняющими механику и строение чего-либо из других естественных явлений.

3.9 Идеализм и информация

Эта книга была бы неполной, если бы мы не обсудили идеализм — одно из древнейших философских направлений. Идеализм ставит идеи и смысл на первое место, постулируя, что основой всего существующего являются идеи, сознание и духовный мир, а не материальный мир.

Противоположное по смыслу направление — материализм. Это учение, где первичную роль играет материя и энергия. Жизнь и сознание в таком подходе — это что-то вторичное, возникшее в результате неосознанных физических и химических процессов. Неживые химические элементы где-то далеко в глубинах космоса «решили» собраться вместе и создать первую примитивную клетку. Так как она могла размножаться, эта клетка произвести что-то невероятное сложное — микроорганизм. Я использую здесь кавычки, так как неживая материя ничего сама по себе не решает. Это произошло спонтанно в результате бесконечного большого и долгого перебора молекул. Затем эта клетка или прото-микроорганизм каким-то образом попала на Землю, преодолев невероятный по длине путь, и подвергнувшись экстремальным условиям космического излучения и холода. И так жизнь появилась на Земле. Можно также предположить, что первая клетка возникла сама собой именно на Земле благодаря благоприятной смеси химических веществ в океанах молодой планеты или гейзерах. Аминокислоты сформировались случайным образом, затем белковые соединения, и, в конечном итоге, более сложные нуклеиновые кислоты, что привело к появлению первой клетки, способной к размножению, и впоследствии — к многоклеточным организмам.

Мы уже рассматривали проблемы образования жизни в главе 3.5 Жизнь и информация. Проблема жизни — это проблема спонтанного образования информации из материи. Из всей совокупности знаний, которой человек владеет, вероятность возникновения клетки из неживой материи является астрономически малой.

По большому счёту, материализм предполагает, что Вселенная произошла неким естественным способом, или она всегда была, или она появилась из ничего в результате Большого Взрыва. Однако все эти процессы были неосознанными. Затем появилась жизнь как кульминация постепенного создания новой информации. Это процесс спонтанного и неосознанного создания функциональной сложности и информации из ничего. Если это выглядит как волшебство, то ответ материалиста будет прост: «Просто подождите, и наука всё объяснит. Когда-нибудь». Это в точности то же самое утверждение, которое не имеет научного подтверждения, как было объяснено в предыдущей главе. Эта уверенность — элемент веры и мировоззрения.

В отличие от материализма, идеализм предполагает первичность сознания, мышления и духовного начала, независимо от человеческого сознания. Наш мир материи и энергии рассматривается как вторичный. В основе мира лежат лишь идеи и дух, не подчиняющиеся законам материального мира.

Идеализм имеет глубокие корни, уходящие в античную философию. У Платона (5–4 век до нашей эры) дух рассматривался как формообразующий принцип неживой материи. Платон аргументировал, что истинная реальность представляет собой особое, сверхчувственное пространство идей, в то время как материальный мир является всего лишь пространством теней и бледных отражений абстрактных форм, идей и истины.

Рене Декарт (1596 – 1650), французский философ, стал одним из первых, кто заявил: «Всё, что мы действительно знаем, — это то, что находится в нашем сознании». Внешний мир для него представляет собой лишь идеи или образы, существующие в нашем сознании.

В дальнейшем, философы Нового Времени – Готфрид Лейбниц (1646 – 1716) и Георг Гегель (1770 – 1831) развили направление объективного идеализма. Они признавали наличие вселенской души, которая всё породила и господствует над всем материальным. Благодаря этому духовному началу человек способен понимать абстрактные и нематериальные явления, руководствоваться этикой и моралью, испытывать высокие чувства, такие как любовь.

Готфрид Лейбниц основал форму идеализма, известную как панпсихизм. Он считал, что истинные атомы Вселенной — это «монады». Они являются индивидуальными, невзаимодействующими «субстанциальными формами бытия», обладающими восприятием. Для Лейбница внешний мир — это духовный феномен, движение, которого является результатом динамической силы, зависящей от этих простых и нематериальных монад. Центральной монадой является Бог. Он создал заранее установленную гармонию между внутренним миром сознания монад и внешним миром реальных объектов. Мир, по сути, является идеей восприятия монад.

Другие философы, такие как бишоп Джордж Беркли (1685 – 1753), Дэвид Юм (1711 – 1786) и Иммануил Кант (1724 – 1804) поддерживали «субъективный идеализм». В этой концепции, окружающие нас предметы, являются не более чем производными от наших ощущений. Например, материальные объекты для Беркли — это просто идеи, полученные посредством перцептивной деятельности, и их атрибуты являются чувственными, а не физическими свойствами. Ощущение невозможно без присутствия идей. Все физические вещи в этом мире являются идеями Божественного и определяются как «быть — значит быть воспринятым». Люди — это идеи в уме Бога. Когда он думает о нас, мы рождаемся и наше существование активизируется.

Идеализм Канта известен как трансцендентальный идеализм. Эта точка зрения, согласно которой наше восприятие вещей связано с тем, как они кажутся нам (представления), а не с вещами, каковы они сами по себе. Существует сверхчувственная реальность за пределами категорий человеческого разума, которую Кант называл «ноуменом», что примерно переводится как «вещь в себе».

Я не могу здесь не упомянуть схему британского физика-теоретика Роджера Пенроуз. Для описания физики и математики он популяризовал понятие трёх миров: платонических форм, физического и ментального мира (Penrose 2007). Рисунок <u>Рис. 3.9</u> воспроизводит его модель реальности. Такая схема возникает совершенно естественно благодаря невероятной способности абстрактной математики описывать наблюдаемый мир. Следует заметить, что только маленькая часть каждого мира проектируется на другой. Математика, относящаяся к абстрактному миру идей и ментальности, должна быть вне физического мира. Мы ещё вернёмся к обсуждению чисел в главе <u>9 Совпадения в числах</u>.

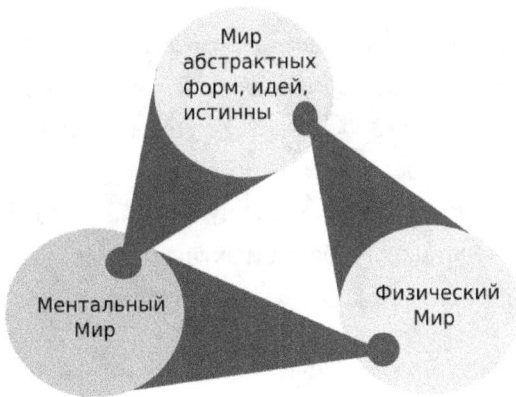

Рис. 3.9. *Три мира Р. Пенроуз (Penrose 2007): Мир платонических абстрактных форм, физический мир и ментальный мир. Мир абстрактных форм включает такие понятия как красота и мораль. Только маленькая часть каждого мира доступна для других миров.*

Понятие мира абстрактных форм, идей и истины можно обнаружить почти в каждой религии. Индуисты считают, что мы составляем часть Брахмана — истинной реальности. В буддизме нирвана имеет схожий смысл — это осознание собственной души, достигаемое путём отказа от материальных благ, комфортных условий внешней среды, ненужных желаний и привязанностей.

Я больше не буду утомлять вас пересказом разных концепций идеализма. Я просто отмечу, что любая подобная концепция, так или иначе, утверждает, что смысловая информация является первоисточником реальности. В итоге, идеализм и дуализм приводят к понятию Бога. Это и становится их основной критикой. Однако последнее утверждение не совсем верно. Для многих религия — это институты, созданные людьми для удовлетворения их внутренних духовных потребностей, тогда как для других это просто один из способов прийти к пониманию Бога.

Ещё одна проблема с идеализмом заключается в том, что эту концепцию гораздо сложнее понять, чем концепцию, в которой материя создаёт разумную жизнь. Как информация может существовать сама по себе, без непосредственного материального носителя, недоступного для нашего чувственного восприятия? Как мы можем представить себе абстрактные формы, вплетённые в саму ткань мироздания?

Интуитивное представление — это дело привычки. В квантовой механике мы давно привыкли к тому, что электроны и фотоны (кванты света) проявляют себя одновременно как частицы и как волны. Такая привычка легко может выработаться и в отношении идеализма. Осознание того, что первопричиной возникновения Вселенной являются смысл и духовное начало, которые породили мир вещей, предметов и человеческий разум, не кажется абсурдным для многих. По крайней мере, по сравнению с материальным мировоззрением, согласно которому материальный мир просто появился, а затем экзабайты информации стали возникать буквально из ничего для функционирования сложной биологический жизни.

Как вы уже поняли из содержания этой книги, я являюсь сторонником идеализма или, по крайне мере, — дуализма. В моём случае я опираюсь на интуицию и понимание того, на что материя способна (точнее — не способна). Я также опираюсь на невероятную точность абстрактных математических конструкций, которые описывают физический мир. Есть масса примеров из истории, когда созданные в умах математические абстракции оказывались совершенно правильными в описании мира через много десятилетий и веков. В прошлом создатели таких математических конструкций использовали принцип логики, целесообразности и внутренней красоты, хотя никакого практического применения в таких умозаключениях в то время никто не видел. Поэтому, моя склонность считать идеализм (или дуализм) правильным направлением мысли основана на моей интуиции, опыте и знании. Для других необходима вера и религия.

Совсем непросто доказать, что существует вселенская информация, наполненная смыслом, которая определяет судьбы людей, структуру и свойства материального мира. Но есть один подход, который можно позаимствовать из физики. Наверное, вы знакомы с магнитными полями. Когда в таком поле образуется пульсация или «возмущение», мы называем это волной. В 1964 году физик-теоретики Питер Хиггс (1929 – 2024), Франсуа Энглер и четверо других учёных выдвинули гипотезу, что вся Вселенная заполнена невидимым всепроникающим полем, придающим массу элементарным частицам. Волна или возмущение этого поля называется «бозоном Хиггса». В 2012 г. исследователи из ЦЕРНа[2] подтвердили существование этой тяжёлой частицы. Они исследовали результаты столкновения протонов, ускоренных почти до скорости света на Большом адронном коллайдере. Протон — стабильная субатомная частица, встречающаяся во всех атомных ядрах. Мы ещё вернёмся к этому открытию в нескольких местах этой книги.

Эта аналогия с всепроникающим полем очень удачна для нашего дальнейшего обсуждения. Я покажу, что в исторических записях можно обнаружить похожие «волновые возмущения» в информации, которая описывает события прошлого. Они проявляются в странностях некоторых происшествий и могут напоминать «волновую рябь» в фактах биографии людей. Такие явления возникают в переломные моменты жизни людей и могут воздействовать на пространство, время и логические связи между важными событиями. Это аналогично бозону Хиггса, который можно наблюдать, ударяя две частицы при немыслимых энергиях, что ведёт к редким «волновым колебаниям» в энергии и возможности обнаружить такую частицу. В обществе похожие эффекты приводят к удивительным повторениям судеб и очень редким совпадениям, не подчиняющимся причинно-следственным связями. Возможно, такие явления способны обнажать наиболее фундаментальную структуру этого мира, в котором идеализм, с его абстрактными формами, является наиболее правдоподобным объяснением строения нашего бытия на самом его глубинном уровне.

---

[2] ЦЕРН (англ: CERN) — европейская организация по ядерным исследованиям, находящаяся вблизи Женевы (Швейцария).

3.10 Удивительное число

В этой главе мы будем говорить о числах. Однако, эта книга не о нумерологии — вере в эзотерические или мистические связи между числами и человеком. Тем не менее она содержит элементы, связывающие числа с явлениями и судьбами. В этом нет ничего от слепого суеверия: мы исключительно точно покажем, где такая связь имеется. Хотя нумерология считается лженаукой, ничего от лженауки в этой книге нет. Я предупредил в начале этой книги, что я не претендую на научную истину в настоящем её понимании. Это — не научный труд. Я не придаю этому тексту видимость научного лоска. Эта книга использует известные научные факты, чтобы заглянуть за грань естествознания, и ответить на вопросы, о которых наука молчит. Роль научного метода заканчивается за этой гранью. За ней находятся ответы, которые волнуют нас, людей.

Следует напомнить, что основоположником учения о смысле чисел был Пифагор (около 570–490 годов до н. э.), древнегреческий философ и математик, которому приписывают такое высказывание: «Мир построен на силе чисел». Он считал, что именно через цифры проявляются вибрации Вселенной, которые воздействуют на всю нашу планету и на каждого человека, в частности.

Я хочу здесь рассказать о числе 6. Это так называемое «наименьшее совершенное число». Другими словами, совершенное число — это натуральное число, равное сумме всех своих собственных делителей. Действительно, число 6 равно сумме своих собственных делителей: 1+2+3 = 6. Это понятие было введено пифагорейцами в 6-м веке до н. э.; согласно их нумерологии, совпадение числа с суммой своих делителей свидетельствовало об особом совершенстве такого числа. Заметим, что 6 — это наименьшее совершенное число. Следующие совершенные числа — 28, затем 496, и так далее.

В математике число 6 появляется в самых неожиданных местах. Вот один пример: возьмите любое трёхзначное число. Расположите его цифры сначала в порядке возрастания, затем в порядке убывания. Вычтите из большего меньшее. Повторим этот процесс с получившейся разностью. Не более чем за 6 шагов мы получим число 495, которое будет воспроизводить само себя бесконечно. Почему этим итерациям надо не больше 6-и циклов? Заметим, что для четырёхзначных чисел, наше вычисление остановятся на числе 6174, как показал индийским математик Даттарая Капрекар (1905 – 1986), правда точка остановки не превысит 7 итераций. Для двух и пятизначных чисел, такого свойства нет. Значит, число 6 появляется для наименьшего цикла Капрекара.

Скептик может сказать – ну и что? Можно всегда придумать некий алгоритм, который «упрётся» в число 6! Это не совсем так. Таких простых циклических манипуляций с числами достаточно немного.

Если бы мы жили на линии в одном измерении («1D»), то для нас существовало бы только два направления движения (вперёд и назад). Для двух-размерных («2D») существ есть четыре пространственных направления. Мы живём в мире с тремя измерениями («3D»), которое измеряется по длине, ширине и глубине. Это даёт 6 направлений. Для нашего мира 6 — это привилегированное число с точки зрения перемещения в пространстве. Именно поэтому известный всем обычный игральный кубик имеет 6 граней с пронумерованными сторонами. Такая конфигурация даёт наиболее сбалансированное поведение для получения случайных чисел и простоту изготовления. Бросание игральных костей является одной из старейших игр, известных человечеству. В древности люди считали, что исход случайного появления некоторого числа определяют боги.

Число 6 имеет огромное символьное значение. В библейской нумерологии (Dare 2017) число 6 используется для обозначения человека с его грехопадением. Согласно книге «Бытие» Ветхого Завета, Богу потребовалось 6 дней, чтобы сотворить мир. Человечество было создано на 6-й день. Человек трудится лишь 6 дней в неделю. Шестая заповедь гласит: «Не убий». Потомству Каина было дано только 6 поколений. Это число на единицу меньше числа семь, которое символизирует полноту. Поэтому шесть может означать нечто неполное или несовершенное. Число 6 указывает на человека с его грехом и слабостью.

Богослов и философ, Святой Аврелий Августин (354 – 430) написал в своём знаменитом тексте «О граде Божьем»:

«Шесть — число совершенное само по себе, а не потому, что Бог сотворил всё за шесть дней; скорее, верно обратное. Бог сотворил всё за шесть дней, потому что число совершенное...».

Однако, вернёмся к современной науке. В Стандартной модели физики элементарных частиц существует 6 типов кварков и 6 типов лептонов. Это самые фундаментальные частицы, какие мы только знаем. У них нет внутренней структуры. Они неделимы. Именно из них состоят протоны и нейтроны, которые образуют большую часть видимой материю.

Большинство учёных считают, что история нашего мира началась с Большого взрыва. В течение короткого промежутка времени, порядка 10^{-36} секунды, Вселенная заполнилась бесконечным числом фундаментальных частиц. Это были 6 типов кварков и 6 типов лептонов. Именно эта группа основополагающих частиц стала взаимодействовать друг с другом посредством других переносчиков взаимодействия — бозонов. По сути, это и был «зародыш» нашей Вселенной, который стал расширяться и охлаждаться, образовывая новые частицы с массами. Эти частицы изучают на ускорителе в ЦЕРНе.

Первые звёзды сформировались спустя несколько сотен миллионов лет после Большого взрыва. В звёздах начали синтезироваться первые тяжёлые элементы в результате ядерных реакций, начиная с углерода. Жизнь на Земле была бы невозможна без этого химического элемента. Живые существа от микроба до человека построены именно из соединений углерода. Это связано со способностью углерода легко образовывать длинные цепи и сложные связи с другими атомами. Эта способность придаёт гибкость форме биомолекул из которых созданы клетки. Без этой способности, невозможно создание ДНК и РНК, которые необходимы для хранения и воспроизводства информации в клетке. Углерод — это химическая основа жизни, и он неразрывно связан с самим развитием человеческой цивилизации. Углерод является основным компонентом многих полезных ископаемых и топлива, включая уголь, природный газ и нефть.

Я бы не говорил так много об углероде, если бы не закончил моё описание создания Вселенной вот таким известным фактом: нейтральный атом углерода имеет 6 электронов. Атомный номер углерода в таблице Менделеева равен 6-ти. Это означает, что нейтральный атом углерода имеет 6 протонов и 6 электронов.

А ещё число 6 каким-то странным образом связано со сферичностью геометрических фигур на плоскости. Шесть одинаковых окружностей можно расположить вокруг центральной окружности того же радиуса так, чтобы каждая окружность соприкасалась с центральной (и касалась обоих своих соседей без зазора). Ни одно другое число не обладает такими свойствами. Заметим, что размеры радиусов окружностей не имеют значения. Попробуйте проделать такой эксперимент с одинаковыми по размеру монетами. Самая плотная упаковка окружностей на плоскости связана с числом 6.

Солнечные затмения, когда Луна полностью или частично покрывает Солнце, дали нам редкую возможность познавать мир. Природа отмерила нам 6-и минутные окна для полного затмения, когда были сделаны два великих открытия (смотрите главу 15.1 Затмения Солнца). Это результат невероятной подстройки размера Луны, её расстояния до Земли и её скорости вращения. А раз мы говорим об измерении времени, всем известно деление часа на 60 минут и минуты на 60 секунд. Это пришло от вавилонян, живших в начале 2-го тысячелетия на юге Месопотамии (территория современного Ирака). Они использовали шестидесятиричную систему счисления — системы чисел по целочисленному основанию 60. Скорей всего, она была изобретена ещё шумерами приблизительно 3500 году до нашей эры. Происхождение шестидесятеричной системы остаётся неясным. Возможно, шумеры были настолько впечатлены числом 6, что стали умножать его на 10 (число пальцев рук).

Надо сказать, что шумерская культура это самая древняя в мире, где зародилась сложная цивилизация. Она появилась достаточно внезапно. Согласно древним легендам, шумеры получили знания благодаря «богам», которые они называли «ануннаки». Они были внешне похожими на людей, но имели более крупный рост. Возможно, у них было по шесть пальцев на руках и ногах. Действительно, существуют шумерские гравюры и статуи с изображением их богов-людей, у которых шесть пальцев. Боги научили их всему — даже математике, основанной на шестизначной системе. Шумеры верили, что их божества произошли со звёзд – Плеяд. По другим исследованиям, «ануннаки» произошли с планеты Нибиру в непосредственной близости от Земли (Von Daniken 1999). Так это или нет, но версия, что число пальцев «божеств» повлияло на использование числа 6 для системы исчисления шумеров, достаточно неплохая. Ведь используемая нами десятичная система счисления возникла именно по причине того, что у человека на руках 10 пальцев.

Благодаря Вавилонской и Шумерской культуре, каждому из четырёх временных интервала суток (ночь, утро, день и вечер) отмерено 6 часов. Признаки такой системы можно найти даже на циферблате часов: просто возьмите любое число и отнимите число с противоположной стороны. Получите точно 6 (по модулю), какое бы число вы ни взяли.

Пытливый читатель может спросить: какова вероятность того, что какое-то число, такое как 6, появилось во всех этих местах? Вселенная родилась, использовав фундаментальные частицы в двух группах по 6. Позже, образовался углерод, содержащий три группы по 6 частиц, который был материалом для жизни. Между этими совпадениями нет никакой причинной связи. Эти два события были разделены сотнями миллионов лет. Затем, описание сотворение мира в Библии использует «6 дней» для создания мира и человека? А пифагорейцы объявили, что 6 — «наименьшее совершенное число» по причине математической красоты. Я думаю, вероятность такого совпадения не очень большая. Именно такие вопросы человек может задать и ответить, используя здравый смысл, опыт и внутреннюю интуицию. Наука ничего вам не скажет. Такие вопросы, сами по себе, глубоко философские. *«Мы просто проводим измерение и обнаруживаем число, которое нужно объяснить. И одно и то же число появляется снова и снова в похожих обстоятельствах. Почему?»* (Sanger 2024).

В нашей книге число 6 будет встречаться исключительно часто. Это случилось не потому, что мы выбрали события, где есть цифра 6. Когда все примеры наиболее удивительных совпадений и фактов были найдены и описаны в черновике этого текста, эта цифра появилась совершенно естественно.

4 Существуют ли совпадения?

В повседневной жизни мы часто ловим себя на том, что наталкиваемся на удивительные совпадения. Это удивительные наложения событий друг на друга, воспринимаемых как значимые и связанные между собой по смыслу, но без видимой причинно-следственной связи.

Совпадения происходят постоянно, но люди, как правило, не умеют объективно рассуждать об их вероятности в повседневной жизни. Например, как часто ваше день рождение может совпасть с днём рождения вашей собаки? Мы вернёмся к вопросам о вероятности таких событий позже. Согласно «закону больших чисел», если есть много событий и людей, с которыми вы общаетесь, то есть всегда вероятность того, что что-то невероятное произойдёт. На этом выводе большинство людей останавливается.

Согласно психиатру Бернарду Бейтману, определённые черты личности обычно связаны с большим количеством совпадений. Например, религиозные люди или люди с высоким уровнем поиска смысла склонны видеть совпадения в их жизни и жизнях окружающих. Люди также склонны видеть совпадения, когда им очень грустно или тревожно. Вероятный источник такой зависимости может быть то том, что такие люди могут более легко убедить себя в значимости происходящих с ними событий. Они не могут правильно оценить вероятность своих наблюдений, или начинают придавать значения вещам, которым обычно не придают значение. Но есть и ещё одно объяснение — такие люди имеют большую связь с первоначальным источником реальности. Если она существует.

В своей книге «Значимые совпадения» (Beitman 2022) Бейтман накопил огромное количество примеров всякого рода совпадений. Одно из объяснений явлений, описываемых в его книге, — это связь между людьми посредством Единого Разума. Это современное исследование было вдохновлено работами знаменитого швейцарского психиатра и философа Карла Юнга (1875 – 1961), который ввёл новое понятие — «синхронизм» (или «синхроничность»).

4.1 Синхронизм

Карл Юнг ввёл термин синхронизм в своей книге «Синхронизм: акаузальный[3], связующий принцип» (Jung 1973). Синхронизм обозначает совпадение в конкретном промежутке времени нескольких событий, не имеющих общих причин. Случайности в жизни человека абсолютно не случайны, как он утверждал. Они возникают потому, что первоисточник природы — «смысловые события», упорядочивают наш мир неким «нефизическим» путём. У «высшего сознания» нет пространственных и временных границ. Синхронизм — это лишь кратковременное и часто непроизвольное присоединение твоего локального сознания к «высшему разуму». Такое «подключение» может возникать спонтанно, в моменты горя или переломных для человека событий. А иногда этот процесс направляет человек, практикующий духовные учения. Карл Юнг утверждал:

«Если пространство и время — это всего лишь свойства движущихся тел и созданы интеллектуальными потребностями наблюдателя, тогда их релятивизация посредством содержимого психики больше не представляет собой ничего из ряда вон выходящего ... Проблема синхронизма занимала меня уже давно, пожалуй, начиная с середины двадцатых годов. ... Я обнаруживал совпадения, настолько многозначительно связанные, а вероятность их случайности выражалась такой астрономической цифрой, что они явно были смысловыми».

Синхронизм предполагает наличие смысла, который связан с человеческим сознанием и явно существует вне человека. Такое предположение содержится в философии Платона , который считал самоочевидным существование трансцендентальных образов или моделей вещей, форм, видов. Наш мир вещей является про-

---

[3] Без видимых логических причин и связей.

сто их отражением. Согласно теории синхронизма Юнга, определённые редкие события или совпадения, раскрывают действие беспричинной связи между психическими и физическими событиями через их внутренний смысл.

Принципиальные моменты своей концепции Юнг обсуждал с известным физиком Вольфгангом Паули (1900 – 1958), который в 1945 году получил Нобелевскую премию за вклад в квантовую механику. В их совместной книге «Интерпретация природы и психики» (Jung and Pauli 2012) они углубили этот принцип, позволяющий преодолеть разрыв между разумом и материей. Юнг и Паули были убеждены, что синхронистические события раскрывают глубинное единство разума и материи, субъективной и объективной реальности.

Психоаналитик Жозеф Камбрей далее развил эту тему в книге «Синхронизм — Природа и Психика Во Взаимосвязанной Вселенной» (Cambray 2012). Он также сделал вывод, что синхронизм — это концепция, выходящая за рамки физического мира. Она затрагивает вопрос о самой природе реальности. В ситуациях, когда синхронизм наблюдается, мир не использует простые физические законы причины и следствия. Реальность взаимосвязана, так же как психика и материя. В этом мире есть «звонки и приглашения» в виде значимых совпадений, которые помогают в жизни.

Мы должны отдать должное другому более раннему исследователю — австрийскому зоологу Паулю Каммереру (1880 – 1926) — коллекционеру совпадений. Карл Юнг опирался на работу Каммерера в своём эссе «Синхронность». Каммерер опубликовал никогда не переводившуюся книгу под названием «Das Gesetz der Serie» (в переводе «Закон серии»). В ней он рассказал об около 100 совпадений, основанных на персональном опыте, которые привели его к формулировке теории «серийности». Он постулировал, что все события связаны «волнами серийности».

Неизвестные силы могут вызвать то, что воспринимается как пики, группировки и совпадения. Физик-теоретик Альберт Эйнштейн (1879 – 1955) назвал идею серийности «интересной и ни в коем случае не абсурдной».

Смысл синхронизма, ведущих к удивительным совпадениям, не всегда ясен. Проблема в том, что, когда происходят такие события, в этом участвует всё сущее. Это затрагивает не только судьбы людей, но и предметы неживой природы. Являются ли они сигналами из некоего внешнего мира?

Арнольд Минделл, американский терапевт и писатель, называет такие совпадения «вспышками-заигрываниями». Основная идея заимствована из жизни австралийских аборигенов, которые считают, что окружающие предметы способны «заигрывать с сознанием», привлекая к себе наше внимание, чтобы указать на нечто важное. То, чему необходимо придать значение. Они могут сигнализировать о грядущих событиях и важных изменениях в жизни. Каков механизм таких заигрываний, объяснить трудно. Минделл ссылается на квантовую физику (Mindell 2000) для возможного объяснения.

Дипак Чопра, известный американский врач и писатель индийского происхождения, утверждает (Chopra 2005):

«Я не верю в бессмысленные совпадения. Я считаю, что совпадения — это послания, подсказки, на которые следует обращать самое пристальное внимание. Уделяя совпадениям и их значению должное внимание, вы поддерживаете связь с глубинным пластом бесконечных возможностей. Такое состояние я называю Синхросудьбой — оно позволяет исполнить любое желание. Синхросудьба предполагает доступ к глубинным уровням вашей сущности; кроме того, вы должны внимательно следить за затейливым танцем совпадений в материальном мире. Нужно стараться проникнуть в природу вещей, осознать существование

источника разума, благодаря которому созидание Вселенной продолжается по сей день. Человек должен стремиться реализовать открывающиеся перед ним возможности и тем самым изменить свою жизнь. Чем внимательнее вы к совпадениям, тем чаще они случаются и тем шире ваш доступ к посланиям-подсказкам.»

Согласно его философии, совпадения — ключ к разгадке воли Вселенной. Совпадения не являются источником смысла. Истинный источник смысла — это человек, обретающий опыт. В совпадениях проявляется воля Вселенной, позволяющая воспользоваться безграничными возможностями жизни. Замечая совпадения, мы начинаем задавать вопрос «Что всё это значит?». Этим вопросом мы привлекаем новую информацию.

Вот одно из утверждений тех, кто активно поддерживает существование синхронизма: на духовном уровне прошлое, настоящее и будущее существует одновременно. Именно синхронизм является теми окнами, которые предоставляют нам доступ к новой духовной реальности, лежащей вне времени. В дальнейшем, я покажу, что именно эта гипотеза совершенно естественно следует из нашего рассмотрения нескольких случаев синхронизма.

4.2 Вероятности синхронизма

Для подсчёта вероятностей появления неких особых ситуаций в реальной жизни надо знать количество всевозможных событий (смотрите главу 3.3 О вероятностях). Это не очень легко подсчитать точно для событий, связанных с людьми. Но, всё-таки, дать приблизительную оценку для числа потенциальных возможных событий можно.

Почти все из нас сталкивались в своей жизни с невероятными совпадениями. В основном они связаны с появлением повторяющихся событий. Представьте, что вы вышли на улицу, и на вашу голову упала градина, хотя небо было совершенно ясное. Это событие редко, однако его вероятность трудно оценить. Всё, что мы можем сказать, это то, что такая вероятность гораздо меньше единицы. Затем представим, что на следующий день, по какой-то невероятной случайности, на вашу голову опять упала градина, хотя причин для града совершенно не было.

Вероятность того, что такие два события возможны, является умножением двух малых чисел. Такие события очень маловероятны, даже если мы не знаем конкретную вероятность для отдельного (то есть первого в нашем примере) события. Давайте рассмотрим пример с корзиной и помеченными шарами внутри. Допустим, вы не знаете сколько шаров в корзине. Их может быть бесконечно много. Вы начали доставать шары, помеченные номерами. На ваших глазах повязка, и вы не знаете, какой шар достаёте. Достав один шар с номером 6, вы ничего не знаете о вероятности такого события. Положив шар назад, вы опять достаёте шар с номером 6. В этом примере вместо числа 6 может быть любое другое число, главное то, что число одно и то же в обеих попытках вытаскивания шаров. Затем мы опять кладём шар назад и снова вытаскиваем тот же самый номер. Вероятность того, что вы вытащили тот же шар во вторую попытку мала (хотя вы не знаете точное значение, так как не знаете сколько шаров в корзине). Вероятность того, что в третий раз вы достанете тот же шар, очень мала. Это потому, что вам нужно умножить два малых числа, чтобы получить общую вероятность. Если вы снова вытащили тот самый шар, то тут может быть два варианта. Первый — число шаров в корзине очень мало. Второй — вы невероятно везучий (если в корзине очень много шаров).

Если в корзине 100 шаров, то вероятность того, что вы вытащите какое-либо число 3 раза подряд — (1/100) × (1/100) = 0.0001. Заметим, что мы умножили два числа, а не три. Это потому, что вероятность вытаскивания первого (неважно какого) шара равна 1. В реальной жизни величина 0.0001 является маленькой вероятностью. Однако, если вы сделали миллион попыток, то шанс того, что вы вытащите тот же самый шар три раза подряд, достаточно большой. Это аналогично тому, если бы миллионы людей сделали этот эксперимент.

В целом, наш пример с шарами является иллюстрацией метода подсчёта вероятностей для событий в обществе. Этот способ, когда мы пренебрегаем вероятностью самого первого произошедшего события, даёт нам самые консервативные оценки для значений вероятностей событий. Главное в этом подходе то, что есть несколько повторяющихся случаев. Значит, мы перемножаем много маленьких значений для нахождения полной вероятности всех этих событий (смотрите главу 3.3 О вероятностях).

Давайте проиллюстрируем этот способ на реальном примере, взятом из жизни. Энн Хэтэуэй (англ. Anne Hathaway) — известная американская актриса и певица. Жену английского поэта и драматурга Уильяма Шекспира (1564 – 1616) тоже звали Энн Хэтэуэй (Anne Hathaway, 1556 – 1623), то есть имя и фамилия в точности совпали. Это интересное совпадение. Я не исключаю, что можно посчитать вероятность такой случайности. Однако, вместо этого, мы будем использовать это событие как «точку отсчёта», которая привлекла наше внимание к этому совпадению. Часто мы не знаем количество возможностей для первого совпадения. Всё, что мы знаем, это то, что оно привлекло внимание прессы. Следовательно, много людей стало это обсуждать. На эмоциональном уровне такое совпадение кажется удивительным и почти невозможным. И значит, много людей начинают искать другие совпадения. И они их находят. В этом примере такое совпадение действительно было найдено. Оказывается, лицо мужа Энн Хэтэуэй очень похоже на лицо драматурга Уильяма Шекспира. По крайней мере, оно похоже на портрет Уильяма Шекспира, сделанного после его смерти. Согласно некоторым исследованиям (Gorvett and Brunelle 2016), шанс найти пару мужчин с похожим лицом приблизительно один из 50,000. На самом деле, я думаю, эта вероятность несколько больше, так как по портрету трудно разглядеть некоторые характеристики лица Уильяма Шекспира, если эта картина действительно точна в описании драматурга. В данном случае я уменьшил 50,000 до 5,000.

Значит, вероятность совпадения, где две женщины с одинаковой фамилией замужем за похожими внешне мужчинами, составляет 1/5,000 = 0.0002. Как видим, мы полностью проигнорировали вероятность того, что две женщины имеют одинаковые фамилии и имена.

В этом примере есть ещё что-то необычное. Обе семьи, где женщин зовут Хэтэуэй, связаны с театром и актёрством. Жена Шекспира не могла быть актрисой, так как в те времена женщины-актрисы были редки. Тем не менее, смысловая связь с актёрством есть у её мужа. Я не могу судить о точной вероятности «встречаемости» двух семей, связанных профессионально. Основываясь на моём опыте, вероятность 1/10 выглядит реалистичной. Поэтому вероятность того, что есть две женщины с одинаковыми именами, у которых мужья имеют похожую внешность и имеют отношение к актёрству, составляет $0.0002 \times 0.1 = 2 \times 10^{-5}$. Это значение не учитывает вероятность совпадения имён этих женщин. В этом есть смысл, так как момент совпадения просто был «включателем» нашего внимания к этому происшествию.

Как мы покажем, эмоциональные ожидания (или другие чувства) могут действительно вызывать череду других совпадений. В данном примере — лица двух мужчин оказались очень похожи. Мы будем интересоваться именно этими вторичными совпадениями и их вероятностями. Мы покажем, что вторичные совпадения могут быть неслучайны. Скорей всего они вызваны с ожиданиями людей и их эмоциями. Эти предвкушения приводят к эффекту синхронизма. Как этот эффект происходит в точности, мы не знаем. Одна из вероятных гипотез является редактирование информации о прошлом, дошедшей до наблюдателя в настоящем времени. Именно так можно интерпретировать эффекты, возникающие в квантовом мире, о которых мы расскажем позже.

Рассмотренный выше пример не связан с сильными трагическими переживаниями, поэтому есть некоторые сомнения в том, что синхронизм произошёл. Я приведу ещё один пример, взятый из книги Майкла Шермер (англ. Michael Shermer) – американского популяризатора науки и основателя «Общества скептиков». Я нашёл этот случай достаточно интересным и заслуживающим доверия, так как он был рассказан главным скептиком США в его книге «Рай на Земле» (Shermer 2018). Эта история звучит следующим образом: его жена находилась в очень расстроенных чувствах, находясь вдали от дома и вспоминая своего умершего дедушку. Вдруг она услышала ностальгическую мелодию любви из старого радиоприёмника, стоящего на шкафу в спальне. Этот радиоприёмник не работал, но имел особенное значение для женщины. Он напоминал ей о дедушке, с которым она слушала радиопередачи. В прошлом, Шермер пытался этот приёмник починить, но не смог. Поэтому он просто поставил его во включённом состоянии на шкаф. Каким способом приёмник заработал сам по себе в момент, когда моральная поддержка была нужна, и он не просто заработал — он настроился на волну с грустной мелодией?

Этот случай действительно выглядит как типичный синхронизм, на что ему и указал американский врач и писатель Дипак Чопра. Однако количественная оценка вероятности такого удивительного события не была сделана. Давайте попробуем дать такую оценку этого совпадения. Во-первых, мы не знаем вероятность того, что неработающее радио заиграет. Но это не столь важно, так как это просто отправная точка для вычисления. Допустим радио включилось. Вероятность того, что оно включилось на волне, где работает некая радиостанция, приблизительно 1/10. Я просто проверил это для Чикагского пригорода, где станции довольно плотно заполняют диапазон частот. Далее оценка может выглядеть так: вероятность того, что передают музыку или не музыку — 1/2. То, что музыка грустная или весёлая — 1/2. Следовательно, общая вероятность может оцениваться так: $1/10 \times 1/2 \times 1/2 = 0.025$ или 2.5%. Эта не очень маленькое значение. Тем не менее, этот случай заслуживает внимания. Эта вероятность соответствует случаю, когда во время случайного включения приёмника, мы обнаружили, что радио (случайно) оказалось настроенным на некоторый волновой диапазон с грустной мелодией.

Главная проблема с этим примером заключается в том, что это событие не произошло в очень редкие и переломные моменты жизни. Многие испытывают чувство грусти очень часто, поэтому количество возможных совпадений может быть велико.

Я приведу ещё один случай, присланный мне моим другом, Тимом. Он решил навестить свою соседку. В последний раз он общался с ней месяц назад. Он подошёл к её двери и узнал, что именно в этот момент она набирала ему текстовое сообщение. Она не знала, что Тим идёт её навещать. Предположим, что «только что» — это 10 минутный интервал, отсчитываемый от момента, когда Тим позвонил ей в дверь. Количество таких интервалов в одном месяце (допустим, состоящим из 30 дней) равно

30×6×24 = 4320. Значит вероятность случайного совпадения 1/4320. Это маленькая вероятность. Здесь трудность вычисления в том, чтобы понять сколько таких ситуаций было в жизни Тима, то есть какое полное количество возможностей. Замечу, что случаи, когда вы звоните кому-либо и человек отвечает, что он или она только что о вас подумал(а), являются исключительно частыми. Я сам не раз был свидетелем таких ситуаций.

Использовать эти три примера синхронизма для каких-то важных выводов трудно. На Земле живёт порядка восьми миллионов человек. Действительно, для такого большого количества людей возможны редкие события. В следующих главах я покажу, как уменьшить проблему «больших чисел» при расчёте синхронизмов.

4.3 Проблема дня рождения

Сейчас мы рассмотрим проблему дней рождений, которая часто может привести многих в некоторое замешательство.

Чтобы проиллюстрировать, что совпадения являются довольно частым явлением при наличии большого количества людей, давайте рассмотрим парадокс дней рождений. Как вы думаете, сколько людей в среднем нужно опросить, чтобы найти двух человек с одинаковым днём рождения? Это событие может произойти с большей вероятностью, чем мы думаем. Если рассмотреть случайную группу из 23-х человек, то вероятность того, что у двоих из них день рождения будет в один и тот же день, составляет примерно 50%. Всего 23 человека! Этот факт известен как «парадокс дня рождения».

Эти вычисления можно провести аналитически. Однако, поскольку мы решили использовать программный код, давайте обратимся к компьютерным вычислениям. Мы будем предполагать, что дни рождения могут повторяться. Используя программный код из главы 20.4 Приложение, мы получим ответ:

- Вероятность >0 пары совпадения = 0.506

- Вероятность >1 пары совпадения = 0.144

- Вероятность >2 пары совпадения = 0.032

- Вероятность >3 пары совпадения = 0.0072

Вероятность того, что по крайней мере два человека имеют совпадающий день рождения, приблизительно равна 51% (с повторяющимся днём рождения). Однако, это значение падает до 0.72%, если потребовать больше, чем трех совпадающих пар. Увеличивая количество людей с 23 до 100, мы увидим, что вероятность совпадения для хотя бы двух дней рождений будет близка к 100%.

В нашей семье, включая бабушек и дедушек, мы, вероятно, наберём 23 человека. Но у нас нет даже одного совпадения по дням рождения. Пожалуй, мы входим в эти 50%, где совпадений нет. Тем не менее, у нас есть два совпадения, когда один день рождения совпадает с днём смерти. Мой отец умер в день рождения моей мамы, а дочь брата моей мамы родилась в день рождения бабушки. Таким образом, у нас есть два совпадения, где дни рождения соответствуют дням смерти. Мы можем рассчитать вероятность такого совпадения. Это сделать достаточно просто, используя предыдущую программу:

- Вероятность >0 пары совпадения = 0.95

- Вероятность >1 пары совпадения = 0.77

- Вероятность >2 пары совпадения = 0.51

- Вероятность >3 пары совпадения = 0.21

Исходя из этого, совпадения между днями рождения (или смерти) являются довольно частыми событиями для группы из 23 человек.

Все эти примеры говорят о том, что даже если вы увидели некоторые совпадения между днями рождения или днями смерти, то это ещё мало говорит о чём-то необычном. Вам, по крайней мере, надо оценить количество людей, участвующих в вашем эксперименте. Если это количество больше, чем 20, то вероятность совпадений будет очень большой.

Другая проблема заключается в том, что не всегда понятен смысл таких совпадений. Время рождения и смерти действительно являются переломными моментами в жизни людей, но их смысловой контекст не всегда ясен. Во-первых, они не связаны с какими-либо другими значимыми событиями. Как мы покажем ниже, привязка к значимым событиям является условием для возникновения редких событий. Во-вторых, дальние родственники не всегда объединены по смыслу (кроме биологического родства). Если бы родственники работали в одной сфере и были бы очень близки (как мать и дочь или муж и жена), это могло бы создать условия для более вероятных совпадений.

4.4 Наш тесный мир

В интернете можно найти достаточно много историй, которые описывают ситуации с невероятными совпадениями. В большинстве случаев люди стараются не раскрывать свои имена. Здесь я расскажу одну историю с удивительным совпадением (Dobrogosz 2024) для которого можно приблизительно оценить вероятность:

«Когда мой племянник был маленьким, он всегда играл с домашним телефоном. Однажды он взял телефон у моей бабушки и начал нажимать какие-то цифры. Затем он начал с кем-то разговаривать. Увидев это, моя бабушка отобрала телефонную трубку, чтобы извиниться перед кем бы то ни было. Оказалось, что это был двоюродный брат моей бабушки, живший на острове Уайт, с которым она потеряла связь много лет назад. Мой племянник случайно набрал его номер!»

Такое совпадение действительно выглядит очень необычным. Давайте посчитаем вероятность того, что это событие случилось благодаря случаю. В Америке номера телефонов состоят из 10 чисел. Значит, количество всевозможных вариантов — 10^{10}. Вероятность того, что ребёнок наберёт некоторое десятизначное число и дозвонится до человека, которого знала бабушка, является 10^{-10}. Является ли такое событие удивительным и заслуживающим нашего внимания?

Население Земли скоро достигнет 8 миллиардов. Но нас интересует Северная Америка, так как эта новость появилась здесь, а не в новостях других стран, где я новости не читаю. Также нас интересует порядка 20 миллионов детей в Северной Америке, которые потенциально могут играть в телефон, не осознавая кому они звонят. Затем надо учесть, что у этой бабушки может быть несколько родственников. Давайте допустим, что телефоны есть у 10-ти родственников. Если каждый из 20 миллионов детей позвонил по некоему номеру телефона, то вероятность того, что кто-то дозвонится до одного из 10-и известных номеров, составляет:

$$10^{-10} \times 20 \times 10^6 \times 10 = 0.02.$$

Это не такая уж и маленькая вероятность. А если учесть, что каждый из детей наберёт случайно несколько номеров, то мы говорим о значении около 10–20% для вероятности того, что такой случай произошёл благодаря случайности.

В этом примере мы опять имеем дело с очень большой первоначальной выборкой людей. 20 миллионов – это достаточно большое число, которое сильно увеличивает количество возможностей. А может набор не был случайным? Может быть, бабушка просто забыла, что у неё есть этот родственник и она общалась с ним раньше? Ребёнок мог просто набрать номер по запомненной тональности кнопок, если бабушка уже звонила этому человеку. Но самое главное — мы имеем дело с анонимным источником, поэтому перепроверить этот случай достаточно непросто.

5 Как взломать код

Вероятно, каждый из нас сталкивался с ситуациями, когда произошедшие с нами или нашими знакомыми события казались нам очень маловероятными. Такие происшествия выглядели настолько нереальными, что невольно мы ловили себя на ощущении, что этот мир не тот, каким кажется. Он не является пустым и холодным, где правит только слепой случай и физические законы. В предыдущей главе я привёл несколько примеров невероятных совпадений из жизни. Но, почти наверняка, вы сами слышали много рассказов о всяких невероятных случайностях и знамениях от других людей. Хотя нам хотелось поверить в такие рассказы, где-то в глубине вашего сознания, мы всё равно не до конца доверяли этим историям, так как не было никаких серьёзных рациональных доказательств.

Может быть, на этот мир и на всех нас влияет разумная сила, которая нарушает все общепринятые законы. Но как это подтвердить?

Главная причина того, что многие не доверяют этим удивительным рассказам о совпадениях, заключается в простом объяснении: среди огромного количества людей, живущих в этом мире, всегда может что-то произойти. Используя терминологию теории вероятностей, мы не знаем количество благоприятных и возможных событий. Кроме того, мы часто узнаем о редких событиях с людьми после того, как эти события уже случились.

Однако здесь есть выход – вместо того, чтобы рассматривать любые события со всеми людьми, с которыми эти события приключились, мы можем сконцентрироваться на заведомо выбранной группе людей.

5.1 Вероятности и возможности

Давайте вспомним пример с шарами, рассмотренный в главе 4.2 Вероятности синхронизма. Предположим, в корзине 100 шаров. Шары подписаны от 1 до 100. Если мы случайно вытаскиваем один и тот же шар подряд 6 раз, заблаговременно положив этот шар назад перед каждым вытаскиванием и вслепую перемешивая шары, то вероятность такого события $(1/100)^5$ или 10^{-10}. Заметим, что мы не знаем ничего о номере первого шара. Если мы наблюдаем за одним произвольно выбранным человеком, который с закрытыми глазами берет шары из корзины, то вытягивание одного и того же шара 6 раза подряд является исключительно редким событием. Численное значение вероятности такого события очень мало.

На Земле живёт около 8 миллиардов людей (на 2024 год), поэтому редкие совпадения возможны из принципа больших чисел. Например, вытаскивание одного и того же шара из корзины шесть раз в последовательном порядке не является редким событием для такого большого количества людей. Статистическая выборка (то есть количество людей, с которыми что-то невероятное могло произойти) очень большое. Вероятность такого события для 8×10^9 людей будет:

$$8 \times 10^9 \times 10^{-10} = 0.8.$$

Как мы видим, это число приближается к 1. Это значит, кому-то повезёт вытянуть один и тот же шар 6 раз подряд. Наверняка мы услышим эту новость из прессы и удивимся такому везению.

Приведём ещё пример. Если бросить громадное количество монет на пол, то существует реальная вероятность того, что одна из монет приземлится на ребро и останется в таком положении. Такая вероятность даже подсчитана (Murray and Teare 1993). Есть 1 шанс из 6000, что монета приземлится на край.

Однако представьте ситуацию, когда мы не знаем каким образом все монеты приземляются на пол. Но в наших силах проверить, как приземлятся 100 монет, отмеченных нами. И оказывается, что одна из помеченных монет действительно приземлилась на ребро. Разумеется, такое наблюдение будет достаточно невероятным. Оно ведёт к предположению, что очень редкие события гораздо чаще встречаются по сравнению с нашими ожиданиями, исходя из материальных представлений о мире. Но если вы опять бросите монету, и она опять приземлится ребром, то тут уже никаких сомнений не возникает — здесь что-то неладное.

Давайте опять представим такую ситуацию. Все люди на Земле решили два раза бросить монету в случайный момент своей жизни. Из 8 миллионов человек объявятся люди, у которых монета приземлилась на ребро два раза. Вероятность такого совпадения, как мы знаем, очень мала — $(1/6000) \times (1/6000) = 256 \times 10^{-10}$. Об этих людях будут писать в газетах, и значит, мы о них узнаем. Можно подсчитать количество таких людей — это будет около 205 человек (умножаем 256×10^{-10} на 8 миллиардов).

А теперь представьте маленькую деревню, скажем, из 100 человек. Эта деревня будет наша контрольная выборка. Нас не интересует никто на Земле кроме людей из этой деревни. Эти люди тоже бросают 2 раза монету подряд. Но мы, наблюдатели, можем увидеть эти броски только в определённый момент — только тогда, когда они женятся. Выбрав эту деревню, вы начинаете наблюдать за людьми с целью увидеть результаты выпадения монеты. И оказывается, что находится человек из этой деревни, у которого монета выпала на ребро два раза в наблюдаемый нами промежуток времени. В этом случае можно без преувеличения сказать, что это очень странная деревня, так как произошедшие событие маловероятно. Это происшествие не может укладываться в рамки статистики с точки зрения наблюдателя, который решил курировать эту деревню по причине, никак не связанной с бросанием монеты. Но ещё более удивительно то, что это случилось в короткий промежуток времени, который нами определён заранее — после конкретного события.

Чтобы понять, насколько это выглядит странно, возьмите всё остальное население Земли и создайте 80 миллионов групп по 100 человек и проследите как они бросали монеты. Конечно же, вы найдёте группу, где монета выпала на ребро два раза после того, как вы всех опросили. Для вас это будет какая-то случайная группа, так как вы заранее не «метили» её по какому-то признаку. Поэтому, ничего необычного в этом вы не увидите, так как вы уже знаете, как много групп участвует в эксперименте. Но если вы решили наугад найти удачливую группу — то, с большой вероятностью, у нас это не получится. Тем более мы не сможем обнаружить группу, где событие произойдёт в конкретное время.

А ещё одна проблема будет заключаться в следующем: опрашивая все такие группы, вы наверняка будете сомневаться в правдивости рассказов людей, у которых монета упала на ребро два раза. К сожалению, объективного и независимого контроля за бросанием монеты не было.

5.2 Значимые события

Итак, мы будем только интересоваться событиями, случившимися с ограниченным количеством людей. Однако мы потребуем, чтобы эти события были самыми существенными или «переломными» в их судьбе. Например, такие события как рождение, смерть (если она произошла естественно), женитьба и всякого рода несчастные случаи, после которых жизнь людей резко изменилась.

Почему необходимо условие, при котором события должны быть самыми существенными для судеб людей? Во-первых, для этого существует статистическая причина. Мы ограничиваем количество возможных ситуаций до минимума. Во-вторых, мы ожидаем, что сильные эмоции могут стимулировать проявление явлений синхронизма. В статье «Синхронность и исцеление» (Beitman, Celebi, and Elif Coleman, 2010) было обнаружено, что переживания синхронизма в основном группируются вокруг периодов эмоциональной напряжённости или крупных жизненных переходов, таких как рождение, смерть и брак. Пожалуй, здесь надо предупредить, что есть и другие более ранние эксперименты, которые показывали необычные эффекты в моменты эмоционального стресса. Мы будем считать, что если нет опровержений, то такие эксперименты заслуживают внимания.

Один из таких экспериментов был проведён довольно давно. В 1986 - 1995 году французский исследователь Рене Пеок (Peoc'h 1995) провёл следующие опыты: Он создал робота в виде небольшой консервной банки с колёсами, который при движении получал случайные импульсы направления. На руле у него был генератор случайных чисел — каждые несколько секунд он менял направление. При движении такой робот делал случайные повороты так, что его траектория была совершенно непредсказуемой. Робот мог передвигаться на колёсах, а под ним была ручка, с помощью которой можно было прослеживать путь на бумаге во время движения. Большой стол с низкой боковой стенкой, предотвращающей падение робота, был накрыт листом белой бумаги. Робот находился в центре стола и был приведён в движение. В результате он стал чертить на столе случайный узор.

Затем, Пеок запустил на площадку с роботом только что вылупившихся цыплят. Цыплята, как и все птицы, верят, что первое живое существо или вещь, которую они видят после вылупления, — это их мать. Поэтому цыплята стали ходить за роботом по случайной траектории. Экспериментатор поместил цыплят в клетку на одном конце стола, поставил робота в центр стола и включил его. Птенцы стали чувствовать тревогу, когда он удалялся от них. Предполагалось, что цыплята будут желать, чтобы робот был как можно ближе к ним. Робот опять стал чертить на столе случайную траекторию, которая располагалась значительно ближе к клетке с цыплятами.

Когда Пеок посадил кроликов в клетку, то они испугались робота, и робот стал удаляться в дальний конец стола. Но когда кролики привыкли к роботу, он стал к ним приближаться. Учёный перепроверял эксперимент несколько раз, но результаты были одни и те же.

Причина, почему я решил рассказать об этом эксперименте, не только в том, что он занимательный сам по себе. Дело в том, что в настоящее время, не существует независимых проверок, подтверждающих (или опровергающих) эти результаты. Учитывая простоту такого исследования, это выглядит странно.

Но если такой эксперимент действительно не был ошибочным, то он прекрасно согласуется с такой гипотезой: эмоциональные моменты могут влиять на материю, и значит, приводить к не поддающимся материалистическому описанию событиям.

Как мы уже говорили, мы не нашли независимое подтверждение результатов этого эксперимента. Поэтому их выводы можно принять за рабочую гипотезу. Как мы покажем позже, даже невероятные фантазии могут легко стать реальностью.

5.3 Число возможностей для синхронизма

Итак, мы остановились на гипотезе о том, что сильные эмоциональные переживания увеличивают вероятность неожиданных, статически маловероятных событий. Для среднестатистического человека вряд ли наберётся больше 10-ти значимых или переломных событий, от которых зависит жизнь или дальнейшая судьба. Это могут быть места, люди и даты, с которыми связаны большие эмоциональные переживания. Например, дни рождения, смерти, свадьбы, рождения детей, окончание университета, получение первой работы и так далее. Все даты, связанные с такими событиями, идеально подходят для нашего рассмотрения. Такой подход отбора важных событий существенно сужает количество возможных событий для вычисления вероятностей появления синхронизма.

Для каждого значимого события существует около 30 возможных ситуаций-связей. Они соответствуют совпадениям одного важного события с какими-то другими потенциальными и значимыми происшествиями в судьбах. Например, возможны такие варианты для дня свадьбы:

• Совпадение даты свадьбы со значимыми датами в будущем или прошлом. Например, с датой рождения ребёнка, родившегося в результате этого брака.

• Неожиданная встреча с человеком, с которым есть особая связь.

• Совпадение фамилии с одним из гостей, от которого нечто важное зависит для будущей семьи.

• Произошедшее катастрофическое событие, каким-то образом связанное по смыслу с днём свадьбы.

Почему 30? Конечно, это догадка. Я просто взял лист бумаги и записал, какие совпадения с конкретным важным событием вообще возможны. У меня закончилась фантазия после числа 22. Поэтому, число 30 является хорошей консервативной оценкой для синхронных связей. Собственно, связей может быть гораздо больше, чем самих важных событий (10 для наших вычислений). Разумеется, такие связи должны существовать со значительными событиями, именами и вещами. В нашем примере со свадьбой случайное совпадение фамилии менеджера ресторана с именем невесты не является важной связью. От такого события совершенно ничего не зависит и, поэтому, оно не может быть включено в эти 30 связей.

Итак, у нас есть 10 жизненно важных событий, и для каждого из них может произойти приблизительно 30 синхронных событий. Полное количество возможностей для событий синхронизма в течение человеческой жизни:

$$10 \times 30 = 300.$$

Это важное число, которое будет часто использоваться в дальнейшем. Я буду его называть «числом потенциальных возможностей для синхронизма на протяжении всей жизни одного человека».

Чтобы понять, был ли синхронизм у человека на протяжении его жизни, надо умножить вероятность появления конкретного случая синхронизма на это число. В главе <u>4.2 Вероятности синхронизма</u> мы рассмотрели два примера возможного синхронизма. В случае с Энн Хэтэуэй мы получили число 2×10^{-5}, которое соответствует вероятности того, что две женщины с одинаковыми именами имеют спутников жизни с похожими лицами и их семьи связаны одной профессией. Значит, вероятность того, что случайность имела роль в синхронизме Энн Хэтэуэй равна:

$$300 \times 2 \times 10^{-5} = 0.006.$$

Это говорит о том, что жизнь Энн Хэтэуэй была подвергнута синхронизму, так как шанс случайного совпадения всего 0.6%. Это значение несколько меньше, чем вероятность выпадения 7 раз «орла» (или «решки») при бросании монеты.

Случай с приёмником, описанный Майклом Шермером в главе <u>4.2 Вероятности синхронизма</u>, может быть объяснён волей случая. Действительно, $300 \times 0.025 = 7.5$. Это число гораздо больше единицы. Даже если описанный момент грусти входит в число важных событий, он не является особенным, учитывая 300 возможностей.

Вообще говоря, число 300 можно легко использовать для простой оценки синхронизма. Если ваш случай некоего совпадения можно оценить как один шанс из 300 (или меньше), то такое событие не является статистически удивительным.

5.4 Эффект контрольной выборки

Таким образом, для нашего эксперимента нам нужен наблюдатель, который следит за каким-то количеством людей. Эти люди должны быть выбраны по какому-то принципу. Он не должен быть связан с экспериментом, который мы будем проводить. Мы будем называть эту группу людей «контрольной выборкой». Можно ограничиться небольшим числом индивидуумов, которые хорошо известны и чьи биографиии надёжно задокументированы.

Если вы можете назвать 100 знаменитых людей — это значит с вашей памятью всё в порядке. Для 100 человек, выбранных заранее не потому, что с ними что-то удивительное произошло, а потому что они оказались в вашей памяти по какой-то другой, объединяющей их причине, бросание монеты на ребро является редким событием. По величине, эта вероятность будет близка к нулю. Если нечто такое действительно произошло, это будет удивительным событием для такой маленькой группы людей.

В этом и заключается суть нашего подхода. Надо присмотреться к жизни наиболее известных людей. Их биографии обычно хорошо описаны независимыми биографами. Это будет наша контрольная выборка. А затем мы рассмотрим поворотные или ключевые события в их жизни. Очень часто такие события являются значимыми не только для них, но и для всего человечества. Давайте приведём примеры:

Пример 1. Представьте, что вы знаете человека, известного по какой-либо причине. Вы находите в его биографии, которая надёжно задокументирована третьими лицами, такую ситуацию: жена этого человека умирает 2 мая некоторого года. Затем мы узнаем, что двое его детей тоже умирают 2 мая, но в разные годы, по совершенно разным причинам. Сговор или какой-либо злой умысел исключён. Считаем вероятность того, что это возможно благодаря случаю:

$$(1/365) \times (1/365) = 0.0000075,$$

где 365 — количество дней в невисокосном году. Это очень маленькая вероятность и значит она не может приводить к наблюдаемым ситуациям предполагая, что всё в мире происходит случайно. Также заметим, что эти события точно входят в 10 наиболее значимых происшествий этой личности.

Пример 2. У человека, с хорошо задокументированной биографией и известного по какой-либо причине, родился сын. Его назвали Роман. Мы предположим, что это имя входит в 20 наиболее популярных. У другого известного человека тоже родился сын и его тоже назвали Роман. Оба известных человека связаны по какой-то смысловой категории, например, они оба — биологи. Их дети родились в один год и в один месяц, например, в апреле. В момент рождения обоих детей внезапно пошёл снег, что является редким явлением для апреля. Предположим, что вероятность появления снега в апреле хорошо известна и составляет 0.0001.

Каковы шансы, что такое событие возможно? Считаем: $(1/20) \times 0.0001 = 0.000005$. Это маленькая вероятность, учитывая, что обе семьи принадлежат группе из 100 человек, за которыми мы наблюдаем.

Чтобы оценить, являются ли такие события синхронизмом или случайностью, надо умножить рассчитанные выше вероятности на 300, как мы говорили в предыдущей главе. Если полученные числа гораздо меньше, чем 1, то синхронизм скорее всего имел место. В этих двух примерах синхронизм был. Это утверждение будет справедливо только в том случае, если эти люди принадлежат нашей контрольной выборке, определённой заранее (а не в момент, когда мы узнали об этих удивительных совпадениях).

Давайте подведём итог. Невероятные совпадения всегда возможны, если вы обнаружили их после того, как они случились. Это объясняется тем, что существует огромное количество возможных событий. В данном случае — огромное количество людей, с которыми могут происходить редкие события. Однако, если вы обратили внимание на маленькую группу людей, выбранных заранее по некоему, не связанному с синхронизмом признаку, то это изменяет ситуацию: такие явления становятся значимыми для наших выводов.

Например, если все невероятные события начали происходить со всеми друзьями вашего детства в исключительно важные моменты их жизни, то это можно интерпретировать как некий сигнал. Он не является случайностью — это некоторая закономерность, которую надо изучать. Именно этим мы и займёмся. В следующей главе мы рассмотрим группу знаменитых людей, к которым известность пришла задолго до того, как странности стали с ними случаться в важные моменты их жизни.

Невероятные совпадения иногда также трактуются как знамения. Такие явления передают информацию человеку или группе, но они доступны к пониманию только в контексте конкретных событий. Мы вернёмся к этому в следующих главах.

6 Примеры значимых совпадений

В этой главе мы рассмотрим несколько хорошо известных совпадений и оценим их вероятности появления благодаря
чистой случайности. Я буду строго следовать нашему подходу —
странные события должны случаться с известными людьми, а
сами события должны быть поворотными в их жизни. Я не буду
приводить список из 100 известных людей, так как его можно
оспорить. Однако, обсуждаемые личности, несомненно, должны
входить в этот перечень.

6.1 Авраам Линкольн и Джон Кеннеди

Мы рассмотрим обстоятельства жизни и смерти американских государственных и политических деятелей Авраама Линкольна (1809 – 1865) и Джона Ф. Кеннеди (1917 – 1963). Оба политика, безусловно, входят в число известных личностей, и их жизнь довольно хорошо документирована. Кроме того, оба они являются политиками, что указывает на некоторую логическую связь между ними.

Линкольн стал президентом в 1860 году, а ровно сто лет спустя президентом был избран Кеннеди. Хотя 100 лет являются интересным числом, мы не будем использовать его, поскольку не занимаемся нумерологией. Поэтому рассмотрим другие совпадения. В расчётах вероятностей мы будем использовать метод, описанный в главе 3.3 О вероятностях.

1. Оба президента были убиты в пятницу. Публичные мероприятия обычно проводятся в выходные дни или накануне, то есть в пятницу. Вероятность такого совпадения составляет 1/3, где 3 соответствует трём возможным дням недели (пятница, суббота, воскресенье).

2. Супруги обоих потеряли ребёнка во время проживания в Белом доме. Мы не считаем, что этот факт имеет маленькую вероятность. Если у нас нет достоверной информации о том, как распределены возможные события, я буду предполагать, что их вероятность одинакова. В данном случае, у нас всего два варианта — ребёнок умрёт во время президентства или нет. Следовательно, вероятность — 1/2 = 0.5.

3. Оба убийцы были южанами с экстремистскими взглядами. Здесь у нас также нет предпочтений, являются ли они южанами, республиканцами или демократами. Поэтому вероятность будет 0.5 (южанин или северянин).

4. Оба убийцы были убиты до суда — 0.5 (до суда или после).

5. Преемниками обоих стали вице-президенты с фамилией Джонсон, которые были демократами и бывшими сенаторами. В Америке есть 5 наиболее популярных фамилий: Smith, Johnson, Williams, Jones, Brown. Джонсон — одна из популярных фамилий. Игнорируя все остальные возможности, наша вероятность составляет 1/5 или 0.2.

Давайте посчитаем полную вероятность этих пяти совпадений:

$$(1/3) \times 0.5 \times 0.5 \times 0.5 \times 0.2 = 0.0083$$

или около 0.83%. В дальнейшем я буду округлять значения до нескольких дробных разрядов. Как видим, вероятность того, что такие события возможны с одной парой людей, достаточно мала.

Заметим, что существует около 16 (некоторые видят даже 20) совпадений в судьбах Линкольна и Кеннеди, но нам трудно оценить их вероятность.

Однако есть ещё три совпадения, которые действительно поражают воображение. Посмотрите на количество букв в именах людей, которые участвовали в тех событиях:

LINCOLN и KENNEDY — 7 букв,

ANDREW JOHNSON и LYNDON JOHNSON — 13 букв,

JOHN WILKES BOOTH и LEE HARVEY OSWALD — 15 букв.

Вероятность такого совпадения довольно мала. Допустим, мы играем в лотерею с двумя корзинами, где есть шары с числами 1 до 15 (максимальное количество букв). Вытащив шар с номером 7 из одной корзины, мы можем спросить, какова вероятность того, что последующий шар из другой корзины будет иметь число 7. Это вероятность будет 1/15 = 0.0666. Мы кладём оба шара назад, а затем мы вытаскиваем шар с числом 13 из первой корзины. На удивление, мы снова вытаскиваем шар с номером 13, но из другой корзины. А затем проделываем то же самое с шаром под номером 15. Давайте посчитаем полную вероятность этих трёх совпадений:

$$0.0666 \times 0.0666 \times 0.0666 = 0.0003.$$

Это не совсем правильная оценка вероятности. Дело в том, что она не учитывает другие ситуации, такие как совпадения по фамилии. Например, число букв в BOOTH и OSWALD не совпадают. Это значит, что число всевозможных событий, которые могут совпадать гораздо больше, чем мы предполагаем. Однако фамилия JOHNSON совпала точно. Даже учитывая, что JOHNSON, является популярной фамилией в то время, это компенсирует некоторые завышенные оценки для идентичности в числах букв.

Теперь считаем полную вероятность совпадения того, что все шесть совпадений случились (включая совпадения в именах):

$$0.0083 \times 0.0003 = 2.5 \times 10^{-6}.$$

Это очень маленькая вероятность для одного переломного в жизни события, состоящего из совокупности всех совпадений, которых я описал. Однако полученная вероятность не учитывает многие возможности для совпадений в других важных событиях их жизни. Поэтому мы умножим эту вероятность на число возможностей синхронизма (300) из главы <u>5.3 Число возможностей для синхронизма</u>:

$$300 \times 2.5 \times 10^{-6} = \mathbf{7.5 \times 10^{-4}}.$$

Мы выделили конечный результат жирным шрифтом. Эта величина приблизительно равна 10 выпадениям «орла» (или «решки») подряд при бросании монеты. Она даёт оценку вероятности того, что слепой случай смог создать синхронизм в жизни Линкольна (или Кеннеди) в виде группы нескольких совпадений. Малость этой величины может указывать на наличие некоторого механизма, способного вызвать все эти совпадения одновременно. В принципе, таким похожим обстоятельствам трудно реализоваться из выборки нескольких сотен известных людей, чья биография хорошо задокументирована.

Это один из интересных случаев синхронизма. Он проявился несколько раз, как волны, исходящие из главного источника — убеждения людей в том, что судьбы Линкольна и Кеннеди должны быть как-то похожи. Что вызвало такие ожидания, политические взгляды обоих или несколько первоначальных случайных совпадений — не очень понятно. Так как это довольно известный случай, мы разберём возможный его механизм в главе 16.4 Символы и формы идей.

6.2 Стивен Хокинг

Физик-теоретик, космолог и писатель Стивен Хокинг (1942 – 2018) по праву занимает своё место среди известных людей, которые использованы в нашем подходе «метками» для вычисления вероятностей невероятных совпадений для важных событий. Даты рождения и смерти — это наиболее значимые числа для судеб людей. Хокинг родился 8 января 1942. Это ровно 300 лет после дня смерти знаменитого Галилео Галилей (8 января 1642). Хокинг умер в марте 14, 2018, когда Альберту Эйнштейну исполнилось бы ровно 139 лет (март 14, 1879). Здесь есть 2 совпадения:

1) Хокинг (умер в марте 14, 2018) — Эйнштейн (родился в марте 14, 1879)

2) Хокинг (родился в январе 8, 1942) — Галилей (умер в январе 8, 1642)

Хокинг, Галилей и Эйнштейн — группа, входящая в категорию знаменитых людей, которых объединяет физика. Если бы случилось совпадение между днями рождения или смерти Хокинга и, например, знаменитого биолога, то такое совпадение было бы менее интересным. Я ничего не имею против биологов, но просто люди, не относящиеся напрямую к Хокингу и не оказавшие профессионального влияния на его работы, не могут участвовать в нашем вычислении. Дни рождения и смерти тоже являются важными датами. Если бы случилось совпадение, когда день смерти Хокинга совпал бы с днём, когда Эйнштейн поменял своё место жительства — то это совпадение не вызвало бы никакого интереса у кого-либо. Мы ищем равно важные даты.

Учитывая, что три физика входят в десятку известных учёных в нашем списке, и мы имеем дело с двумя важными датами, можно оценить вероятность совпадения того, что две важные даты одного человека совпали бы с датами физиков такой же значимости, которые были связаны по смыслу, то есть по профессии.

Этот пример напоминает наше рассмотрение в главе <u>4.3 Проблема дня рождения</u>. Однако здесь два совпадения, а не одно. В <u>20.5 Приложение</u> мы рассчитали вероятность этих двух совпадения для трёх человек. Вероятность того, что день рождение (или смерти) одного из них совпадут с двумя другими, является:

$$6.234 \times 10^{-5}.$$

Это вероятность двойного совпадения благодаря статистической случайности. Теперь находим вероятность того, что некий синхронизм произошёл с Хокингом благодаря случаю. Умножим эту вероятность на число возможностей синхронизма (300) из главы <u>5.3 Число возможностей для синхронизма</u>.

$$300 \times 6.234 \times 10^{-5} = \mathbf{0.0187}.$$

Полученная вероятность, выделенная жирным шрифтом, приблизительно равна 1.9%. Это достаточно маленький шанс для случайного совпадения. Он эквивалентен бросанию монеты 6 раз подряд, когда каждый раз монета приземлялась «орлом» (или «решкой»).

В этом примере мы проигнорировали тот факт, что Хокинг родился ровно 300 лет после дня смерти Галилея. Для нас 300 и 139 — значения одинаково значимые. Мы не будем заниматься в этой главе нумерологией, то есть верой в мистические числа.

Этот синхронизм не является особо впечатляющим. Если синхронизм и был в этом случае, то он был достаточно слабым. Разумеется, физики не имеют такого влияния на судьбы людей и их страх за свои жизни как политики, инициирующие войны. И как следствие, эмоциональный эффект людей на смерти учёных не был такой сильный, как в случае политиков. Напомним, что события синхронизма могут проявиться вне времени. Их «волны», ведущие к повторениям и логическим связям между событиями, могут идти в прошлое и настоящее. Я не берусь говорить, что было первичным совпадением в этом примере, приведшим к вторичному совпадению и подстройке параметров в днях рождений.

6.3 Ричард Бах: История с Бипланом

Ричард Бах — автор бестселлеров, таких как «Чайка по имени Джонатан Ливингстон» и «Иллюзии: Приключения сопротивляющегося мессии». Он известен своей любовью к полётам на небольших частных самолётах. Поэтому, практически все произведения Ричарда Баха, так или иначе, касаются темы полётов.

В своей книге «Ничто не случайно», написанной в 70-х годах, он описал ситуацию починки самолёта. В то время Ричард Бах летал на редком биплане Detroit-Parks P-2A Speedster, одном из восьми построенных. Этот самолёт был разработан до какой-либо авиационной стандартизации. Когда он летел над Средним Западом, самолёт сломался. После приземления и осмотра, ремонт выглядел безнадёжным из-за редкости необходимой детали. Пока Бах размышлял над этой проблемой, подошёл незнакомый человек, владеющий ангаром неподалёку, и спросил, может ли он помочь. Бах рассказал ему о поломанной части самолёта. Мужчина ответил, что в его ангаре могут находиться подходящие детали. Он подошёл к груде металлических запчастей в углу ангара, и моментально нашёл нужную деталь!

Каковы шансы такого совпадения? В 70-х годах прошлого века в штате Висконсин было около 100,000 фермеров. Почти наверняка у каждого из них был сарай с деталями. Даже учитывая, что все детали от восьми существующих редких бипланов были только в Висконсине, вероятность того, что самолёт приземлится около сарая с нужной деталью, рассчитывается как $(8/100,000) = 8 \times 10^{-5}$. Мы предположили, что вероятность нахождения детали одинакова для всех ангаров.

Здесь я замечу, что я хотел проверить, насколько часть самолёта, найденная в сарае Висконсина, являлась уникальной. Может быть, некоторые части самолётов достаточно похожи друг на друга? Выяснилось, что Бах живёт недалеко от меня, но в силу почтенного возраста не даёт интервью и не может напрямую ответить на мой вопрос. Так был ли синхронизм в жизни Баха? Умножим полученную вероятность на число возможностей для синхронизма (300) из главы 5.3 Число возможностей для синхронизма.

$$300 \times 8 \times 10^{-5} = \mathbf{0.024.}$$

Значит, слепой случай мог создать синхронизм в жизни Баха с вероятностью 2.4%. Конечно, можно утверждать, что мы неправильно оценили вероятность такого события с поломкой самолёта. Однако здесь я положусь на мнение самого Ричарда Баха. Он написал об этом в своей книге:

«Здесь уже не могло быть и речи о простом совпадении. Шансы на то, что мы разобьём самолёт в забытом Богом городишке, в котором совершенно случайно живёт тот, у кого есть сорокалетней давности запчасть для ремонта; шансы на то, что он окажется на месте происшествия; шансы на то, что мы затолкнём свой самолёт в соседний ангар, находящийся всего лишь в десяти футах от нужных нам деталей, — все эти шансы были столь малы, что «совпадение» было бы глупым ответом».

Я недаром упомянул что Ричард Бах является философом. Ему принадлежат такие слова:

«Я думаю, что один из величайших космических законов заключается в том, что все, что мы думаем, сбудется в нашем опыте. Когда мы что-то держим в своих мыслях, то каким-то образом совпадение ведёт нас в том направлении, в котором мы сами хотели вести себя».

Это тоже один из случаев, когда проявление синхронности слабое, так как здесь участниками были всего несколько человек. Просто меня привлёк тот факт, что Бах понял суть философской проблемы и записал её в своей книге. Может это и вызвало синхронность и некоторую редакцию прошлого — а именно, описание текста его книги, которая говорит, что деталь самолёта была очень редкой. Когда он писал книгу, этот случай поразил всех участвующих в тех событиях своей редкостью, то есть приземлением самолёта прямо возле сарая, где была некая часть от самолёта. Разумеется, не в каждом сарае есть части от самолётов. Это стало отправной точкой для синхронизма. Возможно, первоначальные эмоции и удивление привели к небольшому изменение прошлого. А именно, воспоминания всех, кто участвовал, были «отредактированы», то есть появилась новая информация о необычайной редкости этой части самолёта. Это усилило эффект необычного совпадения.

6.4 Могильщики СССР

В 2022, когда в СССР отмечали 100 лет со Дня образования СССР, умерли политики, принявшие непосредственное участие в подписании официальных документов о расформировании СССР. К этому времени Борис Ельцин, который был ключевой фигурой в событии роспуска СССР, уже умер. Однако ближайший соратник Ельцина и главный идеолог развала СССР, Геннадий Бурбулис, участвовавший в подписании Беловежских соглашений, умер в июне 2022 года в возрасте 76 лет. Другие участники подписания роспуска СССР, экс-глава Белоруссии Станислав Шушкевич и экс-президент Украины Леонид Кравчук, также умерли, но немного раньше — в мае 2022. В момент смерти обоим было 88 лет. Затем, 30 августа 2022, на 92-м году жизни умер Михаил Горбачев — первый и последний президент СССР. Он был против роспуска СССР, но именно его политическая слабость позволила этому событию произойти.

Этот случай также попадает под условия нашего принципа, когда мы отбираем наиболее известных людей с их судьбоносными событиями. Горбачев — значимая фигура, а даты смерти — также важные числа. Все четыре политика непосредственно (или опосредованно, как в случае с Горбачёвым) принимали участие в роспуске СССР. Они умирают во время 100-летней годовщины СССР. Это связывает всех их в одну смысловую категорию. Как оценить вероятность совпадения, когда все четыре человека, которые участвовали в роспуске СССР, умерли в тот же год, когда население бывших республик отмечало 100 лет с момента образования СССР в 1922?

Попробуем получить ответ, используя простые вычисления. Допустим, что точка отсчёта — 2007 год. Этот год ознаменовался смертью ключевого игрока в роспуске СССР — Бориса Ельцина. Также допустим, что период жизни после этого — 20 лет, в течение которого другие участники могут умереть с некоторой вероятностью. Но они все умирают в один год, т.е. через 15 лет с момента смерти Ельцина, на 100-летие СССР. Если мы кидаем 4 шара в 20 лунок и все они падают в отверстие под номером 15, то возможность такого события составляет $(1/20)^4 = 0.0000062$. Это невероятно маленькая вероятность.

На самом деле, вероятность смерти не является постоянной величиной ($=1/20$) на протяжении 20 лет. Статистические наблюдения говорят, что вероятность смерти растёт приблизительно на 10% с каждым годом после 65 лет. Согласно статистическим данным Бюро по Социальным Страховкам США (Social Security. United States government 2020), вероятности того, что человек умрёт в некотором возрасте, показано в Таблице 6.4. Так как члены КПСС жили в достаточно хороших условиях, сравнимых с уровнем жизни в США, эти статистические данные должны быть достаточно подходящими для цели наших вычислений.

Вероятность того, что все четыре партийных лидера умрут в один (заранее известный) год, можно получить умножением четырёх вероятностей:

$$0.14 \times 0.14 \times 0.22 \times 0.045 = 0.0002.$$

Как и ранее, умножим полученную вероятность на число возможностей синхронизма (300) из главы 5.3 Число возможностей для синхронизма. Полученное значение равно:

$$300 \times 0.0002 = \mathbf{0.06}.$$

Это значение (6%) такое же по величине, как вероятность появления «орла» (или «решки») 4 раза подряд при бросании монеты. Эта вероятность случайности создать один синхронизм, связанный с Горбачёвым (или с другим из четырёх участников).

Имя	Возраст в 2022	Вероятность смерти
Бурбулис	76	0.045
Горбачев	92	0.22
Шушкевич	88	0.14
Кравчук	88	0.14

Таблица 6.4. *Среднестатистические вероятности смерти, согласно статистическим данным Бюро по Социальным Страхованием США (2020).*

В этих событиях, скорей всего, центром синхронизма являлась смерть Горбачева или само празднование 100-летия образования СССР. Это вызвало ожидание смерти других, менее значимых партийных лидеров, участвовавших в расформировании

СССР. Однако, надо заметить, что 6% не является очень маленькой вероятностью, поэтому такие события вполне могли произойти благодаря игре случая.

6.5 Гитлер и Наполеон

Если говорить об исторических личностях, то Адольф Гитлер (1889 – 1945) и Бонапарт Наполеон (1769 – 1821) входят в список 100 наиболее известных персонажей. В их хорошо документированных биографиях есть невероятное число схожих элементов. Оба пришли к власти во времена европейской демократической республики и, впоследствии, стали известны как диктаторы. Оба инициировали серию войн, затронувших большую часть территорий Европы. Оба пытались завоевать территорию современной России и прилегающих славянских государств, но потерпели неудачу. В обоих случаях это привело к почти полному уничтожению их армий и к последующему падению их власти.

Число 129 является довольно значимым для обоих вышеуказанных исторических деятелей и для всего мира. Это число выглядит ничем не примечательным. Но именно с ним связаны некоторые совпадения:

1. Наполеон встретил Французскую революцию в 1789 году. Гитлер застал Немецкую революцию в 1918 году (с разницей в 129 лет).

2. Наполеон короновал себя императором в 1804 году. Гитлер пришел к власти в 1933 году (с разницей в 129 лет). Оба пришли к власти во времена новой европейской демократической республики. Оба впоследствии стали известны как диктаторы.

3. Наполеон вошёл в Вену в 1812 году. Гитлер въехал в Вену в 1941 году (с разницей в 129 лет).

4. Наполеон напал на Россию в 1812 году. Гитлер напал на СССР в 1941 году (с разницей в 129 лет). Заметим, эти нападения тоже произошли довольно близко по дате (Июнь 24 и Июнь 22).

5. В 1815 году Наполеон отрёкся от престола и прибыл в Джеймстаун на острове Святой Елены. Гитлер проиграл войну в 1945 году и покончил с собой (с разницей в 130 лет). Пожалуй, это единственное отклонение от числа 129. Но надо учитывать, что падение Наполеона не было мгновенным, как в случае с Гитлером. Прибывший в 1816 году новый губернатор Лоу ограничил свободу низложенного императора на острове Святой Елены. С 1816 года состояние здоровья Наполеона стало ухудшаться из-за малоподвижного образа жизни и депрессии. Можно считать, что этот год был ознаменован окончанием его активной жизни (с разницей в 129 лет). Здесь мы допускаем некоторую погрешность, так они оба закончили свою жизнь достаточно разным образом. Наполеон умер в 1821 года.

Мы посчитаем, какова вероятность того, что случатся (1) - (4) совпадения в важных событиях, разделённых промежутком в 129 лет. Мы считаем, что эти четыре случайных события должны произойти на протяжении 40 лет активной жизни, начиная с 16 лет и заканчивая в 56 лет, когда оба диктатора потеряли власть. События (1) и (5) задают начало и конец временного интервала. Глава 20.6 Приложение приводит программный код для такого вычисления. Вероятность того, что (любые) четыре случайные года совпадут:

$$8.8 \times 10^{-6}.$$

Мы будем предполагать, что такая схожесть в судьбах двух диктаторов связана с одним синхронизмом, так все они связаны одним числом. Как раньше, мы умножим полученную вероятность на число возможностей синхронизма (300) из главы 5.3 Число возможностей для синхронизма:

$$300 \times 8.8 \times 10^{-6} \approx \textbf{0.0026}$$

Эта вероятность (0.26%) соответствует появлению синхронизма с одним из диктаторов благодаря чистой случайности.

Вы можете снова спросит — может быть в жизни двух диктаторов было громадное количество других важных дат, которые мы проигнорировали, так как они вовсе не совпадали с числом 129? Ведь количество возможностей для синхронизма (300) предполагалось только для среднего человека? Их не так много. Единственное, что приходит на ум, это даты свадеб, и может быть, некоторые другие события (как даты покушения на Гитлера и Наполеона). Однако такие события не настолько судьбоносные для Европы, как события (1) — (5).

Возможен и другой ход рассуждений. Допустим, Гитлер заметил некоторые совпадения с Наполеоном и, будучи человеком, склонным к мистицизму, решил использовать число 129 для своих важнейших решений. Но это слишком маловероятно: повторить нападение на СССР зная, что поход Наполеона на Россию ровно 129 лет назад закончился полным крахом, выглядит весьма глупо.

Как я говорил, для синхронизма время не существует. Если мы считаем, что рассчитанная вероятность для совпадений действительно мала, то синхронизм проявился. В данном случае, либо Наполеон или Гитлер инициировал синхронность. Если это был Наполеон, то волна синхронности «задела» время нацистской Германии, то есть будущее. Однако, наиболее вероятно, что здесь произошла корректировка информации о прошлом. Ожидания трагедии большими массами, или энтузиазм немцев по отношению к Фюреру в 30-х годах, вызвали редакцию информации о прошлом, построив параллели с Наполеоном.

6.6 Кайзер и война

Вильгельм II (1859 – 1941) был последним императором (кайзером) Германской империи и королём Пруссии с 1888 по 1918 год. Он являлся одним из основных инициаторов Первой мировой войны. 1 августа 1914 года Германия объявила войну России в ответ на отказ России выполнить условия германского ультиматума об отмене всеобщей военной мобилизации. Эта мобилизация была введена в России в ответ на объявление войны союзнице России, Сербии, со стороны Австро-Венгрии.

Благодаря своим выступлениям и интервью, Вильгельм завоевал репутацию уверенного в себе милитариста. Он поощрял военные цели генералов и не признавал возможности компромиссного мира. После поражения в войне и подписания Версальского мирного договора 1919 года его объявили военным преступником и главным инициатором Первой мировой войны. Его изгнали в Нидерланды, где он продолжал сотрудничать с нацистами и успешно инвестировал деньги в военную промышленность Германии. Вильгельм восторженно восхищался успехами Гитлера в начале Второй мировой войны и лично поздравил его с победой над Нидерландами в мае 1940 года.

Общее количество жертв среди военного и гражданского населения в Первой мировой войне составило около 40 миллионов человек. В период с 1914 по 1918 год в войне были вовлечены более 30 стран. Многие историки называют Первую мировую войну «матерью всех катастроф», которые обрушились на человечество в XX веке (Belousov and Manykin 2014). Она стала одной из причин Октябрьской революции в России в 1917 году, принёсшей многомиллионные человеческие жертвы. С практической точки зрения, следующая Вторая мировая война была следствием Первой мировой войны, которая продолжилась после двадцатилетнего перемирия. Общее количество жертв Второй мировой войны составило порядка 60–70 миллионов человек. В истории человечества невозможно найти более трагических событий, приведших к такому количеству смертей и разрушений.

Немецкий Кайзер Вильгельм II имел самое центральное значение в этих событиях, которые навсегда изменили Европу и весь мир. Он точно входит в лист 100 самых значимых людей, хотя его роль в трагедии мира в 20-м веке почему-то часто недооценивается по сравнению с Гитлером. Я совсем не хочу сказать, что только Кайзер был виновником всех этих событий. Но именно он был в их центре, он милитаризировал Германию, объявил войну России и подстрекал к войне своими публичными выступлениями, без рассмотрения даже минимальных шансов на мирное решение конфликта. Историки отмечают, что одной из самых ярких особенностей характера Вильгельма была резкая смена настроения и его страсть произносить экспромтом эмоциональные и крайне жёсткие милитаристские речи.

Ещё до начала Первой мировой войны было необычайно много предсказаний (Davies 2018) о невероятной трагедии, которую человечество должно испытать. Пропаганда тоже играла значительную роль, смотрите <u>Рис 6.6.</u>

Рис 6.6. «*Приятели*» *(Кайзер Вильгельм и Дьявол). Британская антигерманская пропагандистская открытка времён Первой мировой войны. Gale & Polden Ltd. 1313. Почтовый штемпель 1918 года.*

Результат не заставил себя долго ждать. В 1915 году британские газеты сообщили, что один студент из Монреаля обнаружил «твёрдое» доказательство того, что Кайзер был ставленником Сатаны. Он нашёл удивительно простой способ ассоциировать слово «Кайзер» с числом дьявола, 666. Именно это число упоминается в Новом завете в качестве числа, под которым скрыто имя апокалиптического зверя. В конце 13-й главы книги «Откровения» Нового Завета, где описывается зверь (антихрист), мы читаем: «Здесь мудрость. Кто имеет ум, тот сочти число зверя, ибо это число человеческое; число его шестьсот шестьдесят шесть» (стих 18). В случае со словом «кайзер» всё, что надо сделать, это найти порядковый номер каждой буквы в немецком алфавите, затем добавить 6 к каждой цифре и всё сложить. Получится число 666. Вот как это выглядит математически:

$$\sum_{i=1}^{N=6} p_i + "6" = 666$$

где p_i — порядковый номер каждой буквы в немецком алфавите в слове «Кайзер» («KAISER» на немецком). Заметим, что мы просто добавляем 6, а не складываем в математическом смысле. Так просто?! Смотрите:

* K: $11 + 6 = 116$

* A: $1 + 6 = 16$

* I: $9 + 6 = 96$

* S: $19 + 6 = 196$

* E: $5 + 6 = 56$

* R: $18 + 6 = 186$

    Сумма $= 666$

Почему надо добавлять число 6? Во-первых, нельзя не заметить, что само слово «KAISER» имеет 6 букв. Мы посвятили числу 6 главу 3.10 Удивительное число, где рассказали, почему это число является исключительно важным. Это число указывает на человека с его грехопадением. Именно 6-я заповедь предупреждает «Не убивай», и тем самым привносит символизм в историю с Кайзером.

Давайте сами всё проверим. В 20.7 Приложение мы воспроизвели вычисления, показанные выше. Действительно, можно получить число 666 из слова «KAISER» (кайзер) используя элементарный код и немецкий алфавит.

Затем мы рассчитаем вероятность того, что число 666 можно ассоциировать со случайным словом, состоящим из 4 до

12 букв, используя 60 простейших методов путём присвоения букв к их позициям в алфавите, а затем делая простейшие манипуляции (добавление, вычитание и так далее). Получившаяся вероятность равна 0.007. Вероятность 0.007 получения 666 из громадного числа случайных слов не очень маленькая. Однако из 1,000 случайных групп из латинских букв, которые мы получили и которые каким-то образом можно ассоциировать с 666, ни одна группа не напоминала слово «кайзер», или некоторое имя, или английское либо немецкое слово. Чтобы увидеть это слово (или слово напоминающее некоторое имя), нужно потребовать гораздо большую статистику в вычислениях. По моей оценке, вероятность получения некоторого имени, которое можно привязать к числу 666, используя 60 простейших способов, очень мала, возможно гораздо меньше, чем

$$7 \times 10^{-6}.$$

Такая маленькая вероятность весьма удивительна. Напомним, в 1915 году компьютеров не было, поэтому находка такого простого алгоритма для связи слова «KAISER» с числом 666 выглядит поразительной. Может ли существовать некий математический способ, согласно которому можно найти простую математическую формулу, используя слово Кайзер и 666? Я не думаю, что это легко. К сожалению, я не смог найти первоисточник статьи, опубликованной в 1915 году.

Другая версия — само число 666 в Библии являлось зашифрованным словом «император», имея в виду Римского императора. А значит, это могло быть зашифрованное слово Caesar (Latin). Согласно другим историческим правилам правописания, это слово писалось как *Cayser, Keisari* или *Caisere*. Однако, ни одно из них не приводит к числу 666.

Что это может значить? Случайность нахождения такого алгоритма с числом 6 практически исключена. Это действительно предупреждение из Библии, что такая мировая трагедия может произойти? Это предупреждение указывало именно на немецкого Кайзера?

Я думаю, реальность может быть ещё более фантастической. Это может быть не предсказание, а именно синхронное изменение информации о прошлом по отношению к 1915 году. Когда громадное количество напуганных людей ищет виновника в том, что происходит, они пытаются найти простой алгоритм, чтобы подтвердить их ожидания. Главное, чтобы он содержал число человеческого греха — 6. Затем алфавит и этот простой алгоритм использовались для нахождения 6 позиций букв, которые приводят к некому слову с 6-ю буквами. Получилась комбинация букв «KAISER». Она совершенно ничего не означает, так как слово «император» до 1915 года писалось несколько по-другому. Но происходит синхронизм. Он присваивает группу букв «KAISER» к слову «император» так, чтобы «KAISER» стал использоваться для немецких императоров до 1915 года. Такой механизм синхронизма приводит к простой связи императора Вильгельма II с числом 666 из Библии, как много людей и хотело. В этом объяснении совершенно необязательно иметь дело с вероятностями порядка 10^{-6}. Слово-символ «KAISER» было просто создано в 1915. Мы рассмотрим этот пример подробно, используя понятия символики в главе <u>16.4 Символы и формы идей</u>.

Нужно признать, что моё объяснение получения числа 666 — чистая спекуляция в данном историческом примере, но разве оно не интригует? Такая интерпретация согласуется с событием синхронизма, которое не подвержено течению времени. Заметим, что меняющаяся информация о прошлом не обязательно означает изменение прошлого. Прошлое нам недоступно. Мы ещё вернёмся к этой гипотезе, когда будем рассматривать квантовую механику в главе <u>8.2 Нелокальность</u>. В микромире, это понятие называют «ретропричинность». Если человеческий мозг как-то связан с квантово-механическими явлениями (Penrose 1989), то похожие явления могут проявиться и в обществе в моменты наибольших психологических стрессов.

Как мы делали раньше, умножим полученную вероятность 7×10^{-6} на число возможностей синхронизма (300) из главы <u>5.3 Число возможностей для синхронизма</u>.

$$300 \times 7 \times 10^{-6} = \mathbf{0.0021}.$$

Это значение (0.21%) вероятности для слепого случая создать по крайней мере один синхронизм, связанный с Вильгельм II.

6.7 Ещё раз о войнах

Поиски символьной связи между Первой и Второй мировыми войнами привели к интересному наблюдению, которое стало предметом обсуждения в интернете. Как обычно в таких случаях, числа являются наиболее подходящим способом установить такую связь между событиями. Оказалось, что можно взять даты начала Первой и Второй войн, разбить на группы из двух чисел, а затем сложить. Полученное число – 68. Смотрите:

- Начало Первой мировой войны: 07-28-1914 →
  07+28+19+14 = 68

- Начало Второй мировой войны: 09-01-1939 →
  09+01+19+39 = 68

Здесь я использую американский формат написания дат (ММ–ДД–ГГ), в котором впереди ставится месяц, а за ним уже следуют день и год. Результат будет тем же для европейского стиля написания (ДД–ММ–ГГ).

Какова вероятность того, что число 68 совпало благодаря случайности? Для такого подсчёта надо установить диапазон возможных чисел (или количество возможностей). Максимально возможное число можно задать как 12-31-1999 → 12+31+19+99=161. Сложней установить минимальное число. Это число можно задать датой 01-01-1919 → 1+1+19+19 = 40. Значит вероятность того, что некое фиксированное число (например, 68) для Второй мировой войны возникнет случайным образом будет 1/(161 - 40) = 0.0083. На самом деле, более точное значение немного больше, так как мы не учли, что число 68 можно получить путём перестановок чисел в группах с двумя числами. Я не стремлюсь к хорошей точности в этом обсуждении.

Тут надо отметить, что мы не исчерпали все возможности. Я думаю, что существует порядка 10 простейших алгоритмов для получения некоего положительного числа из дат. Например, числа можно перемножать или складывать символически (т.е. «19» + «19» = «1919»). Сложные алгоритмы мы рассматривать не будем. Следовательно, более реалистичная вероятность появления числа 68 используя несколько простых алгоритмов будет порядка

$$10 \times 0.0083 = 0.0826$$

или около 8.3%. Эта вероятность не совсем мала, чтобы исключить возможность случая.

Как я говорил ранее, именно в моменты глобальных политических сдвигов и войн люди стремятся найти объяснение и виновников трагических событий. Например, во время начала конфликта между Россией и Украиной в 2022, большая масса людей постсоветского пространства видела прямую аналогию этого события со Второй мировой войной. Это новое противостояние выглядело как типичное противоречие между Востоком и Западом. Неминуемая Третья мировая война была на пороге, логически следуя из Холодной войны и Второй мировой войны, как Вторая мировая война следовала из Первой. Все логические параллели между новой надвигающейся войной со Второй мировой войной были очевидны. Разумеется, должен был быть некий знак, связывающий эти события. Именно такой момент неминуемой трагедии заставил людей искать связи между историческими событиями, чтобы найти причины грядущего несчастья.

Результаты таких поисков не заставили себя ждать. Оказалось, что начало официального вторжения России в Украину (02-24-22) даёт в точности число 68:

• Российско-Украинский конфликт: 02-24-2022 →
  02+24+20+22 = 68

Разумеется, такое удивительное совпадение привело к активному обсуждению в интернетном пространстве. Вероятность того, что все три войны связаны неким простейшим алгоритмом и неким числом (как число 68) благодаря случаю будет:

$$0.0826 \times 0.0826 = 0.0068$$

или 0.68%. Это маленькая вероятность, приблизительно соответствующая выпадению «решки» семь раз подряд при бросании монеты. Трудно не заметить, что число 68 как бы «танцует» возле этих трёх событий, хотя такое совпадение исключительно существует до увеличения вероятностей на число возможных простых алгоритмов, которое плохо определено. А именно, факт того, что мы взяли 10 алгоритмов — это просто случайность, так как их количество может быть несколько больше или меньше. Нечто похожее мы увидим в главе <u>10.1 Нострадамус</u>.

На этом поиски параллелей со Второй мировой войной не закончились. Во время начала активных военных действий в 2022, населяющие Россию народы увидели последователя нацизма именно в украинском президенте. И опять странное совпадение не заставило себя долго ждать. Оказалось, что жена украинского президента (Зеленская) родилась в тот же день года, что и Ева Браун (1912 – 1945), многолетняя подруга Адольфа Гитлера — 6 февраля. Возможно, это не удивительно: как мы упоминали в главе <u>4.3 Проблема дня рождения</u>, нужно всего 23 человека (в среднем), чтобы найти пару с одной и той же датой.

Однако, в данном случае, именно смысловая связь с одним и тем же фактором (спутница человека, которого люди ассоциируют с принадлежностью к одной категории взглядов) является интересной. Совершенно неважно, был ли украинский президент нацистом или нет. То, что значительное количество народов, входящих в состав России, легко поверили в это, стало главным фактором. По всем своим характеристикам, этот новый конфликт был продолжением войн, начатых Кайзером и Гитлером. Готовность бороться с Россией за европейские идеалы и отказ противостоять националистическим настроениям внутри Украины были достаточными для того, чтобы навсегда связать украинское руководство с символом нацизма.

И так, вернёмся к связи Зеленской с Браун. Обе женщины позировали со своими партнёрами на журнальной обложке британского журнала Vogue. Число 6 в их днях рождений, как мы говорили, тоже имеет значение в религиозной нумерологии (человека с его грехопадением и номером заповеди «не убивай»). А разница в 66 года между их годами рождениями ещё более уменьшает вероятность случайного совпадения и увеличивает уверенность людей в их догадках относительно того, что это нечто большее, чем простое совпадение. Это необычное наблюдение быстро распространилось по основным социальным сетям.

Давайте оценим вероятность совпадения. Мы имеем дело с четырьмя людьми (две пары) и 8-ю числами. Это день рождения и день смерти для первой пары (Гитлер и Браун) и два дня рождения для второй. Вероятность того, что дни рождения второй пары совпадут с днями рождения (или смерти) первой пары: $4/365 = 0.01$. Получаем 1%. Это число не учитывает, что сам день рождения выпал именно на 6-е (или 16-е) число, то есть на некоторое ожидаемое нами число с цифрой 6. Такая вероятность приблизительно равна $2/30 \approx 0.066$, считая 30 дней в месяце. Здесь нам не обязательно соблюдать точность, то есть неважно, 31 или 29 дней. Затем учтём, что разница между днями рождений — 66. Это опять совпало с ожиданием найти число 6. Такие ожидания могли быть также связаны с 6, 16, если всё произошло в пределах столетия. Это приводит к вероятности $3/100 = 0.03$. Тогда вычисляем вероятность того, что дни рождения совпали, и при этом появятся цифры 6 для дня месяца и разницы между годами рождений:

$$0.01 \times 0.066 \times 0.3 = 0.0002.$$

Умножив полученную вероятность на число возможностей синхронизма (300), мы получим 6% для случайного шанса создать некий синхронизм в жизни этих женщин.

Возможно, это ещё один пример редактирования информации о прошлом, то есть, когда ожидания и страх больших масс людей начинает находить совпадения в настоящим, что ведёт к изменению исторических событий. В данном примере, вероятность того, что это просто случайность, не такая уж и маленькая, как в случае с Кайзером. В данном случае, если это было событие синхронности, редакции подвёргся день рождения одной из женщин.

6.8 Из моего опыта

Главный принцип моего подхода заключается в рассмотрении невероятных событий в контексте известных личностей, поскольку их биографии хорошо документированы. Такие события должны быть значимыми для их судеб. Например, они должны быть связанными с рождением, свадьбой, смертью или другим судьбоносными моментами. В случае с известными личностями такие события могут иметь значение для всего мира.

Я не отношусь к категории известных личностей, которые я выбрал для статистических экспериментов. Тем не менее, у меня есть некоторое право рассказать о своём личном опыте. То, что я пережил в течение 20 дней в период эмоционального стресса, невозможно объяснить рационально. Именно наблюдения, сделанные в этот период, послужили причиной написания этой книги.

Я начал эту книгу сразу после трагедии. У меня умерла моя мама, и мне пришлось ехать на её похороны, преодолевая трудности, чтобы добраться до географического центра Европы — Минска, столицы Беларуси. Когда маму перевели в искусственную кому после клинической смерти, мы договорились с сестрой о том, что она поедет на десять дней, а затем я приеду на десять дней, с перекрытием на два дня. За эти два дня сестра передаст мне обязанности по уходу за мамой. Мы заказали билеты с учётом этого плана. Мама всё же умерла, и похороны состоялись именно в эти два дня, когда мы были вместе с сестрой. Если бы она умерла раньше или позже, вероятно, мы не смогли бы быть вместе на её похоронах.

Мне пришлось отправиться в Минск. Это и стало началом цепочки совпадений, которые я сейчас совершенно не могу объяснить логически. Я должен отметить, что это путешествие было нелёгким. В то время политическая часть Европы, под эгидой военного блока НАТО, сделала всё возможное, чтобы предотвратить въезд в Беларусь на самолётах или поездах. Из стран НАТО не было ни одного рейса в Беларусь. Маленький аэропорт Вильнюса обслуживал полёты стран блока. Новый аэропорт Минска предоставлял сервис для стран бывшего СССР (кроме Украины и Прибалтики), а также для стран глобального Юга и Азии. Летя из Америки, мне пришлось сначала долететь до Вильнюса, а затем пересечь границу на автобусе, чтобы попасть в Беларусь.

Событие 1

Мою маму похоронили на 78-м месте в колумбарии, когда ей оставалось ровно 3 месяца до 78-и лет. Её отцу было 78 лет, когда он умер. Какова вероятность такого двойного совпадения?

Обычно с человеком связаны около 10 значимых цифр, Каждая дата — 2 цифры (день года от 1 до 365, и сам год). Если выпало число 78 (номер на стене колумбария), какова вероятность, что возраст человека тоже будет 78 и возраст его отца, когда он умер, также 78?

Главная проблема в том, что значимые для человека числа неравномерно распределены. Маленькие значения встречаются гораздо чаще, чем большие. Дни, месяцы и часы распределены между 1 и 30. Число 78 встречается гораздо реже, чем число 12, которое встречается в датах. Консервативно, мы предположим, что все важные числа распределены равномерно между 1 и 30. Если у вас кубик с 30 гранями, какая вероятность того, что некое число выпадет 3 раза подряд? Считаем:

$$(1/30) \times (1/30) \approx 0.0011$$

или 0.11%. Это маленькая вероятность, даже учитывая консервативность в наших рассуждениях: мы работали в диапазоне значений от 1 до 30, а не в диапазоне от 1 до какого-либо большого значения. Мы не брали промежуток от 1 до 78, так как вероятность того, что человек умрёт в молодости, достаточно мала. В данном случае, мы просто предположили, что имеем дело с одинаковой вероятностью (1/30) в диапазоне лет 48–78.

Событие 2

Моя мама умирала в течение 16 дней с момента, когда её забрала скорая помощь 4 ноября 2023 года. Моя сестра, прибыв Минск несколько позже, заметила, что в течение 21 дня (9 ноября — 1 декабря) было 4 дня, когда выглянуло солнце. Это тоже отметили все присутствующие знакомые и родственники. В течение всех остальных дней были густые облака. В эти дни произошло 4 значимых события — день смерти (20-го ноября), похороны (24-го ноября), поминки, когда близкие отмечают 9 дней с момента смерти (28-го ноября) и момент захоронения (1-го декабря). Православная вера считает, что душа умершего находится на Земле в течение 9 дней, и только после этого она отправляется на небо. Какова вероятность появления солнца именно в те дни, когда происходили важные события, учитывая, что солнце показывалось случайным образом, как часто бывает в этой части Европы?

Чтобы посчитать вероятность такого совпадения, нам нужна программа. Она дана в главе 20.8 Приложение. Полученная вероятность равна:

0.00017.

Это маленькая вероятность для произошедшего случайным образом события.

Эта история интересна тем, что, когда появилось солнце после многих дней непогоды и низких облаков (20-го ноября), моя сестра интерпретировала этот день как знак выздоровления матери. Однако, вопреки её ожиданиям, ей сообщили, что мама умерла. Она провела 10 дней в медицинской коме. Последующее прояснение погоды и наблюдение солнца в течение 3 знаменательных событий, связанных с похоронами и поминками, смогло подтвердить много родственников, с которыми я обсуждал это явление.

Конечно, возможны и другие знамения, такие как перебегание котом дороги, выпадение снега и так далее. Однако, эти события нельзя считать существенными, и они не способны значительно увеличить количество возможностей. Даже если таких несвершившихся знамений и наберётся с десяток, то это не изменит невероятно маленькую вероятность случившегося.

Один из главных вопросов в этом примере — можем ли мы рассматривать реалистично сценарии, когда все облака над огромным городом меняются, чтобы показать знамение, связанное с одним человеком? Тут нет ничего удивительного для тех, кто знает погоду поздней осени на этой широте европейского континента. Солнце часто появляется на час и внезапно исчезает; место появления солнца тоже сильно меняется в пределах довольно короткого расстояния.

Событие 3

При выборе урны для захоронения мы остановились на светлой квадратной урне в магазине похоронных услуг. После похорон мы решили переделать плиту моему отцу, который был захоронен 7 лет назад. Когда работники похоронной службы разбили плиту, закрывающую прах отца, оказалось, что у него точно такая же урна. Это подтвердила моя сестра Наташа, которая присутствовала при захоронении. Ни я, ни моя сестра не знали, какая у отца урна, так как мы не смогли посетить захоронение его урны 7 лет назад.

Давайте рассчитаем вероятность такого совпадения. Всего было 3 цвета урн в магазине (белый, синий, чёрный) — вероятность 1/3. Количество форм урн с разными картинками было примерно 10. Таким образом, полученная вероятность составляет 1/10. Полная вероятность того, что урна была выбрана правильно:

$$(1/3) \times 0.1 = 0.03.$$

Это тоже достаточно небольшая вероятность, которая меня заинтересовала.

Как это объяснить

Вероятность каждого из этих совпадений, произошедших в момент наибольшего эмоционального напряжения, достаточно мала. Совокупная вероятность одновременного появления этих трёх событий в течение 21 дня получается путём перемножения численных значений, полученных ранее:

$$0.001 \times 0.00017 \times 0.03 = 5.1 \times 10^{-9}.$$

Так как все эти события соответствуют одному значимому моменту (смерти близкого человека), то мы будем считать эту вероятность для одного события синхронизма. Это невероятно маленькая вероятность того, что совокупность таких явлений может одновременно произойти случайным образом за короткий срок. В моей жизни никогда не было такого множества совпадений, связанных одной темой.

Как было упомянуто ранее, умножим полученную вероятность на число возможностей синхронизма (300) из главы 5.3 Число возможностей для синхронизма:

$$300 \times 5.1 \times 10^{-9} = 1.53 \times 10^{-6}.$$

Эта вероятность случайности для создания синхронизма, касающийся меня (или мою сестру), так как мы наблюдали его вместе. Разумеется, при такой маленькой вероятности, случайность вряд ли могла сыграть какую-то роль.

Как уже упоминалось, в мире существует множество невероятных событий, учитывая количество людей, живущих на Земле. Я не рассматриваю себя как достаточно значимого человека, поэтому мой синхронизм не будет учитываться в заключение этой главы. Тем не менее, подсчитанная вероятность невелика даже для 10 миллионов людей. Все эти события произошли в невероятно короткий и эмоционально критический момент времени. Как мы неоднократно говорили, исследования показывают, что эффекты синхронности возникают именно в такие критические моменты.

Эти события-совпадения оперировали важным событием (смерть близкого человека) и связывали его со значительными и хорошо заметными знаками для всех участников этих событий. Это были цифры и природные явления. Поэтому даже если и существуют какие-то другие возможности для знаков, связанных с похоронами моей мамы, их количество будет очень незначительным. А значит, полученная маленькая вероятность случайности не сильно увеличится, если все неучтённые возможности для появления знаков включить в наши расчёты.

Совокупность таких совпадений, с моей точки зрения, может означать только одно — вмешательство в рациональность хода событий. Это были символы, которые должны были быть расшифрованы только мной. Как было упомянуто, моя мать не была очень религиозным человеком, как и вся наша семья. Но её душа знала, что, как учёный, проведший всю свою жизнь с компьютерами, числами и вероятностями, я смогу разгадать такие знаки и показать, что они действительно реальны и не могут возникнуть случайно.

Такие события происходят, когда есть взаимодействующая система из людей и окружающих вещей природы. Это не просто некоторые внешние явления, посланные кем-то. Мы являемся частью такой системы, и мы их можем воспринять, так как наше сознание имеет общие истоки. Мы не только воспринимаем такие явления, но и активно участвуем в них. Эти происшествия могут быть инициированы случаем, но наблюдающие их люди должны войти в некий резонанс для восприятия и усиления, выводя их на уровень, когда чистая случайность перестаёт быть хорошим объяснением.

Эти редкие события-сигналы, произошедшие во время похорон, были созданы для того, чтобы дать нам сообщение о том, что существует реальность за пределами нашего бытия, которую надо понять. Это было последнее завещание моей мамы и напутствие мне и моей сестре рассказать об этом после её смерти. Я воспринял её знаки как приглашение написать эту книгу.

6.9 Всё не случайно

В этой главе я привёл 6 случаев статистически маловероятных обстоятельств, случившихся с людьми, которые точно входят в группу из 100 наиболее известных людей. Это было нашей целью с самого начала — не иметь дело с 8 миллиардами людей, среди которых наверняка что-то необычное может произойти когда-либо и где-либо. Вместо этого, мы сузили наш эксперимент до довольно небольшой статистической выборки людей для расчётов. Кроме того, мы рассмотрели только наиболее значительные события в их жизни.

Конечно, такие события-совпадения могут случаться с любым человеком. Однако найти доказательства этого явления будет существенно сложнее при наличии миллиардного населения Земли. Нам нужен был «фильтр», чтобы уменьшить количество потенциальных возможностей (статистическую выборку) и сконцентрировать своё внимание на хорошо описанных историками случаях.

Проще говоря, мы обнаружили группу из ста человек, в которой 6 человек бросили монету 5–6 раз подряд, и каждому выпал «орёл» (или «решка»). Это исключительно редкое явление. Вообще говоря, выпадение 5 раз «орла» из 5 бросков монеты является маловероятным событием даже для 2 человек в группе из 100.

Какова вероятность того, что все 6 событий всё-таки случились? Мы её получим путём перемножения всех 6-ти вероятностей, выделенных жирным шрифтом, в 6-ти предыдущих главах 6.1 — 6.6:

$$7.5 \times 10^{-4} \times 0.0187 \times 0.024 \times 0.06 \times 0.0026 \times 0.0021 = \mathbf{1.1 \times 10^{-13}}.$$

Это действительно крайне низкая вероятность для группы заранее отобранных людей, использованных в нашем мысленном эксперименте. Следует отметить, что в случае с кайзером Германии мы использовали исключительно консервативную вероятность.

Очевидно, что это не вероятность появления начальной отправной точки синхронизма, о которой мы говорили в главе 4.2 Вероятности синхронизма, где мы исключали возможность самого главного источника синхронных событий. В этих шести примерах нам было трудно установить причину того, что сам синхронизм стал проявляться. Напомню, что в нашем анализе мы придерживались следующего подхода:

- В качестве основы мы использовали группу известных личностей с хорошо документированной биографией (примерно 100 человек). Мы не предоставляли полный список этих людей, чтобы избежать возможных споров, но я уверен, что перечисленные в наших примерах личности не вызовут возражений у большинства из нас, проживающих в Северной Америке и Европе.

- Для каждого человека мы учли 10 значимых событий, таких как рождение, смерть, свадьба, окончание университета и т. д. Этот аспект уже был включён в наши расчёты.

- Также мы учли примерно 30 ситуаций, связанных с каждым из 10 важных событий для каждой личности.

Единственное, что мы не учли, это то, что мы имеем дело с группой из 100 человек. Следовательно, численное значение вероятности для шести рассмотренных совпадений будет:

$$1.1 \times 10^{-13} \times 100 = 1.1 \times 10^{-11}.$$

То есть, мы имеем дело с астрономически малой вероятностью для нашей небольшой выборки людей и событий.

Даже если мы допустили ошибку в вычислениях, я сомневаюсь, что это существенно изменит наши выводы. В большинстве случаев мы рассматривали довольно консервативные сценарии и их вероятности. Конечно, если мы рассмотрим 8 млрд людей, то мы получим вероятность 0.00088. Это гораздо большее значение, и оно не является астрономически малой по сравнению с группой из 100 человек.

Как интерпретировать вероятность 1.1×10^{-11}? Она говорит о том, что существует только один мир из 10^{11} миров (предполагая их похожесть), где есть группа заранее выбранных людей с выявленным синхронизмом. Точнее, эта вероятность найти группу из 100 человек, где у 6-ти человек был обнаружен синхронизм благодаря чистой игре случая. В предыдущей аналогии с монетой это эквивалентно тому, что мы нашли группу из 100 человек, где шесть человек подкинули монету 5–6 раз подряд, и им посчастливилось обнаружить монету, повёрнутую «орлом». Заметим, что мы даже не пытались сильно найти этих людей, так как их имена у всех на слуху.

Как появление этой группы людей возможно в мире, где правит только случай? Статистически, такое событие не должно наблюдаться. Это ставит под сомнение материальность этого мира. Может быть, мы обнаружили доказательство того, что значимые ситуации в нашей жизни подвержены влиянию извне и не могут происходить благодаря случайностям? Конечно, слово «доказательство» использовано при условии, что мои аргументы имеют смысл для читателя.

В отличие от случаев, описанных в книге Карла Юнга (Jung 1973), обосновывающей синхронизм с использованием его опыта и наблюдений над пациентами, наш расчёт основан на строгом принципе, сужающем статистическую выборку до небольшого числа людей. Они стали известны не потому, что с ними произошло что-то удивительное, а потому что они уже были достаточно известны до того, как невероятные события с ними произошли. Мы также предоставляем точные численные вычисления, которые можно повторить, обладая небольшими навыками программирования.

Мы уже упоминали, что мы можем наблюдать подстройку параметров в физических законах для существования нашей Вселенной. Это явление не выглядит случайным. Образование жизни могло быть связано с некоторым воздействием, которое нарушило правила возникновения (точнее — невозникновения) информации из материи. Если все эти события не могут произойти по воле случая, то должен существовать некий механизм, приводящий к таким явлениям. Возможно, наш мир был как-то отобран или «отредактирован»? Разумеется, это вмешательство должно быть разумным. В главе <u>16 За гранью этой реальности</u> мы попытаемся объяснить такие совпадения.

6.10 На гребне волны совпадений

Если до сих пор с вами не случались странные совпадения, вот мой совет — просто подождите. Синхронизм часто возникает волнами, и в какой-то момент вы можете оказаться на «гребне» одной из них. Волны сгущают статистически маловероятные события, объединяя их в группы за счёт «разжимания» в других ситуациях.

Как уже упоминалось, именно группа синхронных событий в ноябре 2023 года побудила меня начать эту книгу. Писал я её после работы и в редкие моменты на выходных. К 10-му марта 2024 года она была завершена. Я твёрдо решил, что больше ничего в текст добавлять не буду. Первоначальный подзаголовок черновика звучал как: «Вычислительные аргументы в пользу существования Бога». Однако в феврале 2024 я изменил его на «Невероятная реальность за гранью этого мира». Я решил, что это может придать некий оттенок таинственности и привлечь больший читательский интерес. Надежда, что читатель сам догадается, к каким мыслям я склоняюсь в этой работе, также не покидала меня. Возможно, новый подзаголовок привлечёт внимание атеистов и тех, кто считает, что наш мир – это компьютерная симуляция.

Однако произошло событие, настолько меня поразившее, что я решил дополнить черновик этой главой. Я редко захожу в социальные сети, в частности на X/Twitter (заблокированную в России). Раз в неделю я отправлял сообщения о проекте, связанном с Энцикло-сферой, которой я посвящал своё свободное время. Энцикло-сфера (Encyclosphere) — это нечто подобное Википедии, объединяющее десятки различных энциклопедий и «децентрализующее» их. Проект разрабатывался в некоммерческой организации под названием «Фонд стандартов знаний» (англ. Knowledge Standards Foundation), президентом которой был доктор философии Ларри Сэнгер (Larry Sanger) — один из соосновтелей и бывший главный редактор Википедии. С 2021 года мы раз в неделю встречались с Ларри по видео, чтобы обсудить технические вопросы Энцикло-сферы. Тема Бога никогда не входила в наши обсуждения. В основном мы занимались разработкой программного обеспечения для проекта. Следует отметить, что Ларри ведёт блог о христианстве на X/Twitter, и я часто видел его посты на религиозные темы. Однако я не проявлял особого интереса к религии, рассматривая её просто как культурный «слой», доставшийся нам от предков.

Это произошло 10 марта 2024 года. Я прочитал сообщение Ларри в X/Twitter, в котором он сообщал, что черновик его книги «Бог Существует» (Sanger 2024) завершён и готов к отправке тем, кто захочет прочитать её. К тому моменту моя книга уже была написана, и я ждал коррекции русской версии. Я никогда не упоминал Ларри о своей работе над книгой, которая также представляла Бога как одно из наиболее вероятных объяснений нашей жизни. Я мгновенно ответил на его сообщение: «Ларри, какова вероятность того, что два человека, встречающиеся каждую неделю для обсуждения технических вопросов общего проекта, написали две книги на одну и ту же тему, не упоминая их ни разу в своих разговорах, и более того, закончили их примерно в одно и то же время?».

В тот день мы обменялись черновиками. Моя книга была на русском, а его — на английском. Обе посвящены родителям. Многие разделы были схожи: происхождение Вселенной, появление жизни и формирование общественной морали. Книга Ларри раскрывала философские аспекты, моя — случайности, научные противоречия и несоответствия в понимании мира. Конечно, его стиль написания отличался от моего. Он писал в строгом академическом стиле философа, а мой стиль был более лаконичным, что характерно для естественно-научных статей.

Как посчитать вероятность совпадения, когда два человека написали книги на одну тему, ни раз не упомянув их за время личного общения, и закончив их в один и тот же год и месяц? Вероятность случайного совпадения, по-моему, астрономически мала. Но численную оценку такого совпадения дать я не рискую. Ни я, ни Ларри раньше не писали книг о Боге и религии. Я вообще не писал книг для широкого круга читателей, а Ларри ранее публиковал работы о социальных аспектах и политике. Из его черновика я понял, что он был агностиком до 2020 года. Я также был агностиком до 2023 года, до того, когда со мной произошли события синхронизма (смотри главу 6.8 Из моего опыта). Даже если предположить, что Ларри решил написать свою книгу по профессиональным соображениям, ожидать от меня подобной работы было абсолютно невозможно. Что он и признал.

6.11 Знаки материального мира

Среди бесконечного водоворота сцепленных между собой событий путем различных механизмов, причин и следствий, а также случайных обстоятельств, которые проявляются без известных нам причин, существуют совпадения важных моментов нашей жизни с явлениями, которые понятны только тем, кто их наблюдает. Установить их наличие научными методами сложно, так как они в своём корне субъективны, и не могут быть легко проверены независимыми экспериментами.

Мы уже говорили ранее, что Вольфганг Паули (1900 – 1958) был одним из самых блестящих физиков 20-го века. Он предположил существование нейтрино — одной из самых фундаментальных частиц — и получил позднее Нобелевскую премию. Паули был теоретик, что часто воспринимается как нечто прямо противоположное экспериментаторам, имеющих дело с установками. Он был известен и тем, что иногда, когда он входил в комнату или лабораторию экспериментаторов, происходило что-то неординарное. Эксперименты не удавались, так как оборудование начинало выходить из строя. Коллеги в шутку назвали это «эффектом Паули». Возможно, всё это не более чем совпадения и стечения обстоятельств, ведь строго доказанных подтверждений того, что люди способны каким-то образом влиял на приборы, нет. Однако, некоторые представители научного сообщества, в том числе и сам Паули, считали, что это реально. Но как учёный, претендующий на объективные и проверяемые законы природы, мог просто поверить в такой эффект, без каких-либо научных доказательств?

К слову сказать, существует множество обратных примеров, когда стоит специалисту подойти к неработающему электроприбору, как этот прибор сразу начинает работать. Либо когда компьютер начинает правильно выполнять вычисления, как только опытный программист рассмотрит и изучит проблему программного сбоя.

Связь между миром людей и миром физических объектов всегда имеет огромное значение в умах многих. В эту связь верят даже без наличия маломальского научного обоснования. Но выйти на уровень объективных и легко проверяемых знаний никому ещё не удавалось. Официальная наука не может установить такую связь.

Однако, корреляция важных обстоятельств в жизни людей с явлениями окружающего мира никогда не вызывала сомнений в далёком прошлом. Их называли «знаками», и они играли существенную роль в принятии решений нашими предками из покон веков. Толкования знаков и различных знамений в физическом мире, указывающее на будущие события, впервые были разработаны в древней Месопотамии (около 4-го тысячелетия до н. э.). Сборники предзнаменований, толкующих знаки как на небе, так и на земле, впервые были записаны в древневавилонский период (в начале 2-го тысячелетия до н. э.). С тех пор, связи между событиями мира людей и явлениями физического мира являлись наиболее распространенным способом понять суть происходящего.

Эту главу я решил написать в августе 2024, когда первая редакция моей книги уже была опубликована. Я её добавил исключительно для пояснения того, как знаки могут возникать, как их интерпретировать и как присваивать надлежащие вероятности их появления. Я никогда не обладал способностью интерпретировать знаки заблаговременно, перед тем как события ещё не произошли. Я просто никогда не интересовался такой литературой, считая её «отвергнутыми» знаниями. Моя способность предвидеть события используя знаки совершенно нулевая. Однако, как физик, я способен найти взаимосвязь между происходящими явлениями природы и интерпретировать в рамках некой научной гипотезы или теории. Что, впрочем, свойственно всем учёным, наблюдающими за явлениями природы.

И так, в августе 2024 я снова отправился в Минск на одну неделю из Чикаго, затратив порядка 2 дней путешествия в одну сторону. У меня было две цели — официально передать дачу и квартиру нашей семьи в пользу своей сестры после смерти наших родителей. Я решил, что это будет очень кстати сделать летом, когда у меня отпуск.

Собираясь в эту поездку, я предвкушал появление син-хронизма. Написав эту книгу, я был точно уверен, что нечто удивительное должно произойти. Как это случилось в предыдущее путешествие, когда мне пришлось ехать на похороны матери. Но я понятия не имел, как и что может случиться. Однако, я знал, что совпадения могут произойти в моменты эмоциональных взрывов, как я не раз показывал это в своей книге. Совпадения должны вовлекать важные по смыслу понятия и явления природы и, возможно, логически связанные со мной или с моей сестрой цифры.

Здесь надо сделать некоторое отступление. Наша дача под Минском, которую мы решили с сестрой продать, строилась на протяжении 40 лет. Её начал делать ещё мой дед в 1980-х. С тех пор она «обрастала» различными новыми комнатами и надстройками. Мой отец и я строили дачу преимущественно по выходным. Я помогал возводить баню в непосредственной близости от дома. К постройкам «приложились» три моих дяди и громадное количество родственников и знакомых. Дача была местом встреч наших родственников в течение десятков лет. Разумеется, это присвоило этому месту сильное эмоциональное значение. Этот дом хранил дух нашей семьи. Расставание с ним, несомненно, было сильнейшим переживанием.

В один из выходных, после прибытия в Минск, мы поехали с сестрой на дачу, чтобы избавиться от ненужных вещей и привести её в надлежащий порядок для продажи. Погода была чудесная, светило солнце. Для меня это был последний день посещения. Всё убрав внутри дома, мы подошли к входной двери, чтобы её запереть. Для меня — навсегда. К нам подошли наши соседи. И тут пошёл дождь! В течение моего пребывания на даче и в самом Минске стояла прекрасная погода. К нашему удивлению, это был единственный раз, когда я видел дождь до приезда на дачу.

Мой отец нередко говорил, возможно в шутку, что дождь часто идёт, когда прощаешься или покидаешь близкое тебе место. Эта фраза отчётливо запомнилась, так как у нас были «дождливые» расставания в прошлом. Я всегда подозревал что это — шутка, высказанная моим отцом с серьёзным лицом. Разумеется, я совершенно не связывал такие явления природы с моментами эмоционального переживания. Я в это просто не верил. Конечно, я знал, что в литературе и искусстве дождь ассоциируется с грустью, циклическим характером жизни и символизирует перемены. Издревле образ дождя, падающего с неба, сравнивали со слезами, падающими из глаз плачущего человека. Это сравнение создает мощную связь между дождём и человеческими эмоциями.

И так, я закрываю квартиру. На лице моей сестры появились слезы. Полил дождь. Этот ливень был очень некстати, так как нам нужно было идти к автобусу. Стоящие рядом наши соседи предположили, что он сейчас пройдёт. Тёмная туча выглядела достаточно одинока.

Но тут меня осенило. Я подумал, что это может быть неплохим знаком синхронизма. Если это оплакивание расставания с этим местом, то дождь должен немедленно прекратиться. От дачи нам надо было идти пешком порядка 15 минут до остановки автобуса, который отправлялся через 20-30 минут. Если это просто обычный ливень, или случайное совпадение с неодушевлённым явлением природы, то что мешает дождю вымочить нас, пока мы идём на автобус или стоим на остановке? Если в этом явлении есть смысл процесса прощания, и знак согласия с нашим эмоциональным состоянием, этот дождь должен быстро прекратиться. И дать нам сесть в автобус сухими. Ливень и сам момент расставания должны быть синхронизированы, но наличие дождя после расставания не имеет смысла.

Дождь покапал и через 10 минут прекратился. Засияло солнце, и мы успешно двинулись к автобусу сухими. Больше мы дождя не видели, ни по дороге в Минск, ни в самом городе.

Как я уже говорил, грозовые облака и дождь в этой части Европы — явления локальные. Климат здесь не континентальный. Дождь в Беларуси концентрируется на небольших участках поверхности. Он может пойти в одном месте, а в нескольких километрах от ливня может светить солнце. Ветер и низкая облачность, состоящая из разрывов кучевых облаков и странная нестабильность в атмосфере, являются ярким контрастом погоды в центральной части Америки и России, где дождь может покрывать огромные поверхности ландшафта. Моя сестра заметила, что облака здесь необычны. Они очень низкие, часто расставлены на одинаковом расстоянии друг от друга, и имеют способность быстро передвигаться.

И так, вернёмся к дождю. Как мы видим, этот случай имеет все черты синхронизма. Значимое событие с эмоциональным всплеском совпало с существенным природным явлением — дождём. И это не просто некое природное явление. Оно имело заранее известный смысл. С ним связано понятие грусти или плача.

Можно ли посчитать вероятность того, что этот случай является просто случайным совпадением? Попробуем сделать такую оценку. Нас интересует количество возможностей. Дождя я не видел 5 дней до поездки на дачу (и несколько дней после). Всплеск грусти, связанный с закрытием дачи, длился около 10 минут. Пять дней имеет

$$5 \text{ (дней)} \times 24 \text{ (часа)} \times 6 = 720$$

168

возможностей для выпадения осадков. Здесь 6 означает количество 10 минутных интервала в одном часе. Тогда вероятность попадания в заранее определённый 10-ти минутный интервал — порядка 1/720 = 0.0013. Такая маленькая вероятность предполагает наличие явления, происходящего по смыслу. Разумеется, если бы это был сильный ветер, а не дождь, то это вряд ли бы привлекло наше внимание. Здесь явно наблюдалось природное явление, принимающее участие в происходящем. И это явление было связано с конкретным событием. Разумеется, дождь лил на других частях этой территории. Но именно мы были его свидетелями в особенный временной интервал — в момент грусти.

Я не исключаю, что некоторые другие природные явления могут быть восприняты нами с похожим смыслом — грустью. Например, могла зазвучать грустная мелодия или необычное пение птицы. Но таких возможностей совсем немного, чтобы они были восприняты как некие знаки. Для надёжности умножим 0.0013 на 5 возможных совпадений с некими другими важными и редкими явлениями, которые могут нами восприниматься как знак грусти. Тогда вероятность того, что момент расставания был «подстроен» по времени с каким-то значительным явлением, означающим грусть — 0.0013 × 5 = 0.0065.

Если вы думаете, что только природа участвует в событиях вашей жизни, во что верили практически все наши предки, то это будет часть правды. На самом деле, возможно, вся структура окружающей нас реальности подвержена изменениям в зависимости от нашего эмоционального участия.

Вот вам ещё один пример из той же поездки. Второй целью моего пребывания в Минске было подписания документа — дарственного документа о переходе квартиры моей сестре. Всю неделю мы собирали документы, и после бесконечных походов в разные инстанции, мы пришли в отдел, где нужно было поставить наши с сестрой подписи. Любая неточность в бумагах могла прервать сделку. Это было бы катастрофой, так как я уезжал в Чикаго на следующий день. Для меня это событие тоже было волнующим — я отдавал квартиру, в которой вырос. Больше у меня в Минске ничего не было.

И так, с папкой собранных невероятным трудом документов, мы пришли в отдел, где должна была состояться сделка. Я подхожу к диспенсеру талонов и нажимаю кнопку для получения билета с номером, чтобы занять очередь, в которой почти никого не было. Талон имел порядковый номер 69. Почти мгновенно загорелось красное число 69 на двери офиса, где мы должны быть приняты. Мы с сестрой переглянулись, и всё поняли. Сомнений не было - сделка пройдёт успешно. Так всё и произошло. Все бумаги были правильно собраны, и сделка была заключена.

Вы хотите спросить — почему число 69? Дело в том, что мой день рождения состоит из 2 блоков числа 69. В этом месте диспенсер номеров для занятия очереди выдавал номера до 200, как я затем проверил. Вероятность появления конкретного числа 69 равна 1/200 или 0.005. Я никогда не ассоциировал числа 6 или 9 по отдельности с собой. Разумеется, возможны были несколько иные варианты чисел, которые могли интерпретироваться нами как некоторое совпадение. Например — номер передаваемой мной квартиры или некий иной номер, например, связанный с днём рождения моей сестры. Даже если существует порядка 5-ти равнозначных по смыслу чисел, которым мы могли придать важное значение, максимальная вероятность попадания в одно из этих чисел будет порядка 2.5% (или $0.005 \times 5 = 0.025$). Всё равно это маленькая вероятность для чистого случая.

Как мы видим, этот случай вовсе не касается природы как таковой. Это был просто механизм диспенсера талонов, который отпечатал узнаваемое нами число. Сама структура наблюдаемого мира была построена таким образом, чтобы дать понять их значимость. Является ли это природой или механизмами, созданными людьми — неважно. Само материальное окружение подвержено некому подстроечному эффекту. Проще говоря, два критически существенных для людей события были синхронизированы с внешними физическими факторами.

Конечно, эта поездка не была настолько значительной для моей судьбы, чтобы включить её в 10 наиболее важных событий моей жизни. Всё, что я хочу сказать, это то, что само путешествие с двумя ключевыми обстоятельствами сопровождалось синхронизмом. Эти два события были независимы друг от друга и имели вероятности 0.0065 (последний день на даче) и 0.025 (конечная подпись документа на квартиру). Роль случайного шанса, который мог играть роль, имеет вероятность равную перемножению двух маленьких чисел ($0.0065 \times 0.025 = 1.6 \times 10^{-4}$). Эта вероятность приблизительно равна выпадению решки 13 раз подряд при бросании монеты.

Можно поставить вопрос и таким образом: сколько поездок похожей на эту потребуется, чтобы случайные события физического мира совпали по смыслу с обстоятельствами, пережитыми мною, предполагая, что такие явления появляются в результате чистого случая. Ответ — порядка 5000 поездок. Разумеется, у меня не было столько попыток.

Писал я эти строки уже находясь в автобусе, направляющимся из Минска в Вильнюс. В окне пролетали угрюмо стоящие бесконечные очереди трейлеров, ждущие таможенного контроля по пять дней на границе политической части Европы. Позади оставалась Беларусь и громадные территории России и остальной Евразии. А впереди была задыхающаяся Прибалтика, отрезанная евросоюзными шлагбаумами и бесконечными таможнями от своей истории.

7 Время, пространство и их отсутствие

7.1 Время

Время является понятной величиной для людей и окружающего нас мира. Оно определяет последовательность событий. Поток времени, или стрела времени, идёт из прошлого в настоящее, а затем — в будущее. Стрела времени является следствием увеличения энтропии, или степени беспорядка и неопределённости, расширяющейся Вселенной после Большого взрыва. Как мы рассказывали в главе 3.1 Энтропия, чем выше показатель неупорядоченности системы или некой информационной записи, тем больше значение энтропии. И чем хаотичнее движение материальных частиц, составляющих окружающий наш мир, тем больше энтропия.

Однако фундаментальные законы природы не зависят от направления времени. Большинство из них обратимы во времени. Например, мы можем просчитать основные уравнения физики назад во времени так же легко, как и вперёд по времени. Это означает, что теории с причинностью вперёд во времени должны также иметь причинность назад во времени. В этом есть прямая аналогия с совпадениями, рассмотренными ранее.

Мы не должны забывать, что законы природы (гравитация, магнетизм и т. д.) ничего не делают и ничего не приводят в движение. Для них времени нет. Но если построить компьютерную модель мира или игры, у нас появится возможность «анимировать» эти законы. Всё придёт в движение. Если такие изменения имеют достаточную скорость, то последовательность изображений, построенных по законам природы, будет казаться движущейся картинкой или фильмом.

Почему же тогда будущее так отличается от прошлого в нашем мире? Происхождение этой «стрелы времени» уже более века озадачивает учёных и философов и остаётся одной из фундаментальных проблем современной физики.

В наших примерах о совпадениях в главе <u>6 Примеры значимых совпадений</u>, время и причинность не играют никакой значительной роли. Пространство также не играет роли — события могут быть произвольно разделены в пространстве, точно так же как и во времени. Совпадения происходят в пространстве значимых обстоятельств, имён, символов и чисел. Они проявляются в моменты, когда люди переживают судьбоносные ситуации. Числовое пространство настроено на человеческое восприятие, т.е.

десятичную систему (мы обсудим это позже), тогда как время используется лишь для определения чисел (например, дня или года).

В этих примерах мы можем легко повернуть время вспять, и сами примеры не изменятся. То же самое относится и к вероятностям, которые мы рассчитали. Очевидно, что причина совпадений событий с Кеннеди и Линкольном в главе 6.1 Авраам Линкольн и Джон Кеннеди не в том, что Линкольн предопределил, что произойдёт с Кеннеди. Это было бы несправедливо по отношению к Кеннеди и будущему. Здесь нам приходится иметь дело с ситуацией, когда необычные события вообще не имеют никакой стрелы времени. То, что произошло с Кеннеди, в некотором смысле также влияет на события с Линкольном. Или, говоря по-другому, события, которые произошли, совершенно одинаково существуют вне зависимости от их последовательности. Может ли быть, что причины таких происшествий не находятся во времени и пространстве этого материального мира?

7.2 Дающий законы

Вы когда-нибудь задумывались, откуда появились законы природы? Этот вопрос всегда был центральным для лучших умов человечества. Очень многие философы, математики и физики склонны считать, что законы должны даваться извне, а мы должны их открывать. Проще говоря, они не являются субъективной реальностью, созданной нашим мозгом.

Давайте разберём это. Наука работает так: сначала она открывает законы природы, используя наблюдения и эксперименты. Затем наука использует эти знания для поиска дальнейших объяснений. Но законы природы — это просто наше описание того, как функционирует природа. Законы природы не могут быть созданы самой природой. Точно так же, как описание работающего двигателя машины не может быть создано самой машиной. Такое описание может быть создано теми, кто создал машину. Следовательно, законы природы существовали до Вселенной, как своего рода замысел в какой-то нематериальной и вневременной «среде». Должен быть план, основанный на некой информационной основе.

Согласно этой концепции, законы физики не являются субъективным описанием мира. В них нет системы вычислений. Она может быть двоичной, десятичной, шестнадцатеричной и так далее. Второй закон Ньютона, $F = a \times m$, (F — сила, приложенная к телу, a — ускорение тела, m — масса тела) будет выглядеть одинаково даже для улиток, если они разовьются до уровня, когда они этот закон смогут найти. Всё, что изменится — это используемые символы. Возможно, у них будет двоичная система счисления, зависящая от количества усов, в отличие от людей с их десятичной системой, соответствующая количеству пальцев на руках. Возможно, они запишут закон более изощрённо, как обобщение какого-то другого закона. Но сама суть закона не изменится. Такие законы — неотъемлемые свойства самой природы, а мы просто их обнаруживаем.

Вот что Эйнштейн писал М. Берковицу в 1950 году (Hermanns 1983*):*

«Бог» — это тайна. Но тайна непостижима. Я испытываю ничего, кроме трепета, когда вижу законы природы. Не бывает законов без законодателя, но как выглядит этот законодатель? Конечно, он не похож на возвеличенного человека».

Но вот что удивительно: почему в большинстве случаев эти законы очень просты и прекрасно ложатся на математические построения, которые придуманы математиками заранее?

Возьмём простейший пример — закон всемирного тяготения. Формула силы тяготения, согласно этому закону, звучит так: сила всемирного тяготения «*F*» прямо пропорциональна произведению масс *M1×M2* двух тел и обратно пропорциональна квадрату расстояния R^2 между ними:

$$F = G \, \frac{M1 \times M2}{R^2},$$

где «*G*» является гравитационной постоянной. Почему эта формула такая простая? Почему в нашей Вселенной этот закон описывается элементарной формулой, а не трудно понимаемым соотношением, для которого невозможно найти никакого аналитического выражения? Ведь можно было бы найти так много более сложных зависимостей, приводящим к более-менее похожим наблюдаемым результатам! Но нет, — природа «решила», что самое простое выражение как раз подходит. А вот ещё более сложный сценарий: представьте мир, где взаимосвязь между силой и расстоянием зависит от времени!

Можно предположить, что любая другая форма закона тяготения может привести к некоторым нестабильностям в нашей Солнечной системе, да и во всей Вселенной в целом. Но всё равно остаётся вопрос: почему мы наблюдаем такие простые выражения для большинства законов, описывающих естественные процессы? Ведь эти зависимости могли бы быть представлены некоторыми бесконечными рядами Тейлора[4] с множеством поправок, что остановило бы прогресс на многие века. Можно показать громадный список физических и химических законов, которые выглядят совершенно просто и выражаются простыми математиче-

---

[4] Ряд Тейлора — это разложение некой функции в бесконечную сумму степенных функций.

скими функциями. Чаще всего — элементарными функциями, которые были придуманы задолго до того, как все эти законы были открыты.

Если взглянуть на историю науки, то можно легко заключить, что логически непротиворечивые математические построения, которые были созданы из принципов красоты, оказались невероятно подходящими для описания природы. Сначала такие конструкции возникали в умах, и даже их создатели считали такие математические абстракции слишком умозрительными и не имеющими ничего общего с реальностью. Однако эти математические построения были слишком красивыми, чтобы их проигнорировать. А позже, каким-то невероятным образом, мы обнаруживаем, что они совершенно точны для описания явлений природы. Есть бесконечное множество таких примеров. Я просто приведу несколько случаев из области физики.

Британский физик-теоретик Поль Дирак (1902 – 1984) был одним из тех, кто во многом полагался на математическую логику и красоту абстрактных математических уравнений. По его мнению, если найденное им уравнение обладало математической красотой и было простым, то он просто предполагал, что идёт по правильному пути. Он был скорее математиком, чем физиком.

В 1928 году Дирак предложил уравнение для описания электрона. Однако это уравнение имело два решения: одно для электрона с положительной энергией, а другое для электрона с отрицательной энергией. Но физика (и здравый смысл) говорили, что энергия частицы всегда должна быть положительным числом. Дирак интерпретировал решение с отрицательной энергией как существование античастиц. Они в точности соответствовали частицам, но имели противоположный электрический заряд. В случае с электроном должен существовать идентичный во всех отношениях «антиэлектрон», но с положительным электрическим зарядом. Такой частице присвоили название позитрон.

В то время эта идея выглядела слишком надуманной и не относящейся к реальности. Даже сам Дирак в начале не мог поверить, что такой математический фокус может как-то быть связан с реальностью. Однако в 1932 году, вскоре после предсказания о позитронах, американский физик-экспериментатор Карл Андерсон (1905 – 1991) обнаружил такие частицы в столкновениях космических лучей.

Вот ещё один пример. Норвежский математик Мариус Софус Ли (1842 – 1899) добился значительных успехов в исследованиях, которые привели к математическому формализму, известному сейчас как «алгебра Ли» или «группы Ли». Его работы описывали свойства бесконечно малых вращений. Но в 18-м веке эти работы были слишком абстрактными и совсем не связанными с описанием природы, поэтому, что лишь немногие могли понять, о чём именно идёт речь. Частично это происходило потому, что у него был особый стиль написания статей, и его геометрическая интуиция в математике значительно превосходила интуицию других учёных. Теперь этот формализм присутствует в словаре любого физика. Оказалось, группы Ли — это наиболее элегантный способ разгадать реальность квантового мира элементарных частиц.

Как мы уже упоминали, в 1964 году физик Питер Хиггс (1929 – 2024), вместе с другими учёными, предположил существование поля, при взаимодействии с которым элементарные частицы приобретают массу. Хиггс написал статью, описывающую свою абстрактную теоретическую модель, но статья была отклонена журналом как «не имеющая очевидного отношения к физике». Затем Хиггс дополнил статью и отправил её в другой журнал, где она была опубликована. Позже это поле было названо полем Хиггса, а частица — переносчик такого поля — была названа бозоном Хиггса. Эта модель с новой частицей оставалась чисто гипотетической математической конструкцией очень долгое время. Многие физики сомневались в теории Хиггса. Тем не менее, в июле 2012 года физики-экспериментаторы, работающие на Большом Адронном Коллайдере, объявили об открытии этой частицы. Все её квантовые свойства точно совпали с предсказаниями.

Эти примеры показывают, что абстрактные построения в умах учёных каким-то удивительным образом находят своё «место» в описании природы. Человеческий мозг способен создавать абстрактные математические модели, которые, в конечном счёте, описывают реальность. Как мы уже говорили, законы должны предшествовать природе. Природа не может создать законы, так как она уже функционирует в соответствии с этими законами. То, что мы можем вывести такие законы, следуя абстрактной логике и математической интуиции, говорит о том, что разумный замысел предшествовал природе. А наш разум имел некоторое отношение к этому плану до возникновения нашего окружения из хаоса Большого взрыва.

Американский физик-теоретик Джон Уилер (1911 – 2008), который придумал такие популярные термины, как «чёрная дыра» и «кротовая нора», предполагал, что информация является фундаментальной концепцией физики и законов. Сама реальность, по его мнению, создаётся наблюдателями во Вселенной. Он считал, что каждый объект физического мира имеет в своей основе в большинстве случаев очень глубокий — нематериальный источник и объяснение (Wheeler 1990). Соответственно, законы — это информационные продукты, созданные до зарождения Вселенной.

7.3 Опять о зарождении жизни

Как мы уже обсуждали ранее, проблема жизни является одной из самых серьёзных и до сих пор не решена. Каким образом молекулы стали объединяться в простейшие клетки, которые являются невероятно сложными фабриками по хранению и переработке информации? Можно пойти ещё дальше и спросить: а как клетка вообще смогла создать сложные микроорганизмы? Если это эволюция, то для чего клетке эволюционировать? Мы прекрасно понимаем, что клетка не разумна и не способна принимать такие решения. Но, тем не менее, сам механизм самоорганизации в громадные колонии клеток как-то был предопределён. Для лучшего выживания? Но клетка не разумна, какое ей дело до выживания? У неё нет боязни исчезнуть. Или, предположим, все нежизнеспособные конгломераты клеток просто развалились, не дав потомства. Но конгломерат слипшихся клеток ещё не микроорганизм. И как получить из элементарных организмов такие сложные организмы как животные? Откуда появилась вся эта дополнительная информация, необходимая для создания таких сложных систем? Мы уже подробно обсуждали этот вопрос в главе 3.6 Теория эволюции.

Как мы уже отмечали, проблема образования жизни заключается в создании новой информации из компонентов материального мира, которые сами по себе не способны создать информацию. Эта проблема возникает только при предположении о наличии временной стрелы, направленной от прошлого к будущему, где существуют причинно-следственные связи. Когда происходит событие, оно влияет на ход истории в будущем. В прошлом химические вещества объединялись в отдельные молекулы, клетки и организмы, создавая огромные объёмы разнообразной информации, что повлияло на нынешний облик мира. Мы не знаем, как происходил этот процесс самоорганизации.

Однако, если рассматривать события зарождения жизни без временной стрелы, с учётом воздействия синхронизирующих событий как на прошлое, так и на настоящее, то проблема происхождения жизни становится более разрешимой. Согласно этой гипотезе, тот факт, что сложный организм существует сейчас и выглядит так, как он есть, также влияет на прошлое и заставляет необычные совпадения неживой материи объединяться в живые организмы для существования организмов в настоящем. Это происходит в моменты, когда организмы испытывают угрозы своему существованию. Даже простые животные имеют самосознание и стремятся выжить. Тот факт, что эволюция происходит от простого к сложному, объясняется тем, что сложные организмы будущего влияют на то, как должно происходить их формирование в прошлом. Разумеется, это не отменяет саму эволюцию. Просто моменты синхронизма приводят к «скачкам» или «взрывам» новой информации в прошлом и резким ускорениям эволюционных процессов так, чтобы они происходили в нужном направлении для будущего этих организмов. Эти толчки синхронизма могут выглядеть как взрывы новой информации, показанные на <u>Рис 3.6</u> из главы <u>3.6 Теория эволюции.</u>

Является ли такая гипотеза научной и может ли она стать в будущем теорией? Мы не знаем. Существует около 20 (Hands 2016) объяснений, как появляются сложные организмы из простейших. Перевести их в категорию строгих научных теорий весьма маловероятно. Все они остаются гипотезами на протяжении многих десятилетий. Мы имеем дело с исторически информационно насыщенными событиями. Их уже нет. Мы никогда не сможем провести эксперимент, чтобы разобраться в них. Всё, что мы можем предположить сейчас на основании наших наблюдений, не может служить строгим доказательством того, что события на протяжении миллиардов лет развивались именно так.

8 Волны вероятностей квантовой механики

8.1 Коллапс волновой функции

С самого момента открытия квантовой механики в начале 20-го века, стало понятно, что с описанием этого мира что-то не так. Обнаружилось, что состояние частиц микромира описываются волновыми функциями, знание которых позволяет получить максимально полные сведения о вероятности пребывания частиц в определённом месте пространства и их эволюцию во времени. Австрийский физик-теоретик, один из создателей квантовой механики, Эрвин Шрёдингер (1887 – 1961) вывел уравнение, которое теперь носит его имя. Оно делает прогнозы для волновых функций. Получив такую функцию как решение уравнения Шрёдингера, можно найти вероятностное поведение частиц. Квадрат модуля волновой функции определяет плотность вероятности того, что частица может быть обнаружена в точке пространства с определёнными координатами в некоторый момент времени. Однако, сама по себе, это – комплексная функция, включающая мнимые числа. Вообще говоря, они не имеют отношения к описаниям вещей, с которыми мы имеем дело в повседневной жизни. Смотрите главу **8.5 Реальность воображаемых чисел**.

Если частицы описываются волнами вероятностей, то это значит, что никогда нельзя быть уверенным одновременно в положении и скорости микроскопической частицы. Согласно принципу неопределённости, предложенному немецким физиком Вернером Гейзенбергом (1901 – 1976), чем с большей точностью известно положение частицы, тем менее точно мы можем узнать её скорость, и наоборот. Это не имеет никакого отношения к процессу наблюдения. Эта неопределённость является фундаментальным свойством квантовых систем, наблюдаем ли мы их или нет, и следствием волновой природы материи. Другими словами, волна не находится в одной точке пространства.

Другой вид этого принципа касается неопределённостей при одновременных измерениях энергии состояния микроскопической частицы и её времени жизни. Соотношение неопределённости энергии и времени — это фундаментальный принцип квантовой механики, который гласит, что чем точнее известна энергия частицы, тем менее точно можно определить время её измерения, и наоборот. Другими словами, существует неизбежный компромисс между точностью измерения энергии и времени.

Волновые свойства частиц несовместимы с представлением об их движении по определённым классическим траекториям. Такая странность в поведении микрочастиц уже много лет не даёт исследователям покоя. Никто не знает, что такое волновая функция.

Однако реальные измерения частиц всегда обнаруживают физическую систему в определённом состоянии. Говорят, что процесс регистрации частицы «схлопывает» или «коллапсирует» волновую функцию. А сам акт измерения — это коллапс волновой функции. Таким образом, коллапс можно определить как переход между потенциальным (описываемой волной) и фактическим свойством. Когда человек проводит измерение, частицы вынуждены «выбирать» определённое состояние. Как будто нечто внешнее решает, что именно мы должны увидеть, и показывает результат под определённым углом.

Основная интерпретация, принятая большинством физиков, называется «Копенгагенской интерпретацией». Она была предложена датским физиком Нильсом Бором (1885 – 1962) и Вернером Гейзенбергом. В ней волнообразное вероятностное поведение частиц «разрушается» при наблюдении. А волновая функция — не более чем абстрактная математическая концепция, которая просто отражает нашу неопределённость и недостаток знаний до наблюдения. Нет смысла интересоваться, что происходит в некой невидимой «квантовой волне». Сама квантовая механика — субъективна, так как волновая функция — это знание наблюдателя о квантовой системе, а коллапс волновой функции — субъективное обновление вероятностей при получении наблюдателем новых данных.

Единственный недостаток этой идеи в отсутствии информации о том, что происходит при коллапсе волновой функции. Квантовая механика ничего об этом не говорит. Вдобавок, непонятно куда исчезают альтернативные состояния квантовой системы. Эта головоломка получила название «проблемы измерения».

Ещё одна популярная (материалистическая) интерпретация называется «интерпретацией многих вселенных», или «многомировой интерпретацией», предложенной американским физиком Хью Эверетт (1930 – 1982). Сам термин «многомировая» обязан своим существованием другому американскому физику Брайсу Девитту (1923 – 2004), который развил тему оригинальной работы Эверетта. Он постулировал, что каждый раз, когда делается измерение, все возможные результаты происходят в разных ответвлениях реальности, создавая множество параллельных вселенных. Это можно представить как «расщепление» наблюдателя на клоны, которые видят разные варианты измерений.

На наш взгляд, это слишком сложная теория, которая также не даёт объяснения механизма процессов разветвления реальности и где все эти вселенные существуют. Неужели все эти вселенные меняются для всех людей, а не только для человека, наблюдающего за квантовым процессом? В любом случае, объяснение одного неизвестного бесконечным числом неизвестных вселенных является слишком надуманным.

Возможно, коллапс волновой функции является исключительным свойством сознания? Это совсем не укладывается с концепцией объективной реальности и материализма. Материализм требует построения теории, не зависящего от человеческого сознания. Именно поэтому другая интерпретация, называемая интерпретацией фон Неймана-Вигнера, подверглась критике. Она предполагает, что для коллапса волновой функции, необходимо сознание наблюдателя. Человек необходим не только для наблюдения за свойствами объекта, но даже для определения этих свойств, а сознание постулируется как необходимое условие для процесса квантового измерения. Сознание – это просто мост между материализмом и идеализмом. Несмотря на критику, много известных учёных поддерживают именно эту интерпретацию.

Например, к сторонникам включения «феномена сознания» в основу теории квантовой механики относится британский физик-теоретик Роджер Пенроуз. В своей книге «Новый ум короля: о компьютерах, мышлении и законах физики» (Penrose 1989) он соглашается с идеей, что математика — не конструкция нашего сознания, а проявление мира математических идеалов. Учёный склоняется к мысли, что физический мир — это порождение вневременного математического мира идей. Смотрите главу 3.9 Идеализм и информация. Следовательно, умственная деятельность людей не может быть полностью описана при помощи компьютерных алгоритмов. Как читатель уже понял, я также склоняюсь к этой концепции квантовой механики. Я думаю, что большинство приведённых в этой книге наблюдений согласуются с этим взглядом на мир.

К сожалению, все эти интерпретации квантовой механики являются неразличимыми для любых практических целей. Они предполагают одинаковые результаты для квантово-механических экспериментов.

8.2 Нелокальность

В материальном мире сигнал не может распространяться со скоростью, превышающей скорость света. Скорость света в вакууме соответствует величине скорости распространения электромагнитных волн. Она обозначается латинской буквой «c». Эта скорость приблизительно равна 3×10^8 метров в секунду (м/с). Поэтому, любое воздействие на удалённую часть мира может иметь эффект только по истечении времени, которое требуется сигналу, чтобы добраться из одной точки в другую со скоростью «с».

В квантовом мире ситуация совершенно иная: воздействия могут происходить мгновенно на сколь угодно больших расстояниях. В квантовой физике это называют «нелокальностью» или «квантовой запутанностью». Это явление, при котором состояния нескольких частиц оказываются взаимосвязанными вне зависимости от расстояния между ними. Например, когда две взаимодействующие частицы удаляются друг от друга, они могут оставаться «связанными». Они ведут себя так, как если бы они были одним целым, независимо от того, насколько далеко они друг от друга разошлись. В физике это означает, что измерение свойства одной из частиц мгновенно устанавливает значение для другой, независимо от того, в какую часть Вселенной она переместилась.

Одно из решений такой проблемы — предположить, что частицы, имеют скрытые переменные, которые их описывают совершенно точно. Эта информация о частицах не может быть выявлена, так как она не принадлежит физической Вселенной. Наверное, вы играли в пинг-понг на компьютере, где шарик летает от одного края экрана в другой. Шарик действительно пролетает расстояния, измеряемые сотнями пикселей и десятками сантиметрами на экранной поверхности. На самом деле, его описание находится в одном месте, где-то в крохотном месте на чипе. Всё его движение определяется алгоритмом в микропроцессоре, для которого экранные расстояния не имеют значения. Этот алгоритм «знает» совершенно всё о движении этого шарика, но нам эта информация недоступна, если просто наблюдать за экраном компьютера.

Но можно посмотреть на такую «квантовая запутанность» по-другому. Представьте себе, что причинность может идти в обратном направлении. Это означало бы, что частица могла бы перенести действие своего измерения назад во времени, когда она была запутана, влияя на своего партнёра. Никаких сообщений со скоростью, превышающей скорость света, не требуется. Вместо того чтобы иметь нелокальные связи между этими двумя частицами, разнесёнными на бесконечные расстояния, возможно, связь идёт через прошлое.

Действительно, некоторые интерпретации квантовой механики предполагают, что акт наблюдения или измерения частицы может повлиять на информацию, получаемую обозревателем о её состоянии в прошлом. Это называется «ретропричинность». Даже есть некоторые эксперименты, которые показывают, что квантовая запутанность может происходить во времени, а не только в пространстве. Это бросает вызов нашему пониманию причинности, которая заключается в том, что следствие не может наступить раньше, чем его причина. Если квантовая запутанность может возникать во времени, это может означать, что настоящее может влиять на прошлое.

Стивен Хокинг был убеждён в ретропричинности Вселенной. Он писал:

«Квантовая физика говорит, что независимо от того, насколько тщательно мы наблюдаем настоящее, (ненаблюдаемое) прошлое, как и будущее, не определенно и существует только как спектр возможностей. Вселенная, согласно квантовой физике, не имеет единого прошлого или истории. Тот факт, что прошлое не принимает определенной формы, означает, что наблюдения, которые вы делаете над системой в настоящем, влияют на её прошлое» (Hawking and Mlodinow 2010).

Законы физики запрещают путешествие назад во времени по многим причинам. Если бы мы совершили путешествие назад во времени и изменили ход событий, мы бы изменили ход истории.

Эти модели не предсказывают, что сигналы или объекты, включая людей, могут быть отправлены в прошлое, отчасти потому, что нет никаких доказательств того, что в настоящее время нас «наводняют» какими-либо такими будущими сообщениями или посланниками.

Тем не менее, ретропричинность не означает путешествие во времени. Это механизм, который позволяет будущим обстоятельствам коррелировать с прошлыми состояниями. Если вы сделали эксперимент сейчас и получили некоторое измерение, ваше настоящее имеет прошлое. Но в момент получения результата информация об этом прошлом изменяется так, чтобы вы получили именно то измерение, которое требуется для настоящего. Другими словами, когда экспериментатор выбирает параметры установки для измерения частиц, это решение влияет на свойства этих частиц в прошлом. Решение человека, принятое в настоящем, может повлиять на что-то в прошлом. Это не означает, что прошлое изменено. Прошлого нет, мы не можем его ни наблюдать, ни измерить. Всё, что остаётся, — это информация о прошлом, которая синхронизировалась с наблюдателем из настоящего.

Всё это может значить, что микромир каким-то образом связан с некой реальностью, в которой нет ни времени, ни пространства. Та реальность содержит всю информацию о частицах этого мира. Мы лишь наблюдаем некоторые последствия того, что происходит в той другой реальности, где нет стрелы времени. Это сложная и до сих пор интенсивно обсуждаемая область исследований в физике, поэтому мы не будем углубляться далее.

8.3 Нематериальные формы информации

Мы напомним, что Карл Юнг считал, что наш разум руководствуется системой форм-понятий или архетипов — элементов коллективного бессознательного. Они реальны, хотя и невидимы. Квантовые явления и сама основа материального мира не материальны. Они определяются нематериальными формами, без массы и энергии. Эти формы обладают потенциалом появляться в эмпирическом мире и действовать на нас. Они образуют мир «потенциальностей» физической реальности, и все эмпирические вещи являются просто проявлениями этих невидимых форм. Эти абстрактные формы — шаблоны готовой информации, подобные мыслям. Мы уже упоминали, что эта концепция перекликается с идеализмом Платона и философскими взглядами многих других мыслителей (смотрите главу 3.9 Идеализм и информация).

Как оказалось, революционные взгляды Карла Юнга на человеческий разум могут согласовываться с открытиями квантовой физики (Ponte and Schäfer 2013). Элементарные частицы, такие как фотоны и электроны, описываются волнами вероятности или полями вероятности. Вероятности – это безразмерные числа, которые не несут никакой массы или энергии, а только информацию о числовых соотношениях. Тем не менее, видимый порядок мира определяется интерференцией этих волн. Таким образом, можно предположить, что основа реальности — нематериальна.

Интересное обсуждение этого вопроса можно найти в книге «Бесконечный Потенциал» (Schäfer 2013). Автор предполагает, что некие «сущности» лежат в основе видимого мира. Они являются чистыми формами в виде шаблонов смысловой информации. Сущности не материальны и могут описываться волнами, несущими информацию, которые нематериальны и не имеют определённого положения в пространстве, но они имеют множество потенциальных положений. Эти волновые конфигурации находятся в состоянии потенциальности и не являются частью эмпирического мира. При взаимодействии с нами они кажутся «элементарными вещами» материи. Материальные частицы появляются с определённой массой в фиксированных точках пространства. После того как мы перестаём с ними взаимодействовать, они совершают переход в волновое состояние и покидают эмпирический мир. Сама Вселенная — это фон нематериальных форм, а не вещей. Формы реальны, хотя и невидимы, поскольку обладают потенциалом появляться в эмпирическом мире и действовать в нем. Этот подход хорошо согласуется с интерпретацией фон Неймана-Вигнера и развитой в дальнейшем теорией «феномена сознания и математических форм» существующих вне человека (Penrose 2007).

8.4 Проблемы интерпретаций

Как уже упоминалось, все интерпретации квантовой механики эмпирически неразличимы, поскольку они предсказывают одинаковые результаты для квантово-механических экспериментов. Это означает, что проблема интерпретации квантовой механики не является полностью научной, а зависит от системы веры и философских взглядов.

Какая же интерпретация квантовой механики более вероятна? Подсказка может быть найдена не в эмпирических наблюдениях и математических формулировках, а в анализе того, как квантовая механика появилась. Может ли наше понимание удивительных совпадений в открытии законов природы помочь нам разрешить проблему интерпретаций квантовой механики?

Представьте такую ситуацию: в какой-то стране, очень давно, скажем, в 16-м веке, некий чудак придумал фантастический мир будущего. Этот выдуманный мир никакого отношения к реальной стране и времени 16-го века не имел. В этом вымышленном мире летают космические корабли, существуют волшебные королевства, и даже язык, на котором говорят его обитатели, совершенно отличается от языка 16-го века. Несмотря на насмешки и уговоры начать писать о реальной жизни, чудак упорно разрабатывает свой сказочный мир, придерживаясь принципов логики и красоты. Его окружающие смеются и пытаются уговорить его написать книгу о реальности, которая для него не имеет значения. Но он настойчиво продолжает писать о своем вымышленном мире, который существует только в его воображении. А более того, у него находятся последователи, которые даже начинают улучшать и дополнять детали этого выдуманного мира.

Прошли века, и человечество отправилось в звёздные путешествия. Однако, что за странное обстоятельство?! Оказалось, что первая встреченная цивилизация выглядела именно так, как она была описана этим чудаком из 16-го века. Те же самые имена континентов, правителей, и даже удивительные машины. И даже похожий язык!

Что за странное совпадение? Одно из естественных объяснений заключается в том, что этот человек из 16-го века не был просто фантазёром. Возможно, он просто анализировал, как должна выглядеть будущая цивилизация, и как должен развиваться язык. Здесь мы должны сказать, — действительно, можно прийти к некоторому логическому заключению о том, как машины могут выглядеть в будущем. Но совсем не очевидно, как можно угадать имена континентов и сам язык, просто следуя абстрактным идеям красоты.

Другое возможное объяснение является таким: каким-то образом информация об этой цивилизации попала на Землю в 16-

м веке. Этот человек смог в ней разобраться и описать её в своих рассказах. Но мы точно знаем, что никакого обмена информацией путём межзвёздных сообщений не было. Значит единственная возможность — информация была передана неким другим путём. Возможно, она пришла из общего «бассейна» Вселенской информации на которую смог «настроится» его разум.

Теперь вернёмся к квантовой механике. Задайтесь таким вопросом — почему квантовая механика использует комплексные числа для описания нашего мира? Ведь эти числа были придуманы без какой-либо практической цели задолго до открытия квантовой механики. Об этом мы расскажем в следующей главе.

8.5 Реальность воображаемых чисел

Самое странное в квантовой механике заключается в том, что её математическое описание основано на комплексных числах, которые при умножении на себя становятся отрицательными. Эти числа не имели никакого смысла в момент их изобретения в 16-м веке. Следует отметить, что уравнения квантовой механики можно переписать, используя вещественные числа, но это будет настолько неудобно и громоздко, что такая формулировка не получила широкого распространения.

Рождение комплексных чисел исторически связано с желанием «легализовать» квадратные корни из отрицательных чисел в 16-м веке. Но только в 1600-х годах французский математик Рене Декарт (1596 – 1650) разработал своё правило для таких чисел и ввёл термин «воображаемое» — imaginaires («мнимое» — более частое употребление в настоящее время) для комплексных чисел. Впоследствии Лейбниц (Kline 1972) представил вескую причину, почему эти числа «воображаемые». Он отметил:

«Божественный Дух нашёл возвышенный выход в чуде анализа. . . , той амфибии между бытием и небытием, которую мы называем "воображаемый корень отрицательного единства".»

В последующем новый стимул к изучению комплексных чисел как отдельной темы возник в 17-х–18-х веках, когда были найдены алгебраические решения для корней многочленов третьей и четвёртой степени. Однако их полезность для описания наблюдаемого мира так и не была понята.

Леонард Эйлер (1707 – 1783), швейцарский, прусский и российский математик, писал:

«Ибо мы можем утверждать, что они не являются ничем, не больше, чем ничто, и не меньше, чем ничто, что обязательно делает их воображаемыми или невозможными».

Французский математик Огюстен-Луи Коши (1789 – 1857) отмечал, что он «отказался» от воображаемой единицы «без сожаления, потому что мы не знаем, что означает этот предполагаемый символизм и какое значение ему придавать».

Комплексные числа пишутся как: «$a + b \times i$», где a, b — вещественные числа, i — мнимая единица, то есть число, для которого выполняется равенство:

$$i^2 = -1$$

Как для обычных чисел, для комплексных чисел определены операции сложения, вычитания, умножения и деления.

То, что каким-то образом в 16-х–18-х веках некоторые математики стали изучать комплексные числа, не является очень очевидным событием. Люди стали изучали эти числа руководствуясь исключительно понятиями математической красоты. Конечно, можно утверждать, что вся логика математического мышления привела к мысли, что комплексные были полезны. Но это не совсем так.

Практически все математические построения того времени имели довольно конкретный смысл, связанный с реальностью. Например, негативные числа упоминались с 200 г. до нашей эры в Китае. Ими обозначали сумму долгов. Это просто количество того, чего у тебя нет, либо чего тебе не хватает. Предполагается, что в 7-м веке нашей эры отрицательные числа были описаны индийским математиком Брахмагуптой. Но ещё ранее о них упоминал древнегреческий математик Диофант (III век нашей эры).

В иррациональных числах также не было ничего удивительного. Самое раннее (известное) использование иррациональных чисел встречается в индийских текстах, написанных приблизительно 750 года до нашей эры. Для ритуальных жертвоприношений требовалось построить квадратный огненный жертвенник, площадь которого в два раза превышала заданный квадратный жертвенник, что приводило к нахождению значения $\sqrt{2}$ (в литературе оно получило название числа Пифагора) (Agarwal and Agarwal 2021).

Разработка формализма мнимых чисел началась гораздо раньше, чем создание таких необходимых математические концепции, описывающие наш мир, как дифференциальные вычисления и обычные дифференциальные уравнения (1629), теория вероятности (1654), ряд Тейлора (1712) и нормальное распределение (1733), о котором мы расскажем позже. В то время многие считали «мнимые» числа вымышленными и бесполезными.

Но всё изменилось с появлением квантовой механики. Она с самого начала своего появления оперировала с комплексными числами. Юджин Вигнер (1902 – 1995) , венгерско-американский физик-теоретик, получивший Нобелевскую премию по физике за вклад в квантовую механику, писал:

«Использование комплексных чисел в квантовой механике не является вычислительным трюком прикладной математики; они входят в самую суть формулировки основных законов квантовой механики».

В электромагнетизме (учение об электромагнитных явлениях) и в большинстве других областях физики, мнимые числа просто удобны для математических вычислений. Но не в квантовой механике! Как я уже говорил, с самого начала пионеры квантовой механики отказались от попыток разработать квантовую теорию, основанную на действительных числах. Они решили, что обычные (действительные) числа не подходят для описания квантового мира. Однако возможность использования действительных чисел формально никогда не исключалась. Совсем недавно два независимых исследования показали, что для воспроизведения экспериментальных результатов необходима формулировка квантовой механики именно в комплексных числах, а не действительных числах (Miller 2022) (Avella 2022). Как заметил Пенроуз, комплексные числа более фундаментальны, чем действительные. Возможно, они предшествуют действительным числам (Penrose 2007).

Теперь задайтесь вопросом: было ли открытие комплексных чисел случайным событием для квантовой механики – физической теории, которая оперирует воображаемыми волнами, описывается воображаемыми числами, придуманными без какой-либо практической причины, и которую можно интерпретировать необходимостью существования сознания?

Для многих ответ очевиден. Чисто выдуманные, иллюзорные числа, не имеющие никакого отношения к реальности, с которой мы имеем дело повседневно, оказался естественным языком описания микромира. Такое совпадение может указывать на необходимость сознания в интерпретации квантовой механики. Возможно, наше сознание имело доступ к некой реальности, где комплексные числа были естественным языком, на котором базировалась квантовая механика. А будучи созданной, сознание является необходимой составляющей, которая переводит иллюзорные волновые функции в реальные наблюдаемые величины.

Эта интерпретация, известная как интерпретация фон Неймана-Вигнера, предполагает, что для коллапса волновой функции необходимо сознание наблюдателя. Возможно, сознание обладает способностью к сверх-интуиции. Оно может создавать математические описания и видеть в них что-то важное, хотя они не имеет никакого смысла для обычных вещей в нашем мире. Многие могут сказать: квантовый мир и сознание взаимосвязаны.

Поэтому неудивительно, что физик-теоретик Пенроуз вместе с анестезиологом Стюартом Хамероффом предположили, что человеческий разум имеет квантовую природу и описали возможный квантовый механизм в мозгу человека. Пенроуз уже ранее предполагал, что сознание не совсем алгоритмично. Оно напрямую интегрировано в квантовый мир (Penrose 1989). Мы не будем вдаваться в квантовые механизмы в мозгу, которые были предложены Пенроузом и Хамероффом. Это интересная гипотеза, которая рассмотрена в книге (Menskiĭ 2011). Сознание, как чисто квантовое явление, также обсуждалось (Faggin 2024) Федерико Фаггином, итало-американским физиком, известным разработкой первого коммерческого микропроцессора. Согласно его идеям, физический мир — это система виртуальной реальности, созданная нашим «Я».

Если эта гипотеза верна, и наше сознание каким-то образом связано с квантово-механическими эффектами, то может ли это объяснить синхронизм? Мы уже говорили, что синхронизм может быть объяснён видоизменением или редактированием информации о прошлом (смотрите главу 6.9 Всё не случайно). Именно это свойство может быть использовано для объяснения «нелокальности» или «запутанности» элементарных частиц в квантовой механике (глава 8.2 Нелокальность).

Конечно, можно возразить, что квантовые эффекты проявляются на очень маленьких масштабах, в то время как наш мозг состоит из клеток размером от 1 до 100 микрометров. 1 микрометр равен 10^{-6} м (метра). Но если наш мозг является неким прибором, у которого есть доступ к квантовому миру благодаря некоторому коллективному эффекту порядка ста миллиардов нейронов, то такая гипотеза не кажется совсем фантастической. Как мы помним, в «многомировой» интерпретации квантовой механики, каждый раз, когда происходят измерения, все возможные результаты происходят в разных ответвлениях реальности, создавая множество параллельных вселенных. Эта гипотеза выглядит даже более фантастически, чем теория о том, что наш мозг имеет прямой доступ к реальности абстрактных форм, используя квантово-механические эффекты. Взаимодействие с этой информационной реальностью создаёт эффект сознания, который способен «редактировать» прошлое в моменты кризиса так, чтобы получить наилучший исход событий в настоящем. Здесь играет роль ретропричинность, о которой мы говорили в главе 8.2 Нелокальность. Эта же гипотеза объясняет, почему наблюдатель с его сознанием так важен в интерпретации квантовой механики.

8.6 И снова информация

Американский физик-теоретик Джон Уилер (1911 – 2008), который придумал такие популярные термины, как «чёрная дыра» и «кротовая нора», предполагал, что информация является фундаментальной концепцией в микромире (Wheeler 1990). Каждое уравнение квантовой механики содержит физическую величину, называемую постоянной Планка. Ещё такую константу называют элементарным квантом действия. Напомним, что в микромире энергия переносится дискретными пакетами – квантами. Их энергия астрономически мала. Энергия, переносимая одним квантом равна $E = h \times v$, где v — частота излучения (волны), а h — элементарный квант действия. То есть, h связывает величину кванта энергии квантовой системы с её частотой. Постоянная Планка равна

$$h \approx 6.626 \times 10^{-34} \text{ Дж·с. (в системе СИ).}$$

Такую маленькую величину очень трудно представить. Например, обратный размер диаметра наблюдаемой Вселенной составляет примерно 1/94 миллиарда световых лет, что «всего лишь» около 10^{-27} м$^{-1}$! Здесь м$^{-1}$ означает обратную величину метра.

Можно сказать, что h определяет нижний предел пространственной величины, начиная с которого вступает в силу описание мира микромира. Она определяет границу между макромиром, где действуют законы механики Ньютона, и микромиром, где применяются законы квантовой механики с её принципом неопределённости Гейзенберга (смотрите главу <u>8.1 Коллапс волновой функции</u>). Мы ещё вернёмся к этому в следующей главе.

Согласно Уилеру, каждый раз, когда мы видим уравнение с этой постоянной — это признак присутствия наименьшего информационного кванта. Как мы помним, «бит» является минимальной базовой единицей измерения количества информации. Уилер говорил:

«Это от бита. Формулы с этой величиной отражают часть физики, которую мы научились переводить в терминах теории информации. Завтра мы научимся понимать и выражать всю физику на языке информации».

Он предполагал, что мы дошли до самой основы мира, раз обнаруженные нами законы стали содержать эту постоянную. Возможно, все объекты во Вселенной следует рассматривать как вторичные, созданные из носителей абстрактной и фундаментальной сущности — информации. Самой глубинной основой физического мира является информация, и она не происходит из материи.

Подобную точку зрения разделяют многие современные физики. Например, британский физик и математик Стивен Вольфрам утверждает, что все особенности нашей Вселенной действительно возникают из предельно малой дискретной величины, которая должна быть астрономически малой.

9 Совпадения в числах

Совпадения в связанных по смыслу числах, для которых нет никакой причины появиться, является первым признаком того, что существует некий скрытый механизм, приводящий к таким событиям. В главе <u>3.10 Удивительное число</u> я рассказал о числе 6, которое появляется во всех местах, связанных с появлением жизни. Далее, в главе <u>4.3 Проблема дня рождения</u>, я объяснил, что к проблеме совпадений в числах нужно относиться осторожно. Можно легко найти удивительные совпадения только лишь благодаря закону больших чисел. В действительности, настоящие совпадения — это те, в которых есть связь с важными смысловыми категориями. Я обсуждал это в главе 6 Примеры значимых совпадений.

В математике существует довольно мало универсальных чисел, которыми пользуются чрезвычайно часто во всех областях науки. Наиболее часто встречающиеся числа это:

- Число «пи» (обозначается греческой буквой «π»). Его значение приблизительно равно 3.14159. Оно соответствует площади единичного круга, полупериоду тригонометрических функций и многому другому.

- Число «e» — основание натурального логарифма. Его значение приблизительно равно 2.71828. Это число иногда называют числом Эйлера.

Эти числа табулированы в математических программах и справочниках. Существует ещё несколько достаточно часто встречающихся постоянных, но они не настолько популярны, чтобы здесь мы их обсуждали. Мы также не будем обсуждать постоянные, которые используются в некоторых отделах физики, химии и других естественных наук.

Поскольку таких фундаментальных для человечества чисел мало, любые совпадения с этими числами являются достаточно важными для нашего исследования. Здесь мы не имеем дело с большой статической выборкой (или возможностями) для подсчёта вероятностей. Наш набор чисел очень мал, поэтому маловероятные совпадения или необычные особенности в них должны вызвать пристальное внимание.

Эти постоянные — иррациональные. Это означает, что они состоят из бесконечного ряда случайных чисел. Иррациональное число — это вещественное число, которое не является рациональным, то есть не может быть представлено в виде обыкновенной дроби A/B.

Для законов природы совершенно нет необходимости иметь столько цифр после запятой для самых фундаментальных постоянных. Ничего в мире не изменится, если есть эти цифры, «укоротить». Но, поскольку они бесконечно длинные, может быть, они служат «контейнерами» для некой информации? Если в природе есть разумный дизайн, и дизайнер решил поведать о себе, оставив нам сообщение, наличие какой-либо регулярности в таких числах может являться ключом к пониманию замысла этого мира. Почему бы и нет? В этой книге мы задаём вопросы, выходящие за границы науки.

9.1 Число π

Наверняка каждый из вас знает число «π». Это математическая константа, выражающая отношение длины окружности к её диаметру. Она приблизительно равна 3.14159265358979323846264 … (и так далее). Уже известны первые 100 триллионов знаков числа «π» после запятой. Число π является иррациональным, то есть его значение не может быть точно выражено в виде дроби, а его десятичное представление никогда не заканчивается, и не является периодическим.

Открывателями числа «π» можно считать людей доисторического времени. Они заметили, что для того, чтобы получить корзину нужного диаметра, необходимо брать прутья в 3 раза длиннее. Древние вавилонцы знали о существовании числа «π» почти 4000 лет назад. Число «π» содержится в размерах Великой пирамиды в Гизе: как оказалось, она имеет такое же соотношение высоты к периметру своего основания, как радиус окружности к её длине, то есть 1/2×π. Смотрите главу 9.9 Великая пирамида и числа. Число «π» не имеет размерности. А значит, его трудно привязать по смыслу к какому-то закону в физике или химии.

Число «π» считаются «нормальными». Это означает, что его цифры случайны в определённом статистическом смысле. Однако есть одна интересная особенность. В числе «π» встречается последовательность из шести девяток (999999), начинающаяся с 762-го низшего разряда десятичной дроби этого числа. Иногда эта особенность носит имя «точка Фейнмана» - в честь американского теоретика, лауреата Нобелевской премии по физике, Ричарда Фейнмана (1918 – 1988). Однако самое раннее упоминание об этой особенности числа «π» встречается в книге Дугласа Хофштадтера «Метамагические темы» (Hofstadter 1985).

Так что же особенного в позиции числа 999999? То, что оно встречается очень рано в последовательности случайных чисел. Для нормального числа, выбранного равномерно и случайным образом, вероятность того, что определённая последовательность из шести цифр появится так рано в начале десятичного представления, составляет около 0.0008 (Arndt and Haenel 2001). В 20.9 Приложении мы тоже посчитали такую вероятность, и получили это же значение.

Самый замечательный факт в том, что все другие числа с шестью повторяющимися цифрами встречаются гораздо позже. Появление такого числа так рано можно объяснить громадной вариацией или шириной распределения так называемых ожидаемых позиций. Давайте запишем первые позиции появления повторяющихся комбинаций из 6-ти цифр:

- **111111** на позиции 255,945

- **222222** не позиции 963,024

- **333333** на позиции 710,100

- **444444** на позиции 828,499

- **555555** на позиции 244,453

- **666666** на позиции 252,499

- **777777** на позиции 399,579

- **888888** на позиции 222,299

- **999999** на позиции 762 (!)

Как мы видим, число 999999 действительно появляется гораздо раньше, чем все остальные повторяющиеся цифры. Натуралистическое объяснение этому — случайность.

Интересно заметить, что другие известные постоянные, такие как золотое сечение (равное примерно 1.618), не имеют число 999999 так близко к началу. В случае с золотым сечением это число является на позиции аж 1,955,975.

Есть большое количество шестизначных комбинаций, которые имеют даже более маленькие вероятности, появится раньше, чем мы ожидаем для натуральных случайных чисел. В главе 20.9 Приложение я нахожу все шестизначные цифры, которые даже более маловероятны чем 999999. Количество таких чисел — около 500. Их появление на позиции меньше, чем 763 имеет вероятность 0.0008 (по отношению к случайным появлениям цифр).

Например, число 589793 возникает на позиции 12 с невероятно маленькой вероятностью, около 9×10^{-6}. Это тоже удивительное число, которое выделяют от всех других случайных и иррациональных чисел, так как оно редко встречается.

Казалось бы, вопрос можно закрыть. Для науки позиция 762 для числа 999999 является чистой случайностью. Есть другие более интересные (маловероятные) числа. Математическое объяснение шести девяток следующее: шесть девяток начинаются с 762-й позиции числа «π»! И всё. Это чистый артефакт десятичной системы счисления и игра случая. Если записать «π» в шестна-дцатеричном формате — будут другие случайности.

Но не всё так просто. Эта книга не научная, а значит, мы будем пытаться отвечать на невозможные для науки вопросы. До сих пор мы предполагали, что совпадения являются по-настоя-щему значимыми только в случаях, когда есть связь с чем-то важным. Если ли некий общепринятый смысл в числе 999999?

"999999" – это не просто какое-то число. Это символьное представление, которое легко найти, исследуя случайный ряд чисел. Именно за такими легко узнаваемыми числами люди будут «охотиться», если решат, что бесконечный ряд чисел может содержать информацию. Именно такого типа числа могут быть использованы как «метки» теми, кто решил закодировать некое сообщение.

Среди 500 шестизначных чисел, которые появляются реже на позициях меньше, чем 763, нет ни одного числа, которое бы было таким же простым и привлекательным для людей, как 99999. Все такие числа — сложные и содержат случайный перебор ничего не значащих чисел.

Заметим, что число 999999 не такое красивое как в других системах счисления:

• В шестнадцатеричной системе - f423f,

• В двоичной системе - 11110100001000111111.

Поэтому метки в других системах будут в других местах, если такие метки люди могут ассоциировать в прошлом с некоторыми понятиями. Но я о таких метках в других системах не слышал. Это может быть не случайно, так как такие системы начали активно использоваться недавно в компьютерах. Они совершенно не связаны с активностью людей в прошлом или с устройством человеческого тела. А связь с человеком где-то должна быть, если такое сообщение — для людей.

Напротив, десятичная система была основана на счёте десятью пальцами. С доисторических времён такая система тесно связана с человеком и строением его рук. Такую систему чисел можно проследить в египетских цифрах, греческих, еврейских, китайских и в многих других ранних цивилизациях.

Но вернёмся назад к десятичной системе. Интересно ещё вот что. Число 999 также находится на позиции 762. Но вероятность его найти среди иррациональных чисел на позиции меньше, чем 762 — очень большая. А именно — 0.56. Измените код в главе 20.9 Приложение, чтобы доказать это. Такая метка совершенно не годится. Но метка, состоящая из двух чисел 999, явно сработает.

Попробуйте пофантазировать. Допустим Создатель (Высшим разум?) создаёт мир и подстраивает значения всех постоянных величин, на которых мир будет функционировать. Ему нужен некоторый аналог числа, который свяжет вместе некоторые величины. Такие, как размер длины окружности и её диаметр. Это число необходимо создать с некоторой точностью. Допустим, он рассчитал, что точность до 172 цифры вполне достаточна для стабильности всех частей и явлений в нашей Вселенной. Заметим, что даже НАСА (Национальное управление по аэронавтике и исследованию космического пространства) использует число «π» с точностью до 16 чисел после запятой для навигации спутников и космических кораблей. Почему бы тогда не поместить «метку» в числе «π» в виде легко узнаваемой цифры и зашифровать некоторую информацию, используя все остальные цифры после этой метки? Это не должно быть проблемой. А затем сделать то же самое в других недесятичных системах исчисления (которых не так и много). Однако, именно десятичная система является идеальной для таких целей, так как она основана на биологической особенности людей. Как раз они, по замыслу, должны разгадать такую загадку.

Таким образом, эта метка должна быть весьма узнаваемой и простой для людей. Именно 999999 является отличным кандидатом для таких целей. Здесь есть 6 девяток. Я уже говорил в главе 3.10 Удивительное число, что это число — исключительно интересное. Оно появлялось в главе 6.6 Кайзер и война. Именно число 6, каким-то таинственным образом, связывает число «π» с силой взаимодействия материи и света (смотрите главу 9.7 Тонкая структура мира).

И так, мы разобрались с числом 6. Тогда почему число 9 повторяется 6 раз? Число 9 — священное число в скандинавской и древнегерманской символике. У буддистов девятка — это высшая духовная сила. В Библии это число знамений, подаренных Господом Моисею (17:101; 27:8 – 12). Значит, шесть чисел 9 — знамение, данное человеку.

Число 999 также имеет значение. Этому числу придают смысл испокон веков. 999 — противоположность 666, и поэтому часто интерпретируют как знак Бога или духа. В нумерологии 999 – одно из самых сильных ангельских чисел, которое представляет собой завершение цикла, начало нового и божественное руководство. Число 999999 имеет этот же смысл. Есть очень немного чисел, которые являются такими же по важности, как число из девяток.

Поэтому группа из шести чисел 9 — одна из наиболее легко распознаваемых в бесконечном ряде чисел «π». Появление «метки», которая является статистически заметной (по сравнению со случайными числами иррациональных чисел), существует только в десятичной системе исчисления, привязанной к биологии человека, и наличие смыслового понятия, ассоциированного с числами 6 и 9, может указывать на неслучайность такого совпадения.

Вероятно, многие знают, что число «π» появляется в самых разных и неожиданных местах. Невероятно большое количество формул в уравнениях электроники, физики и химии содержат постоянную «π». Как мы увидим далее, число «π» появляется в описаниях бесконечно большого количества случайных событий (глава 9.3 Может ли это быть случайным?), связывает реальные числа с мнимыми (глава 9.5 Всё сошлось в одном), а как результат — с квантовым миром. При помощи числа-человека - 6, величина «π» входит в постоянную тонкой структуры, которая описывает силу взаимодействий света и материи (глава 9.7 Тонкая структура мира).

9.2 Число e

Постоянная «*e*» имеет огромную важность в математическом описании мира. Мы можем определить число «*e*» как основание естественной экспоненциальной функции. Первое упоминание и приближённое значение числа «*e*» относится к 1614 году в работах шотландского математика Джона Нэпьера (1550 – 1617). Выдающийся учёный Леонард Эйлер (1707 – 1783), один из самых плодовитых математиков всех времён, использовал символ «*e*» в теории логарифмов в 1727 году. С тех пор величина «*e*» постоянно уточнялась. Её приближённое значение равно:

$$2.71828182845904 \ldots$$

Как и постоянная «π», данное число — нормальное число, то есть вероятность появления разных цифр в его записи одинакова. Это число широко используется в экспоненциальных функциях, дифференциальных уравнениях, экономике, анализе с комплексными числами (об этом — позже), теории вероятностей, описании распространения болезней и для расчётов радиоактивных распадов элементов.

Число «*e*» можно получить, вычисляя бесконечные пределы:

$$e = \lim_{n \to \infty} \left(1 + \frac{1}{n} \right)^n$$

то есть, когда «*n*» стремится к бесконечности, обозначаемой как «∞». Ещё число «*e*» можно получить, просуммировав ряд чисел:

$$\frac{1}{0!} + \frac{1}{1!} + \frac{1}{2!} + \frac{1}{3!} + \ldots = e$$

до бесконечности. Здесь восклицательный знак обозначает факториал. Это произведение всех натуральных чисел от 1 до *n* (например, 3! = 6). Мы можем записать такой ряд коротко как:

$$\sum_{n=0}^{\infty} \frac{1}{n!} = e$$

Как мы видим, число «*e*» легко можно представить в виде бесконечного ряда чисел. В повседневной жизни люди не могут себе представить, что значит иметь дело с бесконечностью. Как представить бесконечное количество вещей или вселенных (для любителей гипотез с бесконечным количеством вселенных)? В религиях беспредельность обычно ассоциируются с Богом. В случае с математическим выражением числа «*e*» случилось нечто невероятное: мы проделали математическую операцию с бесконечной последовательностью обыкновенных дробей. И мы получили совершенно конечное число — «*e*». Способность человеческого ума иметь дело с бесконечностями в абстрактных математических построениях, получая конечный результат является одной из самых удивительных свойств мышления.

Как вы уже поняли из предыдущей главы, мы ищем регулярности в иррациональных числах. Чем большее количество чисел в повторяющихся кусках таких чисел, тем меньше вероятность того, что такое свойство повториться в большом множестве случайных иррациональных чисел. А значит, необычность таких повторяющихся чисел будет повышаться. Простой анализ этой постоянной показывает, что в нём существует два блока с одинаковыми числами: 1828. Действительно, обратите внимание на выделенную жирным шрифтом часть:

2.71**8281828**45904 …

Для иррациональных чисел появление такой последовательности выглядит достаточно подозрительно, так как такое повторение случилось слишком рано.

Давайте посчитаем вероятность появления такой последовательности в большом в количестве иррациональных чисел. В главе <u>20.10 Приложение</u> мы приводим код программы, которая считает появление блока из любых четырёх чисел на позиции меньше или равной позиции появления в числе «*е*». Эта вероятность приблизительно равна:

0.0003.

Это достаточно маленькая вероятность, учитывая, что количество придуманных комбинаций не так велико. Математики хорошо знают, что повторение блока из каких-либо четырёх чисел в случайной последовательности цифр является необычным. Вероятность появления такой регулярности в самом начале хаотичной последовательности цифр составляет одну из нескольких тысяч. Мы численно это проверили в главе <u>20.10 Приложение</u>. Тем не менее, это явление часто рассматривается как обычное совпадение (Lange 2010). Появление такого блока чисел случилось потому, что нечто похожее всегда можно найти в случайных числах, если хорошо поискать. Вот и всё объяснение.

Наш код может проверить в каком месте появляются два одинаковых блока из 4 чисел в числе «π». Просто поставьте число «π» в коде главы <u>20.10 Приложение</u>. Оказывается, что первый такой блок (число 9314) появляется на позиции 8238. А вероятность такого появления — 0.51. То есть, это ничем не примечательное наблюдение.

Хочу сразу отметить одну деталь. Я понятия не имею, что особенного в числе 1828. Если пофантазировать, и предположить, что это год, то немедленно обнаружится, что в том году было много разных событий. Даже для самого увлечённого нумеролога события в 1828 году не настолько важны, чтобы их время было отмечено таким странным образом. Единственное, что вызывает интерес, это то, что два блока с числом 1828 заканчиваются на позиции девять. Как уже было замечено ранее, числом «π» содержит девятки в группе из шести чисел, которая слишком рано появилась. Но, возможно, тут нет прямой связи.

9.3 Может ли это быть случайным?

Теперь можно посчитать вероятность того, что мы нашли блоки из повторяющихся цифр в двух наиболее значимых для людей числах. Эта вероятность равна:

$$0.0008 \times 0.0003 = 2.4 \times 10^{-7}.$$

Заметим, что мы не указывали конкретные числа в таких повторяющихся блоках. Конечно, здесь есть несколько новых возможностей для построения таких блоков. Например, можно рассмотреть группы из 5 чисел (а не четырёх), как в случае с числом «*e*». Но таких возможностей будет совсем немного. Следовательно, это мало изменит найденную вероятность.

Давайте немного пофантазируем и подумаем, что это может значить. Допустим, какой-то вселенский разум решил создать Вселенную и людей. Но для этого ему нужно было создать, по крайней мере, два универсальных числа, на которых строится всё описание мира. Эти числа — «*π*» и «*e*». Они должны быть открыты людьми, которые созданы по образу и подобию этого разума. Значит, необходимо использовать десятичную систему исчисления, так как она наиболее близка к биологическому строению людей. Это самое естественное, так как такая система, скорее всего, появится при использовании 10 пальцев.

Итак, из несколько миллионов возможных иррациональных случайных чисел этот вселенский разум выбирает два числа, у которых есть некоторые особенности. А именно, есть цифровые метки из двух блоков числа 1828 и двух блоков числа 999, которые появляются в бесконечной последовательности этих чисел слишком рано по сравнению с любыми другими иррациональными числами-блоками. Эти блоки нужно создать в десятичной системе исчисления, которая связана с людьми.

Но почему блоки должны быть такими длинными? Это является самым оптимальным для того, чтобы можно было найти такие метки в бесконечном ряду случайных чисел. Если использовать два или три числа, то такие регулярности будут появляться слишком часто, и их будет достаточно сложно ассоциировать с некой особенностью в бесконечном ряде цифр.

Итак, с этим мы разобрались. Два самых важных числа человеческой цивилизации, «*π*» и «*e*», содержат метки, которые будут понятны только людям.

999 999 и 1828 1828

Что значат эти числа в таких метках? Как уже было сказано, девятка обычно ассоциируется с божественным началом и с моментом чего-то завершённого. В нумерологии 999 имеет значение чистой формы духа, наделяя смертного способностью постичь высшие законы мироздания. Повторение этого числа, возможно, было необходимо для того, чтобы заметить этот маркер или ассоциировать его с мужским и женским началом. Число 9 также имеет важное значение в индийской нумерологии, где считается, что оно символизирует завершение, достижение и реализацию. Именно на девятой позиции находится последнее число 8, которое завершает блок из 8 чисел (1828 1828).

Пожалуй, здесь мне стоит подвести итог, так как моя фантазия почти исчерпалась. Я не могу сказать, что я полностью разгадал эти комбинации цифр. Предположение, что они могут являться метками для расшифровки кода, находящегося в бесконечном ряду чисел этих удивительных постоянных, не является самой сумасшедшей идеей. По крайней мере для тех, кто ищет во всём смысл.

9.4 Бесконечность, сфера и случайность

Как вы думаете, что получится если мы просуммируем этот ряд до бесконечности:

$$\frac{1}{1} + \frac{1}{2} + \frac{1}{3} + ... =$$

Оказывается, мы получим бесконечно большое число. Мы не знаем, что такое бесконечность «∞». Её невозможно понять или представить в нашем сознании. Однако, абстрактное мышление может легко «сжать» её в конечное число. Я показал, как это сделать в главе <u>9.2 Число *e*</u> используя факториал. Тогда мы получили число «*e*». А теперь мы сделаем это снова, возведя каждое слагаемое в квадрат. Именно это сделал всё тот же Леонард Эйлер в 1735 и получил:

$$\frac{1}{1^2} + \frac{1}{2^2} + \frac{1}{3^2} + ... = \frac{\pi^2}{6}$$

Стоп. Что мы видим? Мы получили конечное число! Но не просто число. Каким-то невероятным образом мы получили «π» в квадрате. Какое вообще отношение имеет «π», используемое для описания окружностей и шарообразностей, к какому-то бесконечному ряду чисел? А ещё, в это выражение «просунулось» число «человека» 6, которое определяет размер маркера внутри бесконечного ряда чисел математической константы «π». Без этого числа вообще ничего невозможно (смотрите главу <u>3.10 Удивительное число</u>).

Всё это трудно назвать чистыми совпадениями. Числа «π», «*e*» и бесконечные ряды каким-то образом соотносятся. Математики улавливают эту связь в разных выражениях. Возможно, настоящей смысл спрятан в глубине формализма, описывающего устройство нашего мироздания. Пока он недоступен для понимания.

Но пойдём дальше. Вы задумывались, какая связь между сферой (или кругом), бесконечностью и случайностью? Это три невероятно важные концепции могли быть использованы тем, кто этот мир запланировал и создал, если такое предположение верно.

Оказывается, между этими тремя абстрактными понятиями действительно есть что-то общее. Это опять числа «π» и «*e*»; две постоянные, которые являются самыми основными для нашей цивилизации. Они же имеют метки из повторяющихся групп чисел, выделяющих их из огромного количества иррациональных чисел.

Давайте повторим то, что мы узнали из предыдущих глав.

Без числа «π» невозможно работать с окружностями, сферами и любыми шарообразными предметами. Геометрическое описание планет, звёзд, галактик и скоплений галактик просто невозможно без этого числа.

Без числа «*e*» трудно представить описание волновых процессов, дифференциальных уравнений, комплексных чисел, квантовую механику и громадное количество законов, которыми мы пользуемся повседневно. Это число иллюстрирует, что бесконечные ряды чисел являются конечным числом, и наш мозг способен работать с бесконечностями как с чем-то обыденным.

На самое поразительное это то, что оба этих числа используются для описания случайных событий. В теории вероятности и в квантовой механике самая популярная формула выглядит так:

$$\frac{1}{\sigma\sqrt{2\pi}}e^{-\frac{1}{2}\left(\frac{x-\mu}{\sigma}\right)^2}$$

где параметр μ — среднее значение, а параметр σ — среднеквадратическое отклонение. Здесь и в нескольких других местах далее мы убрали знак умножения «×» между переменными, чтобы сделать запись более компактной. Как мы видим, эта формула содержит «π». В этом выражении «*e*» — показательная функция, *exp(x)* =*e^x*, где «*e*» — основание натуральных логарифмов.

Эта формула называется «нормальным распределением». Также эту функцию называют «распределением Гаусса» в честь немецкого математика Карла Гаусса (1777 – 1855), который впервые разработал двухпараметрическую показательную функцию в

1809 году в связи с исследованием ошибок астрономических наблюдений.

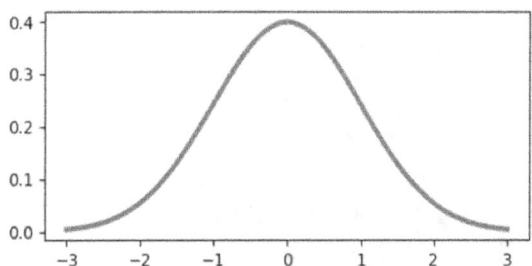

Рис. 9.4. *Рисунок показывает нормальное распределение или распределение Гаусса с параметрами μ = 0 и σ = 1.*

Форма этого распределения похожа на колокол, с пиком в центре и симметричными боковыми сторонами. Она показана на Рис.9.4. Эта функция тоже апеллирует к бесконечностям; если некоторая величина является суммой многих случайных и слабо взаимозависимых величин, каждая из которых вносит малый вклад относительно общей суммы, то распределение такой величины при бесконечно большом числе слагаемых стремится к нормальному распределению.

Не удивительно ли это? Не совпадение ли это? Сферы, бесконечности и описание случайных событий «сошлись» в одном абстрактном выражении. И все эти понятия объединены двумя наиболее важными постоянными — «π» и «е».

С этим занимательным наблюдением связана шутка (Ball and Coxeter 1987). Как-то Август де Морган (1806 – 1871), великий шотландский математик и первый президент Лондонского математического общества, объяснял актуарию (специалисту по страховой математике), какова вероятность того, что определённая часть некоторой группы людей останется жива в конце заданного интервала времени. Он процитировал актуарную формулу, включающую «π», которая, как он объяснил в ответ на вопрос, означает отношение длины окружности к её диаметру. Его знакомый, который до сих пор с интересом слушал объяснение, прервал его и воскликнул: «Мой дорогой друг, это, должно быть, заблуждение. Какое отношение круг может иметь к числу людей, живущих в данное время?»

Не знаю, после этого замечания или нет, но Август де Морган сильно заинтересовался явлениями спиритизма. Он начал изучать ясновидение и проводить исследования паранормальных явлений у себя дома. Результаты этих расследований позже были опубликованы его женой. Де Морган считал, что его карьера как учёного могла пострадать, если бы стало известно о его интересе к спиритизму (Nelson 1969). Его книга была опубликована анонимно под названием «От материи к духу: результат десятилетнего опыта духовных проявлений».

Если притвориться, что в распределении Гаусса нет ничего особенного, ответ может быть таким: описание каких-либо окружностей всегда требует числа «π». А суммы бесконечных рядов должны, каким-то образом, описываться числом «*e*». Обе эти особенности определяют математическую формулу распределения Гаусса.

Но почему именно так? Существует множество других формул в теории вероятностей, где ни «π», ни «*e*» не встречаются. Почему же «королева» всех вероятностных формул, самая распространённая формула в описании случайных процессов, объединила в себе две наиболее часто встречающиеся математические константы? Какова вероятность такого совпадения?

Существует около 20-ти математических форм распределений вероятностей. Они могут быть колоколообразными, но не обязательно «округлыми», как нормальное распределение. У многих из них есть число «e» внутри их определения. Предположим, что во всех этих формулах присутствует число «e» (хотя это не совсем верно, так как существуют распределения, имеющие колоколообразную форму, например, распределение Коши, но не содержащие «e» внутри). Какова вероятность того, что «e» и «π» случайно «объединяются» друг с другом в самом важном из них, таком как нормальное распределение?

Это расчёт похож на расчёт бросание мяча (представляющего число «π») в 20 случайных лунок. Мы ожидаем, что наш мяч окажется в лунке, которую мы выбрали заранее (т. е. нормальное распределение). Такая вероятность будет $1/20 = 0.05$ (или 5%). Здесь мы предположили, что все лунки уже имеют число «e» внутри.

Вероятность в 5% не так уж и мала, но и не так велика. В обычной жизни это довольно маленькая вероятность. Как её можно представить? Если у нас есть 20 распределений с колоколообразной формой, и мы случайным образом решаем, что одно из них представляет случайные и независимые события, то вероятность того, что оно содержит число «π», составляет всего 5%. Это распределение должно содержать округлости, так как число «π» почти всегда встречается там, где речь идёт о кругах, шарах и сферах.

Есть ещё одно интересное свойство распределения Гаусса, показанное на <u>Рис. 9.4</u> *Мы не знаем, как его проинтегрировать и получить конечное выражение.* Оказывается, функция Гаусса не имеет элементарного неопределённого интеграла (то есть, интеграции функции без каких-либо ограничений). Конечно, можно численно проинтегрировать её для каких-то интервалов на компьютере или посмотреть ответ в таблице. Но мы не можем посчитать интеграл аналитически! Однако, удивительно, что мы можем интегрировать эту функцию в диапазоне между двумя бесконечностями (- ∞ и +∞)! Посмотрите на этот результат:

$$\int_{-\infty}^{+\infty} e^{-x^2}\,dx = \sqrt{\pi}$$

Мы не просто проинтегрировали эту функцию в бесконечном диапазоне и получили конечное число. Оказалось, что это число — просто квадратный корень из «π». Как эта фундаментальная постоянная там опять оказалась? Она ведь просто была получена из отношения длины окружности к её диаметру!

Может быть, это сама Вселенная добавляет некий мистицизм и говорит: смотрите, вот у вас функция, которая описывает вклады бесконечного количества случайных событий. Это самая главная функция в теории вероятностей. Также, это самая особенная функция, которая содержит две самые важные посторонние, не относящиеся к вероятностям, без которых мир не построить. Её особенность в том, что вы сможете посчитать площадь этого распределения в конечных интервалах, используя только компьютер. Но, как только вы захотели использовать бесконечные интервалы, то тут нет никакой проблемы! Ваш мозг может проделать такую немыслимую операцию с бесконечностями и «*e*» в два счёта. И, приготовьтесь к удивительному: получаемый ответ будет связан с постоянной «π»!

Бесконечные потоки случайных событий, вероятности, шарообразная геометрия («π»), бесконечные ряды («*e*») и компьютер — всё сошлось в одном выражении. Если бы кто-то решил дать нам подсказку об устройстве мира, то самое логичное было бы связать числа «π» и «e» в одном выражении. Как мы показали ранее, есть хорошая вероятность того, что эти фундаментальные числа не являются бесконечной последовательностью случайных чисел. В них есть метки, которые могут указать закодированную информации. Если есть тот, кто всё создал, а затем спрятал подсказки в фундаментальных числах для тех, кто ищет.

9.5 Всё сошлось в одном

А теперь я покажу то, что должно поразить ваше воображение. Посмотрите на известное тождество, названное в честь швейцарского, немецкого и российского математика Леонарда Эйлера (1707 – 1783):

$$e^{i\pi} = -1$$

где «*e*» в степени «*i*» (мнимая единица) умноженного на «π» равно -1. Мы уже рассматривали мнимые числа в главе <u>8.5 Реальность воображаемых чисел</u>. В этой формуле все фундаментальные величины появились одновременно! Каким-то загадочным образом, постоянные «π», «*e*», мнимая единица и обычная единица создают это тождество. Оказывается, все четыре понятия тесно связаны.

Эта математическая конструкция получила звание «самого красивого уравнения в математике» (Wells 1988). Как писал Кейт Девлин, британский математик и научно-популярный писатель, «Подобно Шекспировскому сонету, отражающему самую суть любви, или картине, раскрывающей красоту человеческой формы, которая гораздо больше, чем просто кожа, уравнение Эйлера проникает в самые глубины существования».

Если дать волю фантазии, то можно сказать так: это тождество связывает бесконечность (число «е», смотрите главу <u>9.2 Число e</u>) с шарообразностью (число «π» в главе <u>9.1 Число π</u>) и микромиром (или квантовую механику, «*i*» — мнимая единица) с числом 1 — представляющую наш мир. Число 1 имеет уникальное значение: 1 является первым натуральным числом после нуля и может использоваться для составления всех остальных целых чисел, а значит и для подсчёта любых вещей в нашем мире. В философии древней Греции 1 является высшей реальностью, источником всего существования и основой всех чисел. Как трактовать знак минус — это пища для вашей фантазии. Минус означает нечто противоположное.

Тождества Эйлера можно записать даже так:

$$1 = \left| e^{i\,\pi} \right| = \left| \pi^{i\,e} \right|$$

где число «π» (шарообразность!) возведено в степень с мнимой единицей («i») и «e» (бесконечность!) и всё приведено в абсолютное значение.

Для людей, ищущих смысл и красоту в математических выражениях, и полагающих, что мир создан как абстрактная концепция на языке математики, есть много причин для полёта фантазии. Их расшифровка мироздания может звучать так: на другой стороне нашей реальности (число «-1») существует бесконечность («e») сфер («π») квантовых миров (мнимая единица «i»). Эта фраза, как будто взята из книг, популяризирующих мир квантовых частиц. Только мы её получили из самой красивой формулы математики, предложенной в далёком 18-м веке.

9.6 Странности в немыслимых масштабах

В мире существует немного чисел, которые описывают размеры важных вещей и явлений. К ним можно отнести размеры протона, ДНК, биологической клетки, человека, Луны, Земли, Солнца, Солнечной системы, Галактики и нашей Вселенной. Любые совпадения среди этих чисел должны вызывать интерес, поскольку количество возможностей для совпадений ограничено.

В главе <u>8.6 И снова информация</u> мы говорили о том, что существует невероятно малая величина для описания квантовых эффектов, называемая постоянной Планка. Её обозначают буквой «*h*». Из этой постоянной можно вывести «*планковскую длину*», используя две другие фундаментальные константы — скорость света и гравитационную постоянную *G*. Скорость света (электромагнитных волн) в вакууме приблизительно равна 3×10^8 метров в секунду (м/с). Она обозначается латинской буквой «*c*». Планковская длина вычисляется как:

$$l_p = \sqrt{\frac{hG}{2\pi c^3}} \simeq 1.6 \times 10^{-35} \mathrm{m}$$

Это невообразимо маленькое расстояние. Оно имеет величину порядка 10^{-35} метров и представляет собой водораздел между классической физикой, то есть миром людей и квантовым миром. Это масштаб, на котором все существующие теории перестают работать. Науке неизвестно, что происходит за пределами планковской длины. Как я упоминал ранее, можно предположить, что эта длина отражает физический размер наименьшего информационного кванта.

Эту величину можно проиллюстрировать следующим образом: диаметр человеческого ДНК приблизительно равен 2.5×10^{-9} метра (или 2.5 нанометра). Диаметр наблюдаемой Вселенной приблизительно равен 8.8×10^{26} метров. Отношение диаметра Вселенной к диаметру ДНК примерно составляет:

$$8.8 \times 10^{26} \text{ м} / 2.5 \times 10^{-9} \text{ м} \approx 3.5 \times 10^{35}.$$

Это количество ДНК, необходимое для покрытия диаметра Вселенной. По величине это число очень похоже на отношение некоторого обычного (человеческого) масштаба к планковской длине. Например, средний рост человека (1.7 м) к планковской длине будет:

$$1.7 \text{ м} / 1.6 \times 10^{-35} \text{ м} \approx 1.1 \times 10^{35}.$$

В данном контексте точная высота человека абсолютно не имеет значения, учитывая невероятно малые масштабы этих величин.

Здесь мы снова наблюдаем поразительное совпадение как по смыслу, так и по порядку значений. Диаметр Вселенной, измеренный в размерах ДНК (несущей биологическую информацию), примерно равен размеру человека (или некоторого объекта на человеческом масштабе), измеренному в терминах самой маленькой длины в физике (наименьшего информационного кванта?).

Действительно, это выглядит очень странно. Можно возразить так: «Конечно, всегда можно найти много чисел, которые имеют некоторые совпадения». Но в этом и заключается наша основная мысль: количество возможностей (т.е. чисел) очень ограничено для создания логически связанных совпадений, по крайней мере, когда мы имеем дело только с самыми важными для человечества масштабами. Смотрите начало этой главы. Если вы найдете 20 самых важных чисел, отражающих размеры — от размера протонов до крупных объектов во Вселенной — то вам очень повезет. Но такое небольшое количество фундаментальных размеров не может привести к связанным по смыслу совпадениям благодаря случайности. Технически говоря, статистическая выборка таких чисел слишком мала для чистого случая. Каким-то образом, масштабы Вселенной, включая биологические организмы, имеют некую скрытую структуру или регулярность. Не исключено, что иерархия размеров этого мира организована согласно непостижимой для нас логике.

9.7 Тонкая структура мира

Кроме постоянной Планка, «*h*», есть и другие очень маленькие параметры для описания микромира, такие как:

- ϵ - элементарный электрический заряд ($1.602176{\times}10^{-19}$ *C*)

- ε - электрическая постоянная ($8.854187{\times}10^{-12}$ *F·м⁻¹*).

Все они хорошо измерены экспериментально. Я записал их физическую размерность (*C* и *F·м⁻¹*) после их численных значений. Отметим, практически все физические величины имеют размерности (или единицы измерения). Обычно это некоторая буква, которая следует после числа. Например, длину чего-либо измеряют в метрах (м). Постоянная Планка «*h*», «*e*» и «ε» тоже имеют более сложные единицы измерения, вовлекающие энергию (смотри выше). Мы не будем расшифровывать *F* и *C* — здесь это не очень важно.

По другую сторону реальности — скорость света, приблизительно равная $c{=}3{\times}10^8$ м/с. Эта величина фигурирует в описаниях космических объектов и расстояний. Можно сказать, что она отделяет наш привычный мир человека от мира космических масштабов.

Найти некую физическую постоянную без единицы измерения сложно. Однако такая постоянная есть: это «постоянная тонкой структуры», обычно обозначаемая как α. Она была предложена немецким физиком-теоретиком Арнольдом Зоммерфельдом (1868 – 1951).

Постоянная α записывается так:

$$\alpha = \frac{\epsilon^2}{2\varepsilon hc}$$

Она описывает квантовый эффект — взаимодействие двух электронов атома в результате обмена между ними виртуальными фотонами (квантами света), которое происходит с изменением энергии. Константа тонкой структуры также определяет размер атомов. Измените это число хоть на один процент, и вы измените Вселенную! Например, если увеличить это число, то протоны будут отталкиваться друг от друга настолько сильно, что атомные ядра не смогут удерживаться вместе. Наша Вселенная перестанет существовать.

Выражение, определяющее константу тонкой структуры, может показаться чем-то незначительным — можно построить любую комбинацию из 4 постоянных. Но есть одно «но». Точнее целых три:

- α не имеет размерности. То есть это просто постоянная, как «π» или «e», рассмотренные ранее.

- α встречается невероятно часто в описании законов физики.

- Её величина равна (приблизительно) $\alpha \sim 1/137$.

Или, проще говоря, $1/\alpha$ примерно равна 137.

Не удивительно ли, что невероятно малые величины, описывающие микромир, и невероятно большое число («c») для описания космических размеров, «погасили» масштабы своих численных значений и образовали безразмерную величину α (то есть без единиц измерения)? А ещё, они создали легко узнаваемое целое число. Люди имеют дело с такими числами в повседневности.

Споры о том, что эта особенность в физических постоянных говорит нам о Вселенной, не утихают уже почти 100 лет. Вольфганг Паули шутил, что после своей смерти, первым делом он спросит: «Почему 1/137?». По этому поводу он писал:

«Я верю, что в естественных науках зародится иной, противоположный нынешнему подход, который будет связан с древними мистическими основами».

Американский физик, Ричард Фейнман (1918 - 1988), говорил:

«Это одна из величайших загадок физики: магическое число, которое приходит к нам без всякого понимания. Вы могли бы сказать, что "рука Бога" написала это число, и мы не знаем, как Он "толкал" свой карандаш. Мы знаем, какой "танец" проделать экспериментально, чтобы очень точно измерить это число, но не знаем, какой танец проделать на компьютере, чтобы это число вышло, не вводя его тайно!»

Тут надо отметить, что это число можно померить в экспериментах. Оказывается, $1/\alpha$ несколько больше чем то, что мы написали вначале. А именно, оно равно:

$$137.0359990.$$

Разрушает ли этот факт наше ожидание, что это число должно быть целым? Я думаю — нет. Во-первых, теоретическая физика и математика много раз доказывали, что красота в получаемых математических выражениях часто приводит к правильным ответам, независимо от небольших отклонений от экспериментальных измерений. Во-вторых, возможно (или даже почти наверняка), что это число может немного меняться в зависимости от времени и энергий. В 2010 году телескоп VLT получил указания на то, что эта константа может меняться со временем. Тем не менее, уверенных подтверждений изменения постоянной тонкой структуры нет (Berengut et al. 2011). С точки зрения современной квантовой механики, постоянная тонкой структуры меняется от энергетического масштаба взаимодействия. В-третьих, если есть небольшое отклонение от красивой математической конструкции, это почти наверняка значит некоторое нарушения симметрии. То есть, первоначальная система имела значение 137 при каком-то масштабе взаимодействия, но со временем (или под воздействием неких факторов), она была нарушена и появилось отклонение. И, в-четвёртых, я бы хотел увидеть больше измерений этой постоянной. Экспериментальная величина α практически всегда определяется одним экспериментом. В истории физики часто случались ситуации, когда появление нового метода измерения или нового эксперимента в корне меняли численные значений физических переменных.

Вы можете спросить: что необычного в том, что некоторая постоянная так близка к целому числу? Есть много важных постоянных и некоторые из них должны быть близки к целым числам. Как я уже говорил ранее, мы знаем достаточно мало безразмерных постоянных. Постоянная тонкой структуры — это королева всех постоянных. По некоторым оценкам, жизнь возможна (Barrow 2001), когда эта постоянная находится в пределах от 85 до 180. Если случайно выбрать некоторое вещественное число из этого промежутка, то вероятность того, что такое случайное число будет также (или более) близко к некоторому целому числу, равна 0.069. Смотри вычисления в главе <u>20.11 Приложение</u>. Это не очень маленькая вероятность. Она примерно равна появлению решки четыре раза при бросании монеты. Но, для принятия решений, это достаточно маленькая вероятность. Если вы знаете, что стоимость ценных бумаг компании может упасть с вероятностью 6.9%, вы вложили бы свои деньги в покупку таких бумаг? Я думаю — да. В этом и есть причина удивления. Почему физические постоянные с совершенно разными масштабами создают величину близкую к целому число?

Интересно, что наблюдение небольшого отклонения от 137 существенно уменьшило количество учёных, ищущих смысл в целой величине 137. Это совершенно напрасно. А вдруг α является более фундаментальной, и равна в точности 1/137, так как отражает некоторую симметрию, которая была нарушена, или изменение условий после некоторого времени? В этом случае, возможно, одна из постоянных, составляющая выражение для значения α, должна отличаться от величины, которая ожидается из экспериментов до нарушения такой симметрии. Например, ε — электрическая постоянная, могла в прошлом отличаться от величины, которая известна на сегодняшний день.

Тем не менее, поиски красоты привели к несколько неожиданным находкам. Оказывается, $1/\alpha$ можно просто получить из числа «π»:

$$\frac{1}{\alpha} = 4\,\pi^3 + \pi^2 + \pi$$

Здесь нас поджидает сюрприз. Это выражение достаточно точно отражает значение этой постоянной:

- Используя постоянные e, h, ε, c = 137.036010952

- Используя формулу с «π» = 137.036303776

- Экспериментальное измерение = 137.035999206

Первое значение получено используя физические постоянные «h», «e», «c» и «ε». Второе — используя выражение из чисел «π». А третье получено из экспериментальных данных. Вы можете сами это проверить, используя программу в главе 20.11 Приложение.

Как такое возможно, что простое манипулирование с числом «π» приводит к значению, которое так близко к измеренной величине параметра $1/\alpha$? Это удивительная связь числа «π» с постоянной тонкой структуры было замечено давно (Roskies and Peres 1971). Как мы говорили, мы уверенно можем сказать, что каждый раз, когда мы видим число «π» в математическом выражении, это всегда говорит о некой сферичности. Есть даже попытки объяснить величину постоянной тонкой структуры через формулу с «π», используя простую геометрическую модель со сферами (Yee 2019). Оказывается, $1/\alpha$ может быть получена благодаря соотношениям сферических геометрических форм в результате движение чего-либо, заполняющего пустое пространство. Заметим, что эти формы не имеют определённого размера. Они могут иметь размер как бесконечно маленький, так и бесконечно большой. Как мы помним, постоянная тонкой структуры описывает квантовый эффект — силу (или вероятность) взаимодействия двух электронов в результате обмена фотонами. Но какое это имеет отношение к геометрии?

Действительно, можно попытаться перебрать много всяких выражений с числом «π» и найти величину $1/\alpha$. Но вам не удастся найти такую простую и элегантную формулу, которая была показана выше. Если мы верим в некоторую красоту математики, такая связь с геометрией может быть не случайна. Из истории физики и математики мы знаем, что простые и красивые выражения почти всегда соответствуют некой реальности.

Здесь я позволю себе некоторое образное отступление. Если действительно есть связь между энергией испускания фотона электроном и движением чего-то в неких геометрических сферах, то мы, возможно, наблюдаем некий «механизм», который лежит в основе мироздания. Именно так физик-изобретатель Никола Тесла (1856 – 1943) представлял Вселенную. В нашем примере — это какой-то «часовой механизм», где невероятно малые сферические зубчатые колеса сцепляются и выбивают искры света в виде фотонов!

А теперь — небольшая шутка того, кто весь этот «механизм» придумал. Возьмите 6 цифр числа π=3.141592, возведите их в квадрат и сложите. Давайте попробуем:

$$3^2+1^2+4^2+1^2+5^2+9^2+2^2 = 137.$$

Совпадение? Почему именно 6 цифр числа «π», а не 7 или 8? Дело в том, что этот «фокус» для нас — людей. Здесь используется десятичная система, созданная с «привязкой» к биологической особенности людей. В прошлом люди создали эту систему с помощью десяти пальцев рук. Но почему число 6? Мы тоже обсуждали это в главе 3.10 Удивительное число. Число 6 появляется в главах 9.1 Число π и 6.6 Кайзер и война. Напомним, согласно Библии, число 6 используется при создании человека. А согласно современным знаниям, 6 «вплетено» во все шаги создания этого мира. Кто знает, может всё и началось с этой шутки? А затем числу 137 был присвоен смысл постоянной тонкой структуры? Какое дело до конкретного значения этого числа для микромира, если это так замечательно и таинственно выглядит?! Я думаю, такую красоту также оценит любой, кто ищет во всём смысл.

9.8 Бесконечная красота фракталов

Что бы вы сказали, если бы увидели невероятно сложный рисунок со всякими выпуклостями, пиками, углублениями, который после каждого увеличения приблизительно повторяет похожий узор, сколько бы вы его не увеличивали? Сказать точнее — можно увеличивать эту картинку бесконечное количество раз, потратив всю свою жизнь на такое занятие, но мы никогда не достигнем предела. Узор из пиков и впадин будет выглядеть похожим при любом увеличении, хотя не точно повторять предыдущие «пейзажи». Такие структуры называют «фракталами».

Это то, что вы видите на Рис.9.7 Этот рисунок был сделан при помощи компьютера. В математике такая сложная математическая конструкция называется «множество Мандельброта» (Mandelbrot 1983).

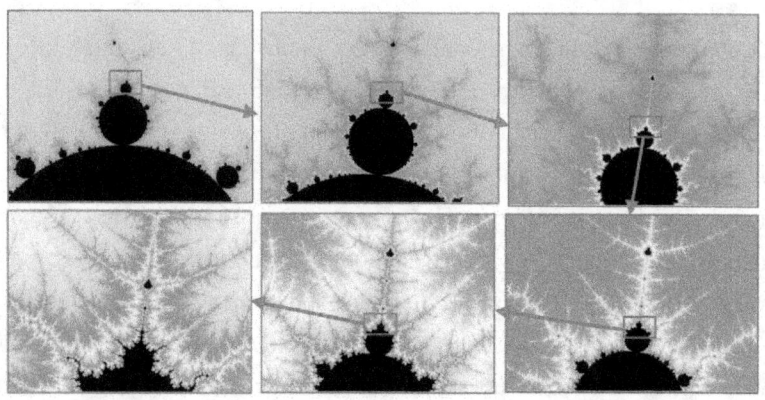

Рис. 9.7. *Здесь показан фрактал под названием «множество Мандельброта». Каждый из рисунков получен при увеличении маленькой части (внутри красного прямоугольника) предыдущего рисунка. Обычно говорят, что такие структуры являются «самоподобны» при увеличении.*

Но, вначале, небольшое отступление. Когда я стал писать эту главу, я попытался вставить подпись под картинкой этого рисунка. Я напечатал слово «Мандельброт». Как только я это сделал, моя жена, находящаяся в это время в другой комнате, произнесла имя «Бенуа Мандельброт». Оказывается, она прочитала вслух эпиграф книги «Черный Лебедь» Нассима Талеба (Taleb 2008). Полностью эта фраза звучала так: «посвящается Бенуа Мандельброту, греку среди римлян».

Я опешил. Что? Я только что написал это слово! Я точно могу сказать, что я никогда не произносил эту фамилию в присутствии жены, хотя и занимался фракталами много лет назад, когда ещё был студентом. Мы решили проверить — тот ли это профессор Бенуа Мандельброт, кто один из первых использовал компьютер для визуализации фракталов? Мы проверили это имя в энциклопедии — да, это был он. Моя жена никогда не слышала ни о фракталах, ни о Мандельброте. Когда она сказала эту фразу, она совершенно случайно открыла книгу, которую она взяла из библиотеки, так как ей кто-то порекомендовал этого автора. Сама книга не имела прямого отношения к фракталам.

Скажу сразу без всяких вычислений: вероятность того, это два человека произнесут такую сложную фамилию как «Мандельброт», и при этом никогда не обсуждали эту тему до этого момента, является бесконечно малой. Типичное событие синхронности.

Но вернёмся к <u>Рис.9.7</u>. Такие сложные геометрические структуры принято характеризовать фрактальными размерностями. Они дают оценку сложности фрактала. Даже простые геометрические фигуры характеризуются такими величинами. Например, точка имеет фрактальную размерность 0. Прямая имеет фрактальную размерность 1. Далее, число 2 соответствует поверхностям (имеющим длину и ширину), а число 3 предназначено для множеств, описывающих объём. В отличие от простых геометрических форм (точка, линия и так далее), фрактальный коэффициент может принимать нецелое значение. Это значит, что фрактальные множества заполняют пространство не так, как обычные геометрические фигуры.

Береговые линии, как и многие другие геологические объекты, имеют схожую структуру, если на них смотреть с разных расстояний, когда меняется их масштаб. Они тоже могут характеризоваться фрактальной размерностью. Например, береговая линия Австралии имеет фрактальную размерность около 1.14. (Husain, Reddy, and Sajid 2021). Фрактальная размерность берега Великобритании равна 1.25.

Чтобы описать такие невероятно сложные узоры, которые после увеличения выглядят такими же сложными узорами как до увеличения, надо громадное количество информации. Для создания фрактала Мандельброта во всех масштабах требуется бесконечно большое количество данных. Однако, это правило не работает для абстрактного мира математики. Фрактал Мандельброта может быть построен простым рекуррентным соотношением, которое создаст необходимые данные при помощи компьютерных вычислений:

$$z_{n+1} = z_n^2 + b, \qquad z_0 = 0$$

Это множество таких комплексных чисел «*b*», при котором z_{n+1} остаётся ограниченным. Всё, что надо сделать, это повторить итерации данного выражения в компьютере. Нам надо использовать позицию каждой точки (или пикселя) и многократно «пропускать» её через эту формулу. Затем полученный результат нужно подставить назад в это математическое выражение. А то, что получится, опять подставить и так далее.

Но давайте не будем углубляться в математические детали. Мы сейчас увидели одну невероятную вещь: бесконечно сложная структура данных может быть получена с помощью удивительно простого и совершенно конечного математического выражения. Только совсем недавно, после начала применения мощных компьютеров, математики осознали богатый мир таких простых формул.

Если этот мир действительно был создан, то проблема огромного многообразия деталей, которые мы видим вокруг себя, могла быть решена именно благодаря таким компактным математическим конструкциям. В религиозных учениях бесконечность не является проблемой для Бога, даже если он захочет увидеть все созданные пиксели внутри фрактала. Но даже для всезнающего существа не обязательно конструировать безграничное число маленьких деталей и обозревать каждую созданную точку из необъятной беспредельности. Достаточно сотворить простую математическую конструкцию, которая создаст бесконечное число деталей нашего мира как автономная «фабрика».

Можно ли сказать, что численные данные, создаваемые в результате итерации рекуррентного соотношения и создающие бесконечность красивых узоров, являются некой информацией? Вообще говоря, нет. Это просто данные, приводящие к некоторой регулярности, которую мы воспринимаем как красивые узоры. Для нас они выглядят таковыми после того, как мы создадим графическое представление этих данных на компьютере. Смотрите главу 3.2 Продукт информации легко узнаваем.

Однако, если кто-то уже знает о всех этих данных, о том, как они должны выглядеть и к каким узорам они ведут на любом шаге увеличения, то ситуация коренным образом меняется. Эти хаотические данные становятся информацией. А экономный способ получить их — создать итерации рекуррентного соотношения на компьютере. Как мы видим, наличие сознания снова становится важным для определения информации.

Можно сделать и другой вывод. Для всеведущего существа, которое владеет совершенно всей информацией о нашей Вселенной, можно использовать простой набор правил и итеративно создавать все мельчайшие детали нашего мира. А можно создавать бесконечное количество вселенных, делая небольшие изменения в некотором математическом алгоритме. Здесь можно привести примеры элементарных клеточных автоматов, то есть программ с очень простыми правилами, которые способны создавать бесконечно сложные данные с определённой упорядоченностью (Wolfram 2002).

Наш мир — это не только фрактальная геометрия, но и каскад событий, часто случайных, часто нет. Какую связь имеют фракталы с этими событиями?

Оказывается, распределения частиц в природе тоже могут быть описаны фрактальными параметрами. Представьте себе, что две высокоэнергетические частицы, разогнанные до скорости, сопоставимой со скоростью света в ускорителе, аналогичном тем, что используется в ЦЕРНе, сталкиваются в детекторе частиц. В результате такого столкновения возникают сотни других частиц. Или представьте ситуацию, когда энергетические частицы из космоса сталкиваются с молекулами кислорода в нашей атмосфере и порождают множество новых частиц. Все эти частицы, произведённые в результате таких столкновений, образуют статистические распределения, форма которых сильно напоминает фракталы, подобные береговым линиям Британии или Австралии. Такие распределения частиц также описываются нецелыми фрактальными размерностями, которые хорошо изучены для различных соударяющихся частиц при различных энергиях (Kittel and De Wolf 2005). Я занимался такими вопросами в свои студенческие годы.

Здесь случайные вероятностные распределения и геометрия (точнее — фрактальная размерность) снова «встретились» вместе. Похожее явление мы наблюдали в разделе 9.4 Бесконечность, сфера и случайность, число «π», описывающие шарообразности, «проникло» в описание вероятностей бесконечно большого числа событий.

9.9 Великая пирамида и числа

Мы не раз говорили, что первостепенным правилом для обнаружения неоспоримых совпадений, которым следует уделять особое внимание, является рассмотрение значимых по смыслу предметов и событий. Говоря о зданиях, основные числа должны отражать их геометрические размеры и географические расположения. Но сами постройки также должны иметь высокую значимость. Если размер какого-то дома на одной улице совпадает с размером другого дома на соседней, то в этом нет ничего необычного. Слишком много домов, среди которых будет много схожих. Это просто статистический шум, вызванный случайностью. А сама статистическая выборка или количество возможностей — огромны.

Однако если спросить, если ли некоторые совпадения в самых важных характеристиках постройки, которая является самой большой и одной из самых старых в мире, то ситуация меняется. Обстоятельства становятся достойными исследования, если мы обнаруживаем совпадение размеров здания с чем-то, что также является крайне важным для людей. Например, с размерами Земли, Луны или Солнца. Или место расположения здания, каким-то образом, совпадает с фундаментальными постоянными, которых довольно мало для эффектов случайных совпадений.

Именно это имеет место с пирамидой Хеопса, находящейся на плато Гизы в окрестностях египетской столицы. Это строение самое высокое из всех пирамид и единственное из «Семи чудес света», сохранившееся до наших дней. Нельзя отрицать, что это самое главное строение, с которого начинаются поиски неожиданных совпадений. Детальные исторические записи о создании Великой пирамиды до нас не дошли. И это делает саму проблему ещё более загадочной.

Я уже не раз говорил, что как только человек осознает, что имеет дело с неким чудом или аномалией, то почти всегда находятся дополнительные обстоятельства, чтобы усилить это чувство. А это чувство необычного может быть отправной точкой для вычисления вероятностей появления таких событий благодаря случайности. Действительно, с пирамидой Хеопса связано множество интересных совпадений. Например, в её геометрии присутствует число «π» (смотрите главу <u>9.1 Число π</u>). Отношение основания Великой пирамиды к её высоте составляет около 3.1425. Это весьма хорошая точность для времени, когда эта пирамида была построена. Давайте рассмотрим только два совпадения, не относящихся к числу «π».

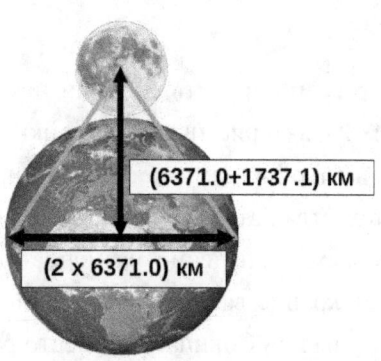

Рис. 9.9. *Возможно, именно так древние строители представляли себе пропорции Великой пирамиды Гизы.*

Вот одно из них: первоначальная высота пирамиды была 146.6 метров (м), а размер основания — 230 м. Отношение высоты к основанию 146.6 м / 230 м = 0.637. Теперь представьте, что мы поместили Луну на Землю, и мысленно нарисовали треугольник, в основании которого лежит диаметр Земли. Средний радиус Земли — 6371.0 километров (км). Смотрите <u>Рис. 9.9</u>. Высота такого треугольника — это расстояние от центра Земли до центра Луны. Средний радиус Луны составляет 1737.1 км. Посчитаем высоту такого треугольника по отношению к её основанию:

(6371.0 км + 1737.1 км) / (2 × 6371.0 км) = 0.636.

Мы получили согласие с размерами пирамиды Хеопса в пределах 0.17%. Заметим, совершенно не важно в каких единицах измерения мы это посчитали. Нас интересуют отношения чисел. Приблизительные размеры Луны и Земли были известны ещё с древности, но нет исторических доказательств, подтверждающих такую потрясающую точность знания их размеров во время строительства этой пирамиды.

Какова вероятность такого совпадения? Предположим, что высота пирамиды могла меняться в пределах от 100 до 150 метров, при этом основание оставалось неизменным. Тогда вероятность случайного совпадения с величиной 0.636 в пределах относительной ошибки 0.17% составляет около 0.005. Это посчитано в главе <u>20.12 Приложение</u>. Величина 0.5% достаточно невелика для случайного совпадения. Она соответствует шансу получить «орла» (или «решку») 7–8 раз подряд при бросании монеты. Конечно, эта вероятность зависит от выбранного интервала высоты, от 100 до 150 метров. Мы предполагаем, что данная пирамида должна оставаться впечатляющей, не ниже 100 метров. Построение пирамиды выше 150 метров по высоте было бы значительно сложнее. Поскольку программа вычислений приведена в приложении, вы можете самостоятельно пересчитать эту вероятность, изменив заданный интервал высоты.

Скептик скажет, что можно всегда найти какие-то числа и выбрать те, которые совпали. Это совсем не так. Мы используем только самые основные величины (размеры строения и самые главные характеристики наших главных небесных тел). Их не так много, пожалуй, около десятка. Во-вторых, это совпадение по смыслу. А именно, была попытка создать гипотетическую проекцию пирамиды на треугольник в уме, используя размеры небесных тел, поставив Луну на Землю и проведя три линии через их центры.

Давайте обратимся к другому факту. Рассмотрим совпадение в расположении этой пирамиды. Современное значение скорости света в вакууме c=299792458 м/с. Координаты Великой пирамиды: 29.9792458°N (северной широты). Удивительно? Даже если похожее число соответствует требованиям, взятым из диапазона 29,9802000°N — 29,9782000°N, проходящего через пирамиду (Benedictus 2020), это не делает данное совпадение менее странным. Вероятность такого совпадения очень мала.

Так как вероятности умножаются для независимых событий (смотри главу <u>3.3 О вероятностях</u>), то мы говорим об очень маленькой вероятности того, что эти два независимых совпадения (в размерах пирамиды и её положении) возможны благодаря слепой случайности.

Давайте поподробнее рассмотрим последнее совпадение. Единица измерения, на которой записана скорость света — метры — не была определена до 1771 года. Скорость света, с точностью с которой я её записал, не была известна до 1975 года. Как это совпадение могло появиться в далёкой древности?

Допустим, Великая пирамида создавалась продвинутой цивилизацией. Как бы они рассуждали? Во-первых, это совпадение существует именно в десятичной системе счисления, основанной на биологической особенности людей (10 пальцев рук). Это была отличной догадкой для строителей. Они знали скорость света с хорошей точностью и перевели эту величину в десятичную систему. А значение широты было позаимствовано ими из Вавилона, где использовалось число 60 для исчисления. Смотрите главу <u>3.10 Удивительное число</u>. Эта система применялась для круга с 360 градусами. А 60 делений были использованы для минут и секунд. Значит, они могли разобраться с широтой. Но как они знали, что метр будет основной единицей измерения у человечества в будущем, и мы будем использовать метод деления окружностей из вавилонской астрономии? Значит они знали будущее?!

Если вы пытаетесь найти объяснение чрезвычайно малой вероятности того, что эти совпадения возможны благодаря случайности, и гипотеза о пришельцах, осведомленных о будущем, слишком фантастична, то есть одно решение. Чтобы разрешить эту проблему, наша гипотеза, прослеживаемая во всех главах этой книги, придётся кстати. Сразу скажу, что она не менее фантастична, чем предположение о пришельцах, предвидевших будущее нашей цивилизации и создавших все эти загадочные совпадения. Вот она: возможно, Великая пирамида – это своего рода маяк, оставленный нам из далёкого прошлого. Или же она представляет собой инструмент калибровки ретропричинности, о которой мы упоминали в главе <u>6 Примеры значимых совпадений</u>. Она, подобно «мочалке», впитывает наши знания, которые, по мере их накопления, отражаются на прошлом этого строения. Сначала была создана пирамида, которая поражала своими размерами. Никаких совпадений в числах её размеров и расположении не было. Пирамида воздействовала на эмоциональные состояния людей, которые искали совпадения для подтверждения её необычности. Это изменяло прошлое, чтобы это ожидания удовлетворить. Когда люди померили число «π» с достаточной точностью, они стали искать его значение в геометрии этого строения. И нашли, так как прошлое «удовлетворило» их поиск. Пирамида стала выглядеть с размерами, в которых число «π» присутствовало с необходимой точностью. Когда люди измерили размеры Луны и Земли, они стали искать эти зависимости в пирамиде, надеясь подтвердить её необычность. Это было удовлетворено, и размеры пирамиды поменялись. Когда была измерена скорость света с необычайно высокой точностью, поиски дополнительной необычности внесли изменения в информацию о расположении пирамиды. Появилось новое совпадение, вовлекающее скорость света и широту. И так далее.

Надо добавить, что согласно нашей гипотезе, это мы сами, через своё сознание, производим эти изменения в этой пирамиде. Если наше сознание связано с миром абстрактных форм, для которого нет ни времени, ни пространства, то такая гипотеза вполне обоснована. Для абстрактных форм Великая пирамида не находится в прошлом.

Согласно этой гипотезе, весь нематериальный мир прошлого подвергается изменением, благодаря связи нашего сознания с вневременным миром идей. Всё, что нам дано — это мимолётное мгновение настоящего. Всё прошлое эластично. Оно меняется редкими всплесками сознания в ключевые моменты нашего настоящего. Но эффекты редакции прошлого гораздо трудней обнаружить для незначительных объектов древности, по причине большего случайного шума и меньшего нашего внимания. Особенно это относится к менее значимым строениям с не таким солидным возрастом, как комплекс пирамид в Гизе.

Я совсем не исключаю, что другие загадки глубокой древности можно объяснить ретропричинностью. Например, полигональная кладка многоугольных камней или геоглифы Наски на территории современного Перу могут быть следствием такого явления. Они артефакты трансформированного прошлого, где всё постоянно изменяется. Нам не нужны пришельцы с других планет или продвинутые цивилизации прошлого (Hancock 1995) для их объяснения. Всё это было сделано нами, через нашу связь с реальностью смыслов.

10 Предчувствия будущего

Однажды, возвращаясь с работы на своей машине, я заметил летящую стаю канадских гусей, которая простиралась практически на всё небо. На нём не было ни единого облака, поэтому все мельчайшие детали этой стаи можно было хорошо рассмотреть. Гуси летели V-образным строем, потому что такой полет уменьшает сопротивление ветра и помогает гусям экономить энергию.

Это было 10 января 2024 года. Зима уже была в полном разгаре, но снега не было. Температура была достаточно высокой для Чикаго — порядка 10° Цельсия. Ещё только два дня назад мы с женой кормили громадную стаю гусей на пруду возле нашего дома, где они чувствовали себя в полной безопасности и комфорте. Однако теперь, когда я подъезжал к своему дому, они все исчезли. Я решил, что они, скорее всего, присоединились к этой стае, которую я видел 10 минут назад.

Но почему они улетели? Гуси не должны мигрировать при такой высокой температуре воздуха. Самой интересный факт о канадских гусях, живущих в пригородах Чикаго это то, что они принимают решения о миграции на юг (в такие места как южный Иллинойс, Теннесси и Арканзас) в зависимости от многих факторов. Часто они вообще не улетают, если зима выдаётся мягкая и выпадает мало снега.

Я это понял только через три дня. В Чикаго начался снежный шторм, за которым последовала очень резкая смена температуры до -20 градусов Цельсия. Ну как об этом узнали гуси за три дня до шторма? Они восприняли информацию, которая нам недоступна? Они-то точно не читали прогноз погоды.

Если предположить, что гуси отправились в путешествие в какое-то случайное время в течение одного зимнего месяца в момент, который просто совпал с началом резкого изменением погоды на 30 градусов, то такая вероятность будет не больше 1/30. Разумеется это было неслучайным событием. Возможно, это можно описать как некий частный случай совпадения, но наука уже точно установила, что животные могут предчувствовать погоду и делать решения на основе своих предчувствий. Им не нужно обладать сложным, но медленным интеллектом. Их инстинкты функционируют достаточно хорошо для большинства природных ситуаций (смотри главу 3.7 Мозг и информация).

Миграция пернатых – ещё неизученный процесс. Откуда птицы узнают, что им пора отправляться в свой длительный перелёт? Мы даже не можем до конца понять, как животные ориентируются в пространстве, или откуда у птиц способность находить дорогу назад домой.

Мы также мало знаем о том, почему птицы (да и все животные) решаются на миграцию и как они находят правильные маршруты. В то время как человек может создать огромные ускорители частиц, чтобы изучить структуру материи в масштабах 10^{-18} метров и строить космические корабли, которые летают за пределы Солнечной системы, мы до сих пор мало понимаем довольно обыденные вещи. Например, поведение животных, которых мы видим каждый день в их привычной среде, до сих пор остаётся тайной. Каким образом птицы, сидящие напротив наших окон, решаются на полёт в тысячи километров с точной навигацией во время полёта и возвращаются назад?

Миграция животных обычно считается инстинктивным поведением, передаваемым из поколения в поколения. Это унаследованные схемы поведения. То, что узнают отдельные животные, передаются будущим поколениям. Считается, что инстинкты закодированы в ДНК. Инстинктивным моделям поведения не учатся, так как они являются результатом эволюционных процессов и передаются по наследству. Как инстинкты кодируются в ДНК ещё неизвестно, но это являются активной областью исследований.

В случае с канадскими гусями, возможно, сработал инстинкт на некоторые погодные явления, такие как перепады давления, температуры и так далее. Например, исследование орнитологов Университета Западного Онтарио показало, что птицы могут обнаруживать изменения давления воздуха, что позволяет им предвидеть штормы (Boyer 2019). Это механический заранее запрограммированный ответ на внешние факторы. Такая чувствительность, возможно, должна быть очень сильно развита, так как их жизнь напрямую зависит от этих способностей к выживанию. У большинства людей такие способности утрачены. Наша жизнь не сильно зависит от погоды, а интеллекту требуется обширные знания для принятия решений.

Без сомнения, инстинкты заложены в нас с рождения для ежедневных, либо для часто повторяющихся ситуаций. Например, инстинкт сезонной миграции, материнский, охотничий инстинкт и так далее. Но в случае редко повторяющихся или особых ситуаций, от которых зависит жизнь или смерть, инстинкт — это маловероятное объяснение. В случае с канадскими гусями, у которых решение о миграции на юг было принято за три дня до резкого изменения температуры воздуха, ситуация является загадочной.

Какой ещё может быть вариант? Только один — информация о грядущем редком катаклизме, от которого напрямую зависит жизнь, была получена в реальном времени извне. Эта информация была воспринята инстинктами, побудившими гусей к действию.

У людей нет врождённых потребностей в программах поведения. Мы используем интеллект. Здесь я хочу рассказать о случае, который не подходит под определение инстинктивной реакции на будущее событие. В 2010-х я часто ездил из Чикаго в ЦЕРН (Швейцария) для работы на адронном коллайдере, разгоняющем частицы высокой энергии почти до скорости света с помощью воздействия электромагнитных полей.

В одной из поездок я машинально взял с собой свой белорусский паспорт. До этого я брал только паспорт США, по которому я мог въезжать в страны Шенгенской зоны, но не в Беларусь, где жили мои родители. Приехав в Женеву, я узнал, что мой отец скоропостижно умер. На следующий день я вылетел из Женевы в Минск с моим белорусским паспортом. Если бы я имел при себе только паспорт США, я бы не смог въехать в Беларусь и проститься с отцом. До этого события я ездил в ЦЕРН раз десять, брав с собой только паспорт США. Вероятность того, что я случайно положил в свою сумку нужный мне паспорт, учитывая количество поездок на протяжении предыдущих лет – 1/10 (10%). Это не очень маленькая вероятность, тем не менее, я был удивлён такому совпадению.

Я думаю, что это событие никак не связано с инстинктивной реакцией. Эта реакция просто не имела времени развиться в процессе эволюции. В данном случае совершенно ничего не предвещало трагедии.

В этой главе мы рассмотрим несколько более убедительных случаев, чем описанный мною выше.

10.1 Нострадамус

Мишель де Нострдам (1503 – 1566), французский врач-фармацевт, известный также как Нострадамус, считается одним из самых известных предсказателей. Интерпретации его пророчеств являются достаточно сложным делом. Оценить вероятности их появления, благодаря случайным совпадениям, тоже весьма непросто.

Однако, в некоторых ситуациях, можно сделать приближённые оценки роли случая в его предсказаниях. Это касается случаев, когда Нострадамус говорит о конкретных числах и местах. Например, в своей книге «Пророчества» 1555 года Нострадамус писал (Центурий I, катрен 51):

«Лондон потребует кровь невинных, горящих в огне в 3×20 + 6 (=66). Многие дворцы будут уничтожены, а старая дама рухнет с огромной высоты своего трона.».

Как вы уже заметили, без числа 6 в предсказаниях Нострадамуса не «обошлось» (смотрите главу <u>3.10 Удивительное число</u>).

Здесь интересно то, что в 1666 году действительно случился Великий лондонский пожар, который уничтожил почти 90 процентов домов в этом городе. Точнее, почти 13000 домов и 90 приходских церквей. Огненная стихия угрожала дворцу Уайтхолл, где находилась резиденция английской королевы.

Какова вероятность того, что Нострадамус смог угадать такое событие? Если говорить о Европе, то уместно предположить, что он мог предсказать пожар в любом из 10 самых крупных городов Европы. Конечно, число 10 — это некоторое предположение, так как больших городов было гораздо больше. Но, предположим, что только 10. Значит вероятность такого предсказания — $1/10 = 0.1$.

Далее можно оценить количество возможных катастроф для Лондона. Ввиду его расположения, можно говорить о трёх возможностях: пожар, наводнение или эпидемия. Другие трагедии, такие как землетрясение, придумать для Лондона трудно. Поэтому такая вероятность равна $1/3$.

И самое главное, он упомянул число (время) 66. Хотя он это сделал странным образом, записав время как $3 \times 20 + 6 = 66$. Похоже, он имел в виду столетие в некотором тысячелетии. Это явно не день недели или месяц. Следовательно, вероятность — $1/100 = 0.01$. Однако мы не знаем, для какого столетия это предсказание было сделано. В принципе, он мог говорить о пяти возможностях — 1566, 1666, 1766, 1866, 1966 годах. Пожалуй, мы остановимся на 1966 годе, так как 2066 ещё не наступил. Поэтому мы увеличим полученную вероятность на 5.

Таким образом, вероятность того, что Нострадамус случайным образом угадал Великий Лондонский пожар, является:

$$0.1 \times 1/3 \times 5 \times 0.01 = 0.001666.$$

Это достаточно маленькое значение. Оно приблизительно соответствует вероятности выпадения «орла» (или «решки») шесть раз подряд при бросании монеты. Нельзя не заметить присутствия 6, и самого 1666 года трагедии в численном значении вероятности. Мы специально оборвали бесконечное число шестёрок в нашей записи, чтобы это численное совпадение выглядело занимательным. Однако мы не подстраивали намеренно наш ход рассуждений, чтобы число 1666 возникло в численном значении вероятности. Число 6 просто «пляшет» вокруг этого события. Но я хочу предупредить вас, что мы использовали 10 случайных городов; их может быть 9 или 11, что немного изменит это значение вероятности.

Для меня это прорицание является наиболее интересным, так как число и место события точно указываются. Многие считают, что Нострадамус предсказал много драматических событий. В этой книге я сконцентрируюсь на самых хорошо задокументированных пророчествах, которые включают конкретные числа и имена.

Одно из предсказаний непосредственно связано с профессией Нострадамуса — он был врачом. Поэтому, здесь должна существовать смысловая связь по признаку рода деятельности. Напомним, что мы использовали этот принцип в главе 6 Примеры значимых совпадений, где показали, что совпадения между людьми одной профессии (политики, физики и так далее) проявляются гораздо чаще и ярче. Именно смысловая связь является объединяющим принципом между людьми в таких группах. Вот одно из таких предсказаний Нострадамуса:

(Центурий I, катрен 25): «*Будет обнаружена потерянная вещь, спрятанная много столетий назад; Пастер будет прослав-*

ляться почти как богоподобная фигура; Это когда луна завершит свой великий цикл; Но по другим слухам он будет обесчещен.»

Удивительно, но тут тоже имеется совпадение. Луи Пастер (1822 — 1895) был французским химиком и микробиологом, который открыл принципы вакцинации, микробной ферментации и пастеризации. Он также доказал, что бактерии не появляются спонтанно, как ранее считалось. Вместо этого они вырастают из уже живых организмов в процессе, называемом «биогенезом». Хотя Пастер не первым предложил «теорию микробов», он убедил большую часть Европы в её обоснованности. Он изобрёл процесс удаления бактерий — «пастеризацию», названный в его честь. Его ранние работы также привели к созданию вакцин от бешенства и сибирской язвы. Согласно историку науки Джеральду Гейсону (Geison 2014), Пастер использовал открытия своего конкурента, чтобы закончить свою вакцину против сибирской язвы. Это открытие отчасти «опозорило» великого учёного, как и предсказывал Нострадамус.

Мы не будем вдаваться в детали, был ли Пастер опозорен или нет. Он действительно открыл то, что было «спрятано на многие века». Это достаточно интересная аналогия с микробами. Конечно, тут может быть несколько вариантов, необязательно только связанных с микробами. Самое интересное в этом предсказании Нострадамуса — это фамилия. Это достаточно редкая фамилия. Угадать такую фамилию достаточно непросто. Совершенно точно, она не входит в 3600 наиболее популярных французских фамилий (смотри портал "3600+ French Last Names"), поэтому вероятность угадывания меньше, чем

$$1/3600 = 0.00027.$$

Вместе с тем параллельное толкование тоже возможно. Речь может идти о пасторе или пастухе (если перевести слово «пастер» с французского), который заново открыл утерянное знание, сокрытое на века, но затем его открытие было подвержено сомнению. В этом случае никакого предсказания не было. По крайне мере в масштабах, сравнимых с открытиями Луи Пастер. Но и сама комбинация, когда пастор или пастух делают открытие, выглядит довольно нелепо.

Как и в любом объяснении, необработанные данные всегда требуют интерпретации с использованием некоторой системы веры. Предсказания Нострадамуса выглядят именно как данные, которые требуют обработки с использованием некоторой выстроенной системы логики. В нашей системе мы предполагаем, что должна быть связь по смыслу, то есть открытие Луи Пастера напрямую касалось профессиональной деятельности Нострадамуса как врача и химика. Я не думаю, что делающие открытия пастор или пастух, вызвали бы в Нострадамусе эмоциональную связь. Мы использовали такую же систему для учёных и политиков в главе 6 Примеры значимых совпадений.

А теперь, давайте оценим вероятность того, что два предсказания в этих четверостишиях были не что иное как случайность. Как мы помним, нам надо перемножить вероятности. Если мы предположим, что Нострадамус каким-то случайным образом одновременно угадал Великий Лондонский пожар и имя Луи Пастера, то такая вероятность равна:

$$0.001666 \times 0.00027 = 4.45 \times 10^{-7}.$$

Конечно, это очень маленькая вероятность для правильного угадывания.

Часто можно слышать, что Нострадамус ничего не смог предсказать, так как существует слишком много интерпретаций его 942 поэтических четверостиший, якобы предсказывающих будущие события. Предположим, что каждое его предсказание можно интерпретировать пятью разными способами (хотя я слышал только о несколько возможных интерпретаций). Тогда вероятность того, что прорицания в его рукописях являются делом случайного совпадения и чистого угадывания:

$$(942 \times 5) \times 4.45 \times 10^{-7} = 0.0021.$$

Это маленькая вероятность для случайности (0.21%). Она приблизительно равна шансу выпадения «орла» при бросании монеты 9 раз подряд.

Возможно, вы зададите вопрос, почему все эти предсказания настолько сложные, запутанные и легко могут интерпретироваться разными способами? Здесь можно принять точку зрения Карл Юнга. Он полагал, что информация о будущем может «просачиваться» только в виде некоторых намёков и знаков. Или в виде разрозненных обрывков информации, которые «деформируются» мозгом. Ведь его роль — существовать в мире плотной материи, изменяющемся в пространстве и времени. Он не «настроен» воспринять все особенности информационной среды, где нет ни того, ни другого. Юнг говорил (Jung 1973):

«В отличие от открытых для восприятия психических феноменов, .. коллективное бессознательное.. нельзя воспринять непосредственно или «представить», и по причине «непредставимости» её природы».

Мы вернёмся к этому вопросу в главе 16.4 Символы и формы идей, где поясним точку зрения о том, что некоторый доступ к той недоступной реальности возможен через символы.

10.2 Книга Урантии

Как-то, посещаю библиотеку в пригороде Чикаго, я наткнулся взглядом на толстую книгу с названием «Книга Урантии» (англ. The Urantia Book). Похоже ей никто не интересовался, так как она стояла на самой верхней полке. Это была самая впечатляющая книга по своим размерам на всём стеллаже. Она насчитывала около 2,000 страниц. Быстро пролистав её, я понял, что она использует много научных и религиозных терминов. Автор не был указан. Эта книга меня заинтересовала. Я взял её домой, чтобы почитать, а заодно порыться в интернете и понять, как она была написана.

Оказалось, книга Урантии (Urantia Foundation 2008) носит религиозный характер. Это книга содержит документы, представляющие собой пятое «эпохальное откровение», согласно заявлению анонимных авторов. Она говорит о строении Вселенной, Земле, человеке, Боге и Иисусе Христе. Книга Урантии описывает судьбу человечества, и учит, что вера является ключом к духовному прогрессу и вечному выживанию. В ней также описывается Божий план прогрессивной эволюции для человеческого общества и Вселенной в целом. Мир Урантии — это наша планета Земля.

Авторы «Книга Урантии» неизвестны. Впервые она была опубликована в Чикаго в 1955 году. Основной текст (порядка 200 документов) относится к 1934–1935 годам. Считается, что авторство принадлежит одному из пациентов американского психиатра Уильяма Сэдлера. По рассказам Сэдлера, этот пациент время от времени впадал в некую форму сна, во время которой он говорил от лица разнообразных сверхъестественных существ. Однако, после своего пробуждения, пациент ничего об этом не помнил. Имя этого больного не было предано огласке. Как писалась (или дописывалась) «Книга Урантии» в течение 1935–1955 годов неясно. Впоследствии, эта книга послужила основой эзотерическому движению «Братство Урантии». *Считается, что движение испытало влияние теософии русского религиозного философа Елены Блаватской (1831 – 1891).*

Как была написана «Книга Урантии»? Судя по тексту, должна была быть достаточно большая группа энтузиастов с разнообразным образованием в разных областях наук. Они должны были использовать пишущие машинки, поскольку компьютеров в то время ещё не было. Но самое главное, они должны были держать свою деятельность в секрете на протяжении всей жизни.

Меня особенно заинтересовало большое количество материалов по темам, представляющим интерес для науки. Утверждалось, что эти откровения были получены от «небесных существ». Поэтому, я надеялся встретить научные факты, о которых человечество узнало после публикации книги. Надо сказать, в ней действительно есть громадное количество информации об устройстве мира, астрономии, физики и химии.

Разумеется, я решил разобраться, насколько знания о мире, переданными нам от «небесных существ», отличаются от того, что мы знаем в 2020-х. Оказалось, что эти существа знали не очень много. По крайне мере, то, что они знали, люди уже знали или предполагали в 1930-х — 1950-х.

Например, я пытался найти на страницах этой книги как устроены элементарные частицы — протоны, которые входят в состав атомных ядер. Именно протоны разгоняют на Большом Адронном Коллайдере в ЦЕРНе. Слово «протон» по-гречески означает «первый», а название ядру водорода дал Эрнест Резерфорд (1871 – 1937) в 1920 году. Книга Урантии упоминает протоны много раз. Но протоны уже были открыты, когда эта книга писалась. К сожалению, книга ничего не говорила о строении протонов. Это не удивительно, если текст был создан человеком.

Однако, если эта книга была написана под диктовку каких-то космических существ, то они должны были точно знать, из чего состоит протон. Как мы сейчас знаем, эта частица состоит из трёх кварков. Это бесструктурные точечные частицы. Существует 6 типов (или ароматов) кварков: верхний, нижний, очаровательный, странный, верхний и нижний. Согласно теории квантовой хромодинамики, каждый аромат кварка также имеет три связанных с ним «цвета» (красный, зелёный и синий). Кроме этих кварков, ещё есть множество глюонов и кварк-антикварковых пар. Кварки и глюоны не могут покинуть протон из-за явления конфайнмента, или невозможности получения кварков в свободном состоянии. Учёные узнали об этом только в 1960-х и 1970-х годах.

Оглядываясь назад, теперь мы знаем, что научная информация в этой книге соответствует научным знаниям и представлениям в 1930–40-х годах. Тем не менее, она содержит информацию, которую можно рассматривать как предсказания. Оказалось, что были учёные, которые пытались сравнить научные описания Вселенной из «Книги Урантии» с современными знаниями. Книга содержит 31 предсказание на различные научные темы. Их можно сгруппировать в такие категории (Ginsburgh and Taylor 1987) (Taylor 2017):

- 15 прогнозов, согласующиеся с современной наукой.

- 10 прогнозов, частично согласующиеся с наукой.

- 6 не соответствуют науке.

То, что 48% согласуется с наукой — довольно интересное наблюдение. Тем не менее, я бы ожидал большего от «небесных существ».

И всё-таки я подумал вот о чём: если есть действительно способ получения новой информации, то такой канал должен быть полон «шума», который завуалирует полезную информацию. Необходим источник неопределённости, который позволит сомневаться в том, что написано в этой книге и оставить достаточно причин для критики. Этот запасной выход для скептиков. Он необходим, чтобы сохранить нам всем свободу воли (смотрите главу 17 Свобода воли) и мотивацию для поиска научных истин.

Представьте ситуацию, когда «Книга Урантии» с 100% вероятностью предсказала бы все законы, которые открыты к 2020-м годам. Это бы остановило естественный научный прогресс. Всё, что надо было бы сделать, это найти подходящих больных с похожими симптомами и использовать их для дополнительной информации об устройстве мира. Зачем обучать студентов и вкладывать деньги в научные установки? Но самое главное, это немедленно ограничило бы диапазон нашей свободы и возможностей создания чего-либо.

А если все научные факты проходят полное подтверждение, то и вся духовная и религиозная информация этой книги должна быть совершенно верной. Ведь настоящая ценность этой книги заключается именно в её духовном и философском руководстве. Она говорит, что Бог есть, описывает предназначение человечества, и затем даёт самую подробную биографию Иисуса Христа с разъяснением смысла его учения. Значит христианство — истинная религия. Всё, что нам надо делать, это вести себя так, как от нас ожидает это учение. Этот факт перечеркнул бы все другие религии, которые нашли свой путь к пониманию Бога и используют своё культурное наследие. Мы ещё вернёмся к проблеме свободы воли.

Хорошо, подумал я, эта книга содержит много неопределённостей касательно научных предсказаний. Этих предсказаний не так и много — всего 31. Если в этой книге действительно есть проблеск новых знаний, то должно быть одно или два предсказания, которые должны быть на 100% точные. Даже если вся эта книга не была написана под диктовку космических существ, то люди, которые писали эту книгу, должны были быть под некоторым особым психическим эффектом. Ведь не каждый решится написать 2000 страниц сложного текста и, при этом, не верить в написанное. Может быть в их головы «попали» некоторые точные знания? И не просто точные — их появление должно быть очень маловерным для 1930–1940-х годов прошлого века.

Оказалось, книга действительно содержит несколько мест, которые можно рассматривать как научные предсказания. Например, она говорит о «тёмных островах космоса», которые скоро будут открыты людьми:

15:6.11 (173.1) *«Тёмные острова космоса. Это мёртвые солнца и другие крупные скопления материи, лишённые света и тепла. Тёмные острова иногда имеют огромную массу и оказывают мощное влияние на равновесие во Вселенной и изменения энергией. Плотность некоторых из этих больших масс почти невероятна. Эта огромная концентрация массы позволяет этим тёмным островам функционировать как мощные балансирные колёса, удерживая на привязи крупные соседние системы. Они поддерживают гравитационный баланс сил во многих созвездиях».*

Это описание совпадает с «чёрными дырами», как мы их понимаем сейчас. Это области космоса, где огромное количество массы «упаковано» в крошечный объем. Это создаёт настолько сильное гравитационное притяжение, что даже свет не может покинуть его. В основном, они создаются при коллапсе звёзд-гигантов. Ещё до того, как книга Урантии была написана, Альберт Эйнштейн завершил работу над теорией гравитации, в рамках которой, в 1916 году, немецкий астроном Карл Шварцшильд (1873

– 1916) рассчитал свойства пространства и времени внутри и вне коллапсирующей звезды.

В 1967 году, физик-теоретик, Джон Уилер (1911 – 2008) описал свойства чёрных дыр, первым использовав этот термин в науке. Позже его работу продолжил Стивен Хокинг. Интересно, что именно Уилер в 1990 году высказал предположение, что информация является фундаментальной концепцией физики. В 2015 году физики обнаружили гравитационные волны и пришли к выводу, что они были порождены двумя чёрными дырами в последние секунды их слияния с образованием более массивной чёрной дыры. Это наблюдение окончательно подтвердило существование таких объектов. Правда, надо заметить, что предположения о существовании чёрных дыр высказывались ещё в начале 1970-х (Лебедь X-1, галактический источник рентгеновского излучения). Как мы видим, текст Урантии достаточно точно совпадает с понятием чёрных дыр.

Моё внимание привлекло ещё одно предсказание этой книги. В физике есть частица под названием «нейтрино». Они чрезвычайно слабо взаимодействуют с веществом. Почти все звёзды «прозрачны» для таких частиц с огромной проникающей способностью. Концепцию нейтрино впервые предложил австрошвейцарский физик — Вольфганг Паули (1900 – 1958), о котором мы уже рассказывали. В 1933 году он указал, что регистрация подобной частицы окажется весьма трудной задачей. Поэтому нейтрино было экспериментально обнаружено только в 1956 году. Долгое время считалось, что частица не имеет массы. Это утверждение описывается в книге Урантии в нескольких местах:

41:8.3 *«Гравитационно-электрические изменения приводят к возникновению огромного количества крошечных частиц, лишённых электрического потенциала частицы легко покидают недра Солнца ...».*

42:8.5 *«Когда атомы подвергаются радиоактивности, они излучают гораздо больше энергии, чем можно было бы ожидать. Этот избыток излучения .. также сопровождается испусканием некоторых мелких незаряженных частиц...».*

Этот текст, содержащий предложения с «мелкими незаряженными частицами», весьма похож на описание нейтрино. Возможно, эти сведения уже были у автора книги как теоретическая идея Паули. Более того, согласно книге, эти частицы должны иметь очень маленькую массу (Taylor 2017). Только в 1998 году учёные установили, что нейтрино действительно имеет крошечную массу.

Есть ещё несколько интересных научных описаний, согласующихся с современными представлениями. Однако непросто установить, являются ли они догадками на основе гипотез, существующих в 1930 - 1940-х годах, или нет.

Но давайте отвлечёмся от науки и посмотрим на исторические события, содержавшиеся в этой книге. Самое удивительное в этом тексте то, что в ней присутствует одно из самых подробных описаний жизни Иисуса Христа. Настолько подробное, что там описаны много событий с месяцами и днями недель. Это не предсказания. Поэтому такая информация достаточно безобидная с точки зрения воздействия на будущее. Для меня это было зацепкой проверить, насколько текст имеет смысл. Если известна точная дата события, плюс день недели, то можно посчитать день недели и сверить их с текстом. Я отобрал 14 событий, для которых время было точно указано (включая день, месяц и год) и посчитал день недели. Затем я сравнил их с текстом. Из 14 событий, только один день недели не совпал. Смотрите вычисления в главе 20.13 Приложение. Замечу, что текст использует Юлианский календарь. К сожалению, в описаниях многих событий не указывали года, и я их не включил в вычисления. Возможно, что эти года легко восстановить, прочитав книгу более внимательно, но на это у меня не было времени.

Какова вероятность угадать 13 дней недели? Ответ: $(1/7)^{13}$ = 10^{-11}. Это невероятно маленькая вероятность, даже если эта книга ошиблась на один или два дня. Похожая проверка на точность также была проведена последователями общества Урантии, которые утверждают, что 30 временных событий, описанных в этой книге, прошли проверку. Все они оказались верны.

Эта маленькая вероятность с уверенностью подтверждает, что книга написана со знанием дела. Сами вычисления для 1930-х годов должны быть исключительно монотонными. Особенно если учесть, что книга содержит порядка 100 времён. Для тех, кто верит, что книга продиктована высшими существами — это ещё одна причина поверить в описание жизни Иисуса Христа.

Другая возможность — предположить, что эта книга — мошенничество. Кто-то написал книгу о духовности, будучи совсем не духовным, а расчётливым учёным или группой учёных. Но зачем? Если они верили в написанный текст, то они должны были понимать, что они совершают грех, выдумывая этот текст. Ради чего подвергать опасности свою душу, если они фанатически верят в её существование? Они были явно очень эрудированны и потратили, предположительно, много времени на большие и монотонные вычисления без компьютера. Они были явно не сумасшедшие. Они написали 2,000 страниц очень сложного текста ради… славы и денег? Но сама книга распространяется бесплатно. А имена авторов не указываются. Несомненно, что в эпоху агрессивного материализма в науке в начале 20-го века учёные с религиозным мировоззрением не приветствовались. Возможно, это объясняет факт полной скрытности в написании книги.

Вам решать, что значит эта книга. Я думаю, что правда всегда посередине. Возможно, пациент психиатра Сэдлера мог наговорить под гипнозом много того, что казалось загадочным. Эта информация была задокументирована. Затем, эти записи придали энтузиазм другим, возможно, учёным, которые дополнили и раскрыли темы обрывков мыслей пациента доктора Сэдлера. Я думаю, в этой книге есть необычная информация, которая заслуживает внимания. Может быть, эта информация — не от космических существ, а из глубинных слоёв интуиции, которая черпает островки знаний из общего информационного поля. Как знать?

В книге есть несколько достаточно интересных предсказаний об устройстве микромира и Вселенной, которые я не затрагивал. Давайте подождём, и может такие предсказания сбудутся. Я думаю, что книга Урантии действительно полезна и может оказать влияние на духовный рост социума.

10.3 Предсказания и проверки

Работая над своей книгой, я убедился, как тяжело найти предсказания, которые безоговорочно можно характеризовать как сбывшиеся. Чаще всего я не мог найти оригинальных документов, которые подтверждали предсказания. В основном это были постпредсказания, то есть, когда новости о прорицании появлялись после того, как сами события уже случились. Во многих случаях ясновидения были настолько туманны, что очень трудно было сказать, что конкретно имелось в виду.

В истории есть много пророчеств, но большинство их можно рассматривать как предвидения, базирующиеся на знании и опыте. Например, Никола Тесла (1856 – 1943), инженер и изобретатель, в 1909 году предсказал, что когда-нибудь люди будут ходить с телефонами в карманах. В статье Нью-Йорк Таймс он писал:

«Скоро можно будет передавать беспроводные сообщения по всему миру настолько просто, что любой человек сможет носить с собой и управлять своим собственным устройством».

Американский ясновидящий, Эндрю Дэвис (1826 – 1910), в 1856 предсказал во всех подробностях повсеместное появление автомобилей внутреннего сгорания. Но прототипы таких инженерных конструкций уже были, и можно было догадаться, что именно такие автомашины заменят автомобили, работающие на пару. В данных случаях это были творческие предвидения. Они использовали аналитическое мышление, опыт и хорошие знания в своей профессиональной области.

Найти настоящие предсказания было настолько сложно, что я даже подумал о фантастическом сценарии: что, если предсказания были, но это информация была отредактирована событиями синхронности таким образом, чтобы избежать всяких парадоксов и уверенности, что предсказания возможны? Предположительно, синхронности работают вне времени и пространства, поэтому переконфигурировать прошлое и завуалировать тексты с предсказаниями не должно было быть проблемой. Может быть, все эти ясновидящие совершенно реально делали предсказания в то время и, поэтому, они справедливо заработали свою известность. Однако, все истинные предсказания, которые затрагивали серьёзные события, были «разбавлены» неким «информационным шумом», то есть несбывшимися прорицаниями, а то и уничтожены, чтобы человечество не придавала настоящим предвидениям внимания и продолжало развиваться по своим естественным законам.

Конечно, причины могли быть и более прозаичные. Раньше не было интернета. В основном, предсказания делались в местных газетах или на радио. А значит, найти оригинальный материал — очень сложно. И, конечно, это могло быть просто мошенничество.

Я просмотрел предсказания религиозного философа Елены Блаватской (1831 – 1891), американского ясновидящего Эндрю Дэвиса (1826 – 1910), мистика Эдгара Кейси (1877 – 1945), советского артиста Вольфа Мессинга (1899 – 1974) и болгарской ясновидящей Ванги (1911 – 1996). Согласно интернету, все они давали много ложных прорицаний. Их предвидения новых технологий можно объяснить тем фактом, что прототипы таких технологий уже были в то время. Но интересно то, что первоисточников с их записями было найти довольно трудно. В основном я находил интерпретации их предсказаний третьими лицами.

10.4 Предчувствия трагедий

В этой книге мы интересуемся предсказаниями, которые трудно совместить со знанием предмета. Нас интересует интуитивное прогнозирование грядущих трагических событий. Такие виды предвидения, по большей части, возникают в сознании «проблесками» и «вспышками». Именно такие события связаны с большими эмоциональными переживаниями, которые способны влиять на нашу связь с первопричинным источником информации вне временных рамок. Здесь мы имеем дело со спонтанным доступом к новой информации о будущем. Рациональное мышление не применимо в таких ситуациях.

Как я уже говорил ранее, когда имеешь дело с предсказаниями отдельных людей, то первое, что бросается в глаза это то, что очень трудно найти хорошо документированные предсказания до того, как событие свершилось. Случай с Нострадамусом

— особый. Смотрите главу <u>10.1 Нострадамус</u>. Он был один из немногих кто написал книгу с большим количеством предсказаний.

Один из наиболее впечатляющих случаев хорошо документированного предсказания я обнаружил на полке книжного магазина «Барнс энд Ноубл» (Barnes & Noble) в 2024 году. Книга была вызывающего ярко-оранжевого цвета и имела название «Конец дней: Пророчества и предсказания о конце света» (Browne and Harrison 2008). Главным автором книги была американская писательница, медиум и экстрасенс Сильвия Браун (1936 – 2013). Книга была опубликована в 2008 году. Меня заинтересовало одно предсказание, которое звучало так:

«Примерно в 2020 году по всему миру распространится тяжёлое заболевание, похожее на пневмонию, которое будет атаковать лёгкие и бронхи и сопротивляться всем известным методам лечения ... Более загадочным, чем сама болезнь, будет тот факт, что она внезапно исчезнет так же быстро, как появилась. Она атакует снова через десять лет и затем исчезнет полностью.»

Разумеется, она имела в виду Коронавирус (COVID-19), набравший силу в 2020 году. Какова вероятность того, что такое предсказание было случайным совпадением? Мы сделаем довольно консервативную оценку: предположим, что писатель рассматривал промежуток времени с 2008 по 2019 год. Это даёт 1/(2019— 2008) для вероятности того, что время было угадано верно.

Существует несколько способов говорить о некой болезни. Давайте предположим, что смертельное заболевание может затрагивать только 5 самых важных органа: мозг, сердце, желудок (и органы, связанные с ним), центральную нервную систему и лёгкие. Это даёт вероятность 1/5 для угадывания типа болезни. Так как она подчеркнула, что болезнь исчезнет быстро, мы предположим вероятность 1/2 (50% для «быстро» и 50% для «медленно»). Полная вероятность будет:

$$1 / (2019{-}2008) \times 1/5 \times 1/2 = 0.0092.$$

Эта вероятность того, что Браун случайным образом угадала, когда появится и как будет выглядеть мировая болезнь. Вероятность 1% достаточно мала для любых практических целей. Она приблизительно равна 6–7 выпадениям «орла» (или «решки») подряд при бросании монеты. Ясновидящая сделала несколько других предсказаний на 2020-е года, которые оказались неверны. Но даже если она сделала 10 попыток каких-либо предсказаний, увеличив полученную вероятность на порядок по величине, всё равно даже 10% — это хорошая точность. Если в 2030-м году появится новая вспышка болезни с похожими симптомами, как предсказала Браун в 2008 году, вероятность случайного угадывания будет исключительно мала (просто умножьте 0.0092 на $1/(2030-2008)$).

Это один из редких случаев, когда предсказания действительно были хорошо зафиксированы заранее, а саму книгу легко купить даже сейчас. В подавляющем большинстве случаев найти конкретные предсказания в публикациях непросто. Вот несколько примеров предсказаний, которые трудно проверить, так как сами предсказания не были задокументированы.

В мае 1969 года, Джозеф ДеЛуиз (Joseph DeLouise, 1927 – 2006), Чикагский экстрасенс и автор, известный своими предсказаниями будущих событий, предсказал крушение реактивного самолёта недалеко от Индианаполиса (город в США). Предположительно, предсказание впервые было сделано по радио в радиопрограмме Эдди Хаббарда WLS и повторно, когда он был гостем радиоведущего Боба Алларда в эфире WOC, Давенпорт, Айова. Он сказал, что число 330 будет иметь важное значение, но не знает, какое именно, и что 79 человек будут убиты. Действительно, 10 сентября 1969 года в 15:30 (3.30pm) самолёт DC-9 авиакомпании Allegheny Airlines столкнулся с частным самолётом недалеко от Индианаполиса. Экипаж из 4 человек и 79 пассажиров погибли.

Это предсказание выглядит весьма удивительным и точным. Даже приблизительная оценка вероятности того, что такое предсказание было случайным угадыванием, даёт значение 10^{-5}. Однако доступные источники, описывающие это предсказание, были созданы в газетах и интернете после того, как трагедия произошла. Найти записи той радиопрограммы невозможно. Поэтому, я не могу утверждать, что такое предсказание было сделано до трагедии.

Вот ещё одно предсказание. Болгарская ясновидящая Ванга (1911 — 1996), в 1980 году говорила, что *«В конце века, в 1999 или 2000 году, Курск окажется под водой, и весь мир будет его оплакивать»*. Действительно, в конце лета 2000 года в Баренцевом море затонула атомная подводная лодка «Курск». Трагедия унесла жизни 118 членов его экипажа. Однако, это пророчество не имеет документальных подтверждений.

Я решил покопаться в интернет-форумах и понять — есть ли какие-нибудь материальные доказательства того, что Ванга сделало такой прогноз. Оказалось, что есть много людей на интернет-форумах, которые уверяли, что они читали этот прогноз в советских газетах 20 лет до аварии. Ошибки быть не могло. Те, кто жили в городе Курск, находящемся в центральной части России, хорошо запомнили эту статью, потому что Ванга уделила внимание их городу. Но в 1980-х годах это предсказание выглядело нелепо: если речь шла о городе Курске, то «затопление водой» этого города трудно было себе представить. Этот город стоит на возвышенности. Одна из версий — это то, что такое пророчество появилось в какой-то местной газете как шутка. Но совершенно никто на этих форумах не смог отыскать ту старую газету. Тут надо заметить, что в СССР газет было мало. Они тщательно проверялись насчёт дезинформации, религии и псевдонауки. Однако, официальная пресса часто писала о Ванге.

Самое «обыденное» объяснение в истории с Курском такое: найти старую советскую газету, где Ванга сделало предсказание, действительно довольно сложно по разным причинам. Но ясновидение было. В этом случае мы имеем дело с достаточно точным предсказанием. Вероятность чистого угадывания исключительно мала, если учесть характер трагедии (затопление) и слово «Курск».

Другое объяснение — «эффект Манделы». Это явление связано с ложной коллективной памятью. Эффект Манделы это когда у многих людей появляются воспоминания, которые противоречат реальным фактам. В этом случае никакого предсказания не было. В 1980-х годах Ванга ничего о Курске не говорила. Все эти люди на форумах ошибаются.

Вот ещё один из примеров эффекта Манделы. Люди хорошо помнят, как Генсек СССР, Никита Хрущёв (1894 – 1971), стучал ботинком по трибуне и угрожал США словами «мы вам покажем Кузькину мать» на заседании ООН в 1960 году. Вы даже можете найти фотографию генсека с ботинком в руке и раскрытым ртом. Но ничего подобного не было. Он просто стучал ботинком и такой фразы не произносил. Фраза «Мы вам покажем ещё мать Кузьмы!» была произнесена Хрущёвым во время осмотра американской выставки в Сокольниках в 1959 году.

Есть разные объяснения эффекта Манделлы. Вплоть до самых фантастических — от сбоях в компьютерной симуляции нашего мира до «расщепления» вселенных с разными линиями событий. Одна из наших фантастических гипотез — редактирование прошлого. Точнее, сами события происходили так, как люди их помнили. Но информация, дошедшая до нас, видоизменилась. В случае с предсказанием Ванги, можно предположить, что все эти люди из города Курск помнят статью о затоплении Курска правильно. В 1980-х такая статья была. Но все материальные доказательства уничтожены, благодаря синхронизму. Для чего? Чтобы минимизировать влияние таких предсказаний на естественных ход событый.

Если почитать статьи о Ванге в 2020-х, то оказывается, она ни одного предсказания не сделала. Оно было просто мошенница, работающая на секретную службу коммунистической партии Болгарии. Но как объяснить её влияние в те годы? Здесь явно какое-то противоречие. Может ли быть так, что именно сейчас происходит подлог правдивой информации о том времени, чтобы ни у кого не вызывало сомнений, что предсказания будущего невозможно?

Как мы видим, одиночные прогнозы, которые не имеют достоверных архивных записей до момента совершения трагедии, не очень легко проверить. Однако можно проанализировать статистические данные о реакции людей перед тем, как трагедия свершилась. Другими словами, вместо того, чтобы искать прогнозы до того, как события случилось, можно сосредоточиться на анализе данных после того, как они произошли. Если люди могут предчувствовать беду, то они бессознательно должны избегать ситуаций, где их жизни что-то угрожает.

Например, можно проверить, сколько людей находится в машинах, с которыми случилась авария, и сколько в среднем было людей в машинах, с которыми ничего опасного не произошло. Если люди неосознанно почувствуют, что ехать небезопасно, то они пропустят поездку. В случае с машинами, такой подход будет зависеть от слишком многих посторонних факторов. Например, водители с большим количеством людей будут больше отвлекаться на посторонние разговоры, а значит и аварий будет больше с машинами, где много людей.

Или другой способ — проверить сколько пассажиров находилось в самолётах во время авиакатастроф, а сколько в похожих рейсах до авиакатастроф. Это тоже непросто, поскольку авиакатастрофы довольно редки, и между ними большие промежутки времени.

Но есть один набор данных, который выглядит очень интересно. В 1960-е годы Чикаго был одним из главных железнодорожных узлов. От Чикаго отходило больше железнодорожных путей в разные направления, чем от любого другого города Северной Америки. Многие люди пользовались поездами, чтобы добраться из одного места в другое. Крушения поездов случались также довольно часто, поскольку железнодорожная система была перегружена, и не было компьютеров для оповещения и управления движением в густой паутине дорог. Это время было идеальным для того, чтобы сделать анализ данных о количестве пассажиров, находящихся в поездах до и во время железнодорожных катастроф.

Это и было сделано в 1956 году исследователем Э. У. Коксом (Cox 1956), который написал статью для Журнала Американского Общества Психических Исследований. Он искал доказательство предвидения смертельных крушений поездов с 10 или более погибшими, изучая количество забронированных билетов в поездах до трагедий. Он сделал расчёт для 28-ми конкретных аварий.

Его гипотеза была такой: любая форма предвидения может быть выявлена если обнаружить снижение количества бронирований билетов на конкретные поезда в те дни, когда случаются аварии. Результаты таких исследований действительно оказались положительными. Он обнаружил, что в дни, закончившиеся катастрофой, путешествовало немного меньше пассажиров. Он интерпретировал этот факт как бессознательную мотивацию людей принимать решения, которые позволили бы им избежать негативных последствий. Но эффект не был настолько сильный, чтобы доказать такое явление. Глава <u>20.14 Приложение</u> приводит эти данные и рисует график отклонений от среднего.

Надо сказать, что в последнее время появилось достаточно много исследований такого рода. Эти исследования, действительно, приводят к заключению, что такое явление существует (Ben et al. 2016). В большинстве случаев критические замечания для таких заключений вызваны другой системой веры, а не научным разбором этих результатов. Такие замечания не основаны на попытках повторить подобные эксперименты и опубликовать опровержения. Это уже говорит о склонности игнорировать такие результаты. Поэтому, для науки, этот вопрос остаётся открытым. Для тех, кто верит, опираясь на свой персональный опыт, этот вопрос давно уже решён.

11 Сны и совпадения

Каждый день наше сознание «выключается» на достаточно долгий промежуток времени. Мы не слышим, не видим и не чувствуем. Наше сознание находится как бы в другом мире. Проснувшись утром, невольно задаёшь вопрос — где я был всё это время? А если разбудить человека внезапно ночью, то он не сразу поймёт, в каком мире он находится.

В настоящее время наука уже довольно много знает о том, что происходит в нашем мозгу во время сна. Но как часто бывает в науке, мы лишь можем описать, что происходит с организмом в такие моменты, но не знаем точно о причине сна.

Меня всегда интересовал один вопрос — а зачем спать? Если мы находимся на позициях естественного отбора, при котором выживает самая приспособленная особь, то сон — это самое неприятное, что может случиться с преследуемым охотником животным. Ведь во время сна нет никакой защиты от хищников. Биологические особи с наименьшим количеством часов для сна получат невероятно большое преимущество перед животными, которые спят долго. А после сотен миллионов лет эволюции, можно ожидать, что только животные, которые научились обходиться без глубокого сна, или способны отдыхать в полудрёме, станут доминантными видами. Если этого не произошло, возможны несколько сценариев: механизм естественного отбора имеет недостатки, или сон настолько важный механизм для жизни, что без него сложная жизнь немыслима. Одна из гипотез предполагает, что процесс сна помогает функциям организма для выведения из мозга вредных продуктов жизнедеятельности, накопившихся в мозговых клетках.

Допустим, сон является абсолютной необходимостью для функционирования сложных организмов. Он нужен для того, чтобы тело и мозг отдохнули и очистили организм. Но какой тогда смысл в сновидениях? Для экспертов этот вопрос является по-прежнему нерешённым. Преобладающая гипотеза заключается в том, что сновидения консолидируют и анализируют воспоминания. После такого анализа сновидения служат «репетициями» различных ситуаций и проблем, с которыми человек сталкивается в дневное время. Когда мы спим, наш мозг продолжает действовать. Во время сна в организме происходят восстановительные процессы. Это процессы консолидации и избавления от ненужной информации.

11.1 Сновидение как информация

Среднестатистическому человеку снится около четырёх сновидений за ночь. В среднем, люди видят сны около 2 часов каждую ночь. В большинстве случаев люди видят сновидения в фазе быстрого сна (с быстрым движением глаз), во время которого происходит мыслительный процесс. Но этот интеллектуальный процесс совершенно другой. Мы не думаем мыслями и словами, как во время бодрствования. Когда мы видим сны, у нас нет понятия времени и нет линейных причинно-следственных связей. Вместо этого мы думаем и ощущаем этот мир символами, эмоциями и знаками. Возможно, именно знаковый язык имеет более прямой доступ в мир идей-форм (смотрите главу 16.4 Символы и формы идей).

И тут надо задать простой вопрос. Зачем видеть сон во время обработки и анализа воспоминаний? Это очень энергозатратный процесс, так как происходит расход энергии на сновидения. Ведь конструирование сценических образов и новых ситуаций — это тоже своего рода работа по созданию смысловой информации. Часто мы не отдыхаем, видя сны, так как мозговая активность практически такая же, как и во время бодрствования. Просто мозг работает по-другому (Borbley 1988).

Даже если вы не разбираетесь в биологических процессах, происходящих в мозгу, можно заметить одну странность. Обработка информации и одновременный просмотр сновидения — довольно несовместимые операции. Это как будто вы делаете резервное копирование данных на компьютере, передвигая и обрабатывая громадное количество информации, и при этом, включайте видеофильм на этом же компьютере для его просмотра. Вы не просто смотрите этот фильм — вы его создаёте из тех же обрывков информации, которые удаляются или сжимаются в размере. Такие операции с массивами данных обычно делают ночью, когда компьютер не является активным.

Другая проблема в том, что за свою жизнь человек видит порядка 130,000 сновидений. И практически все они не запоминаются. Один из редких людей, кто мог запомнить сновидения, был лауреат Нобелевской премии по физике Вольфганг Паули, о котором мы говорили ранее. Карл Юнг собрал около 1300 сновидений Паули и проанализировал их. Впоследствии Юнг использовал эту информацию в своих работах «Психология религии» и «Психология и алхимия». Главная идея его подхода в том, что во сне вы встречаете архетипы, то есть универсальные символы, которые представляют собой фундаментальный человеческий опыт и коллективное бессознательное. Сновидения открывают нам мир символов и архетипов, в который мы погружаемся, отрываясь от разума и чувств внешнего мира.

Но если мы забываем подавляющее количество сновидений, то какова их польза? Тут возникает двойной парадокс. Сначала мозг тратит энергию на создание сновидений в то время, когда именно эти ресурсы необходимы для переработки информации. А затем, вся эта информация куда-то пропадает. А ещё поразительно то, что те сновидения, которые запоминаются, в большинстве случаев, не являются чем-то полезным во время бодрствования. Например, я ни разу не заметил ситуацию, во время которой я смог бы использовать свои сны для какой-то цели. Однако, вспоминая сны днём, я испытывал эмоциональное возбуждение: те отрывки снов, которые запомнились, были слишком необычны и не поддавались описанию в концепциях этого мира.

Тут опять уместна аналогия. Допустим, каждую ночь вы идёте в кинотеатр и просматривайте несколько фильмов за один поход в кино. Ваше тело расслаблено и отдыхает. Вы находитесь в темноте. Затем, вы выходите из кинотеатра, и обнаруживаете, что практически всё, что вы видели, напрочь забыто. А сами эти фильмы, уже никогда не повторяются в прокате, так как они уничтожены. Возможно, вы даже обнаружили, что кто-то из вас не вышел из этого театра. Когда вы погружены в мир фильма, вы настолько им поглощены, что становитесь лёгкой добычей для хищников. Это то, что должно происходить в природе с заснувшими животными.

Вы, наверное, заметили всю абсурдность объяснений о существовании сновидений. Трата энергии на создание символьных данных, воспринимаемой нашим сознанием как сновидение, а затем уничтожение этой информации, не укладывается в разумное объяснение.

Можно предположить, что всё-таки сны полезны. Каким-то образом они изменяют наше эмоциональное отношение к жизни на подсознательном уровне во время бодрствования. Но это не очень убедительно. Также неубедительно и то, что сновидения – это просто некоторый побочный продукт обработки информации, такой как сжатие и удаление. Я думаю, вы нигде не найдёте примеры, когда созданные смысловые сюжеты является побочными продуктами какого-то технического процесса с информацией.

Гораздо более естественным является ситуация, когда сновидений просто не должно быть, чтобы организм использовал свой биологический ресурс для обработки воспоминаний на все 100%. А если сны являются непреднамеренным побочным продуктом, то они должны состоять из обрывков информации из предыдущих дней. Последний вариант является тоже достаточно редким.

Однако есть более логическое объяснение, хотя и несколько фантастическое. Но, как мы говорили ранее, красивое объяснение, скорее всего, может являться неплохим отражением реальности. Это объяснение такое: мы тратим энергию на сновидения потому, что это часть нашей жизненной программы и часть пазла, почему мы вообще здесь. Сон – это момент, когда мы подсоединяемся к бессознательному, к субъективной психическая реальности, находящейся за пределами физического мира. Для чего? Возможно, для обмена информацией с этим бессознательным. Затем сновидения стираются, так как в течение дня они нам не нужны. Наш мир совершенно другой, в отличие от мира психической реальности. Эта информация совершенно бесполезна там, где постоянно текущее время диктует свои правила для физической активности в скафандре из химических элементов. А строгая причинно-следственная логика нашей реальности настолько другая, что даже отблески мира идей не являются чемто полезным для нас.

Как я пояснял ранее в главе 7.2 Дающий законы, совершенно абстрактные теоретические модели нашего мира способны описывать наблюдаемые явления. Это не только касается математических уравнений, но и всех общих концепций науки. Мы рассмотрим, как это может возникать в главе 16.4 Символы и формы идей.

В случае со сновидениями, такая модель может выглядеть так: сновидения нужны для обмена и передачи информации. Это одна из целей нашего пребывания здесь. Это гораздо более важный процесс для живых организмов, чем опасность быть съеденными хищниками во время сна. Именно поэтому естественный отбор «застопорился» на этом пункте и не стал предпочитать особей, которые не спят. Либо спят таким образом, чтобы глаза поочерёдно открывались для реакции на малейшее движение вокруг. Это просто несколько примеров сценариев, когда организм и мозг может отдыхать, при этом не подвергая себя опасности быть съеденными хищниками.

Возможно, нахождение в этом мире не является чем-то естественным для нас. Человек находится в биологическом скафандре, чтобы взаимодействовать с молекулярным окружением. Он, как водолаз, исследует поверхность дна океана. Эта его дневная жизнь. Но, время от времени, ему надо выйти на поверхность, заправить кислородные баллоны и передать собранные со дна океана образцы фауны. Это и есть сон. А затем мы опять надеваем скафандр и отправляемся в новый путь на дне океана. И так всю жизнь. До тех пор, пока скафандр не износится и наступит момент, когда необходимо вернуться на поверхность навсегда, отдав изношенное снаряжение миру атомов и молекул. Или заменить скафандр на новый, если вы решили вернуться.

В этой аналогии видеть сновидение — это нахождение в процессе обмена информацией. Информация не создаётся специально для сновидений. Тогда, что значит видеть сны? Может быть, наш мозг получает обрывки информации непроизвольно, интерпретируя их как сновидения? Это непреднамеренный доступ к ресурсу, куда мы отправляем нашу информацию? Тут можно привести такую аналогию: допустим, кинокамера записывает информацию через объектив на плёнку. Это аналогия сна. Но даже при этом процессе вы можете заглянуть внутрь объектива кинокамеры и увидеть искажённые картинки на фоне сенсора этой камеры. Этот сенсор — открытый доступ в мир смыслов, куда ваша информация направляется. А искажения привносятся интеллектом мозга, который существует для совершенно конкретных целей — взаимодействия с этим миром. То, что вы видите внутри объектива, это не вновь созданная информация. Она всегда там была. Во время сна вы её обогащаете своим опытом из этого мира.

Как мы уже говорили, один из способов, чтобы проверить некоторую логическую красивую и непротиворечивую модель — это посмотреть на её предсказания.

Одно из самых простых предсказаний такой фантастической гипотезы это то, что сон должен быть более крепким, если у вас была более интенсивная активность в течение дня. В этом случае вы собираете больше впечатлений, эмоций и информации. Разумеется, передача всего этого опыта займёт больше времени. К сожалению, если сон — это всего лишь упаковка, распаковка и анализ данных, то такие сны также должны занять больше времени. В этом смысле невозможно сказать, как разделить материалистическое описание сна от объяснения, где наш сон является всего лишь состоянием организма, в течение которого информация передаётся.

Однако, если сон является способом передачи информации, в течение которого может проникать новая информация по каналу обратной связи и деформироваться интеллектуальной составляющей мозга, то наша модель приведёт к несколько другому предсказанию. А именно — к сновидениям, которые могут описывать некоторые будущие события. Это потому, что время как таковое не существует в реальности, куда мы свою информацию отдаём.

11.2 Сновидения и новая информация

Итак, если сон — это просто побочный эффект, происходящий во время сжатия, компрессии, удаления и анализа информации, то весьма маловероятно, что такие процессы могут привести к сновидениям. Особенно, если они содержат в себе события, которые могут произойти в будущем.

Однако, если сновидения — это некая деформированная нашим интеллектом новая информация, «просочившаяся» из духовного мира в момент, когда «ворота» открыты для обмена информации с реальностью смыслов и вселенского разума, то довольно естественно ожидать возможность появления вещих сновидений. Как мы предположили, та другая реальность не имеет стрелы времени, либо она направлена в совершенно другую сторону. А значит, «отклик» будущих событий в наших снах возможен. Именно так воспринимал сновидения Карл Юнг. Он писал (Jung 1901): «Сновидения готовят, объявляют или предупреждают об определённых ситуациях, часто задолго до того, как они действительно произойдут.»

Если сон является каким-то случайным процессом, создающим «мешанину» из каких-то событий прошлого, либо из картинок с бессознательными фантазиями, то среди 8 миллиардов людей найдутся те, у кого сновидения действительно предсказали события будущего. Это просто закон больших чисел, помноженный на 130,000 снов, которые мы видим в течение своей жизни (правда, не все сны запоминаются).

В этой книге мы разберём одну историю, следуя нашему принципу отбора ситуаций на основе критериев, не связанными с получением известности благодаря самим этим удивительным происшествиям. Мы рассмотрим случай, когда сновидение было явно вещим. Этот человек попадает в категорию людей, к которой пришла известность не потому, что он увидел вещий сон, а потому, что он стал известен благодаря другим деяниям.

11.3 Сон Марка Твена

Для меня Марк Твен (1835 – 1910) входит в десятку наиболее известных писателей. Учась в средней школе, я читал произведения Марка Твена, которые входили в обязательную школьную программу.

Эта история о сновидении Сэмюэла Клеменса (он же Марк Твен). Ему приснился сон о его брате Генри, которого устроил работать на тот же пароход «Пенсильвания», где он сам работал. Однажды Сэмюэл ночевал в доме своей сестры. Ему снилось, что он смотрит на металлический гроб, стоящий на двух стульях. В гробу лежал бездыханный Генри, а на его груди лежал букет белых цветов с единственным малиновым цветком. На нем был один из костюмов Сэмюэля.

Вскоре после этого, «Пенсильвания» отправилась в Новый Орлеан. Но Сэмюэл подрался с другим членом экипажа, и как результат, был переведён по собственному желанию на другой корабль, покинув пароход «Пенсильвания». Недалеко от Мемфиса что находится в штате Теннесси, паровой котёл на пароходе «Пенсильвания» взорвался. Около 250 пассажиров погибли. Его брат был тоже серьёзно ранен, получив ожоги при взрыве котла. Через несколько недель брат умер от передозировки опиума, который ему вводили, чтобы уменьшить боль.

Его красивое лицо было нетронутым, и добрые женщины-добровольцы были настолько тронуты его красотой и невинностью, что подарили ему лучший металлический гроб. Сэмюэл Клеменса так описал встречу с умершим братом:

«Когда я вошёл в похоронном бюро, там лежал Генри в открытом металлическом гробу посредине на двух стульях. Он был одет в костюм из моего гардероба. Он взял его без моего ведома во время нашего последнего совместного пребывания в Сент-Луисе. Я сразу понял, что здесь точно воспроизведён мой сон, увиденный за несколько недель до того, во всяком случае, во всех этих деталях, — и я подумал, что одной детали не хватает; но она тут же появилась: вошла пожилая дама с большим букетом, составленным, преимущественно, из белых роз, и с красной розой в центре, и положила букет ему на грудь».

Марк Твен продолжал пересказывать обстоятельства смерти до конца своей жизни. Он был одним из первых, кто присоединился к Обществу психических исследований после того, как оно было основано в Лондоне в 1882 году, в надежде, что его исследователи смогут помочь ему понять механизм предвидения сновидений.

Давайте подсчитаем вероятность того, что этот сон является случайным совпадением. Так как мы очень мало знаем обо всех вероятных ситуациях в таких снах, то мы будем просто считать, что вероятность каждого совпадения равна 50%. То есть она может произойти с вероятностью 50%, или не может произойти с вероятностью 50%. Мы уже обсуждали ранее, почему имеет смысл так делать в главе <u>3.3 О вероятностях</u>. Теперь считаем:

1. Вероятность того, что Генри умер (или нет) — 0.5

2. Вероятность, что он в костюме Сэмюэла (или нет) — 0.5

3. Вероятность, что он в металлическом гробу (или нет) — 0.5

4. Вероятность, что он стоит на двух стульях (или нет) — 0.5

5. Вероятность, что белый букет с розой в центре? Здесь можно рассмотреть несколько цветовых комбинаций: белый, красный, жёлтый — наиболее распространённые цвета. Можно построить 6 двоичных комбинаций и 3 комбинации с монотонным букетом. В результате получим 1/9 или 0.11. Мы предположим, что вероятность того, что какие-то цветы принесут, равна 100%.

Полная вероятность:

$$0.5^4 \times 0.11 = 0.0069.$$

Это маленькое значение. Оно меньше вероятности выпадения «орла» 7 раз подряд при бросании монеты.

Также заметим, что это условная вероятность, то есть мы её посчитали при условии, что Марк Твен видел только брата Генри, но никого другого. Хотя в его семье было семь братьев и сестёр. Пожалуй, это самая консервативная вероятность, которую можно получить, так как мы брали 0.5 для вероятности каждого события. Например, вероятность того, что его брат будет в костюме Сэмюэла или появления редкого металлического гроба в сновидении, может быть гораздо меньше, чем 50%.

Давайте теперь разберём этот пример с точки зрения нашей концепции, рассмотренной в главе 5 Как взломать код. С моей точки зрения, Марк Твен входит в десятку наиболее популярных авторов. Это сновидение описывает одно из самых значимых для Марка Твена событий. Он был близок со своим братом не только благодаря родству, но также потому, что они вместе работали в одном месте. Это создаёт смысловую привязку и может увеличить вероятность синхронизма. Оба эти факта серьёзно уменьшают количество возможных событий при подсчёте вероятности появления совпадений благодаря случайности.

Заметим, что приведённые Карлом Юнгом примеры (Jung 1973) синхронности в случаях со сновидениями не всегда являются убедительными. Вот отрывок из его книги:

«Я обнаруживал "совпадения", настолько многозначительно связанные, а вероятность их "случайности" выражалась такой астрономической цифрой, что они явно были "смысловыми". В качестве примера я приведу случай из своей практики. Я лечил одну молодую женщину, и в критический момент её посетило сновидение, в котором ей вручили золотого скарабея. Когда она мне расска-зывала это своё сновидение, я сидел спиной к закрытому окну. Неожиданно я услышал за собой какой-то звук, напоминавший тихий стук. Я обернулся и увидел какое-то летучее насекомое, которое билось о наружную сторону оконного стекла. Я открыл окно и поймал создание на лету, как только

оно залетело в комнату. Оно представляло собой самый близкий аналог скарабея, который только можно найти в наших широтах. То был скарабеидный жук, хрущ обыкновенный (Cetonia aurata), который, вопреки привычкам, явно именно в этот момент хотел проникнуть в тёмную комнату. Должен признаться, что ничего подобного не случалось со мной ни до того, ни потом, и что сновидение пациентки осталось уникальным в моей практике.»

Я вовсе не думаю, что вероятность такого совпадения «астрономическая». Почти все мы встречались с ситуациями, когда, подумав о чём-то или увидев что-то во сне, мы встречаем это в реальной жизни. В данной ситуации, вероятность не астрономическая, потому что мы не знаем сколько пациентов приходило к Юнгу лечиться. Мы узнали об этом событии и об этом пациенте только потому, что это совпадение произошло. Но самое главное — это то, что в течение дня с нами происходят тысячи малозаметных событий. И мы обычно не обращаем на них внимания. Мы начинаем обращать внимание только на события, которые каким-то образом совпали.

Случай, описанный Юнгом, не является значимым событием для судьбы этого пациента. Но если он был таковым, то здесь могла сыграть роль ретропричинность. Вначале, пациент увидел этого жука в офисе. Это было настолько поразительно, что его память о сновидении видоизменилась таким образом, что жук появился во сне пациента. Разумеется, это существенно усилило чувство удивления.

11.4 Из персонального опыта

Я уверен, что многие из вас видели сновидения, которые можно интерпретировать как предсказания будущего. Если же вы сами такие сновидения не видели то, вероятно, слышали подобные истории от ваших родственников. Однако посчитать вероятность появления вещих сновидений благодаря случайности не так просто из-за необходимости индивидуального подхода. Как уже было сказано, мы должны сконцентрироваться только на сновидениях, в которых предсказания касаются важных событий. Таких событий в жизни человека не так много, пожалуй, 10–20. Для таких ситуаций принцип больших чисел («может случиться всё, когда имеется слишком большое количество возможностей») не является большой проблемой, чтобы убедится, что такие предсказания действительно необычны.

Здесь я расскажу несколько случаев, связанных со сновидениями, которые можно характеризовать как вещие. Один из таких снов связан со смертью моей мамы. Её поместили в искусственную кому после клинической смерти, и она долго лежала в реанимации в Минске. Я жил в Чикаго. Незадолго до её смерти, когда она ещё была в коме, я заснул в 22:00 и проснулся в 23:00. Я не помню, чтобы раньше я просыпался ровно через час в это время суток. Сновидение было такое: я на собрании в режиме онлайн и ожидаю начала моего выступления. Но мама пытается меня отвлечь. Я начинаю злиться, пытаясь объяснить ей, что сейчас я очень занят. Но она не слушает, и продолжает меня отвлекать. В конце концов, я кричу, чтобы она оставила меня в покое, так как мне надо выступить на собрании. Я поворачиваюсь к ней спиной и чувствую, что она обнимает меня сзади. Я одновременно ощущаю нежность, любовь и стыд за то, что я не уделяю ей внимания. Я проснулся в 23:00 в холодном поту. Согласно моей сестре, которая приходила в больницу, мама больше не приходила в сознание. Она умерла через неделю. Тот день, когда я её увидел во сне, для неё был точкой невозврата. О последующих событиях рассказано в главе 6.8 Из моего опыта.

Другое событие было связано со смертью моей бабушки. В 1990-х я учился и жил в Голландии. Несколько дней подряд я просыпался ровно в 3:15 ночи от странного сновидения, в котором я видел перед собой свою бабушку, какой я её помнил раньше. Я совершенно не мог понять, почему это происходит со мной. В то время она жила в деревне в Белоруссии, но я не знал о ней ничего. Однажды мне сообщили, что она умерла. Сравнив дни, когда она умирала, с днями, когда я видел её во сне, я обнаружил точное совпадение.

Я думаю, что почти каждый из нас слышал похожие истории. Это типичные сны-предупреждения. Существуют ли логические объяснения таким сновидениям? Может быть, мозг, будучи активен во время сна, выстраивает прогноз на будущие события? Возможно. Но эта гипотеза вряд ли способна прояснить удивительные совпадения по времени таких сновидений с реальными событиями. Я не уверен, что она может объяснить огромное количество увиденных во снах деталей, которые оказались совершенно точны, как в истории из главы <u>11.3 Сон Марка Твена</u>.

12 Мицелий смыслов. Рассказ

Если предположить, что есть внешний источник информации, определяющий процессы в этом мире, то я не думаю, что это влияние происходит благодаря некоему физическому полю. Многие приведённые в этой книге удивительные совпадения и ситуации возникают на разнесённых временных участках и заметны на громадных и невероятно малых масштабах материи, как в случае тонкой подстройки Вселенной. Они затрагивают судьбы людей. Лучшей аналогией является компьютерная симуляция, где мы являемся участниками игры, а окружающий мир — это многомерное изображение симуляции. Образно выражаясь, материальный мир — это рисунок, нанесённый на полотно смыслов переносимой информацией.

Этот рассказ является небольшой передышкой для тех, кто менее склонен к абстрактным философским размышлениям. В 2017 году мне представилась возможность отдыха от повседневной рутины в замечательном месте — в итальянских Альпах. В один из дождливых осенних вечеров я прогуливался по извилистой горной тропинке по направлению к своему отелю. Сзади я услышал шум приближающихся шагов. Обернувшись, я увидел молодого человека, который с энтузиазмом приветствовал меня и предложил свою компанию. Я был не прочь скрасить одиночество своего пути и с радостью согласился.

Он был высок и красив, но во взгляде его тёмных глаз было что-то нереальное — необычная уверенность и сила исходили от этого взгляда. Я чувствовал, что видел его раньше, но не мог вспомнить, где. Холодный ветер развевал его волнистые волосы. Солнце, заходившее за туманную гору позади нас, создавало ореол свечения над его головой, привнося эффект мистики в происходящее. Он представился как Мартин, и мы продолжили путь вместе.

Судя по непромокаемому плащу и резиновым сапогам, я встретил грибника. Но была одна необычная деталь, которая, как мне показалось, была совершенно неуместна — это новый блестящий кожаный портфель, наполненный свежесрезанными грибами.

Мы перебросились дежурными фразами, и после недолгой беседы о направлении нашего пути, он сообщил нечто необычное: он знает о людях больше, чем кто-либо другой. И он научился этому, собирая грибы.

Меня эта фраза поразила, и наше с ним общение быстро перешло в увлекательный диалог.

— Так вы хотите знать, что стоит за реальностью, которую мы называем жизнью?

Мартин коротко кивнул и продолжил, указывая на наполненную сумку.

— Видите ли, когда мы смотрим на растущий гриб в лесу, он выглядит неприметным. Но реальность, о которой мы может и не догадываемся, заключается в другом. Грибы — это доминирующая форма жизни. На самом деле, самые крупные живые организмы на Земле — это именно грибы. Гриб над поверхностью земли – это всего лишь плодовое тело, или цветок, предназначенный для размножения. Чего мы обычно не видим, так это мицелий или грибница — огромная сеть тонких клеток, пронизывающая почву и повсюду связывающая все надземные грибные тела. Он кивнул:

— Сейчас, весьма вероятно, вы идёте по одному из этих огромных грибов, даже не осознавая этого.

Я быстро взглянул на свои ботинки с прилипшей прелой листвой и задумался. Мой попутчик продолжил:

— Человек, как и гриб — это плод чистого сознания, существующий вне материальных ограничений пространства и времени. Он соединён с огромной сетью чистой информации, которая объединяет всех нас. Её невозможно зарегистрировать в этом материальном мире, так как она нематериальна. Мы все являемся проявлением огромной сети духовной информации. Кто-то называет это «богом», кто-то «нирваной». Люди придумали множество названий в зависимости от своих культурных особенностей. Но суть в том, что это всего лишь разная интерпретация одного и того же понятия. Это можно назвать «культурной предвзятостью». Есть много типов грибов. Только суть одна.

Он снова кивнул на свою сумку с грибами и улыбнулся. Я был заинтригован:

— Как вы можете это доказать? Является ли это вообще удачной аналогией человеческой жизни?

Мартин ответил:

— Доказывает наука. Но когда слишком много возможных догадок соединяются и говорят об одном и том же, то такие совпадения редко случаются просто так. Спрашивайте, и я постараюсь ответить, тем более что у нас достаточно времени пока мы дойдём до отеля.

Смысл жизни

Этот вопрос был слишком очевиден, чтобы его не затронуть в такой беседе. Я задал его после некоторого колебания, думая, что его ответ сразу объяснит всю нелепость аналогии людей с плодами грибницы.

— Хорошо, и в чём же тогда смысл жизни? — спросил я.

Он ответил почти не задумываясь:

— Люди, как и любые живые существа, появляются здесь для того, чтобы собрать информацию об этом мире, получить опыт, и вернуть это всё обратно, в первоначальную реальность — место, откуда мы все пришли. Мы путешественники, питающие ту, другую реальность новым опытом собранного в этом мире, эмоциями, впечатлениями и знаниями. Сами грибы подвержены влиянию солнца, ветра и дождя. Они сделаны так, чтобы выдержать любой контакт с миром на поверхности почвы. Как и надземные тела грибов, наши тела созданы из материи, которая наилучшим образом приспособлена для этого мира. Мы посредники, соединяющие обе реальности.

И продолжил после небольшой паузы:

— Грибы, как и люди, производящие потомство, также дают тела новой жизни через свои споры, или материальную субстанцию.

Пожалуй, здесь я увидел некоторую аналогию. Но все ещё не был уверен, куда он ведёт свой ход мыслей. Предупреждая мой следующий вопрос, он ответил:

— Цель жизни в питании информацией всего громадного мицелия. Без этой информации первичная реальность — это просто пустой сосуд.

После некоторой заминки Мартин пояснил:

— Все живое покоится на невидимом океане — огромной информационной субстанции. Чем сложнее форма жизни, тем сильнее способность собирать информацию и загружать её в реальность чистых идей. Но животные не способны производить и анализировать информацию о мире в той мере, в какой люди на это способны, так как животные не обладают способностью осознанного наблюдения и анализа. Люди собирают информацию, не задумываясь об этом. Повседневная деятельность, перемещение в пространстве, взаимодействие с живыми и неживыми объектами — всё соответствует именно этой цели. Чем богаче опыт взаимодействия с этим миром, тем больше материала для питания первоначальной реальности. Наука, искусство и культура являются одними из наиболее важных направлений аккумуляции информации.

Я попытался убедиться, что мне это не послышалось:

— То есть, по-вашему, люди просто собиратели. Как грибники? А для чего это нам?

Он быстро парировал:

— Вопрос не совсем корректный. Нам дали жизнь. Точнее тот, кто нам дал жизнь, это и есть мы.

Наш мозг

Мы начали подниматься на холм, а он продолжил.

— Наш мозг, как и мозг других животных, эволюционировал, чтобы собирать информацию об окружающем нас мире. У него две цели: первая — логическая часть с инстинктами для навигации в пространстве и сбора информации о физической реальности. Вторая цель – создание моста для загрузки и выгрузки этой информации в мир идей.

После небольшой паузы он дополнил:

— Когда вы бодрствуете, то взаимодействие с другим информационным полем минимально. Ваш мозг полностью настроен на текущую реальность. В конце концов, это основная среда его работы. Однако, когда вы спите, логические центры, отвечающие за функции в этом мире, не активны — у мозга совсем другая функция во время сна.

В этот раз я старался не перебивать и выслушал до конца.

— Как известно, сон – это самая насущная необходимость. Важнее еды. Люди могут сойти с ума или погибнуть, если не спят в течение нескольких суток. Если сон важнее еды, то это означает, что он является ключевым ингредиентом нашего существования. В среднем мы спим 25 лет нашей жизни. Это довольно много! Даже сегодня, тот факт, что мы не знаем, почему мы спим, смущает науку. Видите ли, существует множество теорий о том, почему мы спим. Проблема сна — это вопрос, на который нет точного ответа. Мы не понимаем, как возникло в природе это физиологическое состояние для подавляющего большинства живых организмов. Эта особенность не очень хорошо сочетается с теорией эволюции Дарвина: животные без необходимости в глубоком сне должны иметь огромное преимущество перед существами, которые проводят половину своего времени в ограниченном взаимодействии с окружающей средой. Процесс сна представляется весьма невыгодным для организма, поскольку он чрезвычайно уязвим для хищников. Что бы ни делал сон, он должен стоить риска отключения мозга. Но почему же тогда, после сотен тысяч лет эволюции, мы до сих пор не наблюдаем существ, которые вообще не спят, а отдыхают каким-либо другим способом?

Мартин продолжил свой монолог и сказал что-то настолько поразительно важное, что заставило меня остановиться посреди дороги:

— Люди и любые животные являются сборщиками информации этого мира. Эту информацию необходимо синхронизировать с сетью бессознательного. Без этой синхронизации эта обширная сеть, соединяющая всех в этой Вселенной, является пустой. Вам нужно поспать, чтобы загрузить собранную информацию в мир идей и смыслов. Как и для любого компьютера, желательно частое резервное копирование данных на внешний жёсткий диск. Сбой в работе нашего тела является наиболее распространённой причиной потери данных об этой сфере. Если тело выйдет из строя до того, как вы поделитесь данными, шансов на восстановление не будет. Вот почему важно регулярно создавать резервные копии этой информации, чтобы предотвратить её потерю.

Аналогия с компьютером была интересной. Я задумался. Хотя ночью я не делал резервных копий — я выключал «компьютер».

— Именно так. Собранные вами данные, визуальное и эмоциональное представление этого мира, вы «выгружаете» каждую ночь в ту реальность, которую я назвал «мицелий смыслов». Вы не можете прожить без сна больше, чем несколько дней. Ваша память не способна слишком долго хранить накопленные эмоции и опыт. Мозг людей слишком ограничен, чтобы накапливать в себе такой большой объём информации. Сон также стирает ненужную информацию, незначительные детали, и освобождает место для нового опыта. Именно поэтому мы не способны воспроизвести детали прошлого в точности. Мы только помним некоторые отрывки прошлого и наиболее запоминающиеся события. Мозг делает больше работы, чем вы думаете.

Я начал понимать, что он говорит, но решил уточнить:

— Итак, чем больше новых впечатлений вы получаете в течение дня, тем больше вам нужно сна, поскольку для загрузки данных требуется больше времени?

Его ответ дал мне понять, что его работа, по-видимому, связана с компьютерами.

— Людям, которые ведут активный образ жизни, нужно больше сна. Некоторые могут сказать – нужно больше времени на сон, чтобы восстановить силы организма. Но можно сказать по-другому – нужно больше времени для передачи информации. При перемещении информации мозг нужно отключить. Как вы знаете, когда вы устанавливаете патчи для компьютера, вам необходимо остановить всю операционную систему. Операционная система находится в автономном режиме, а компьютер — нет — он делает много вещей, но использует другой тип программного обеспечения, которое может работать, даже когда обычная операционная система находится в автономном режиме. На самом деле ночью мозг активен, но работает по-другому. Мозг не отдыхает, когда ты спишь, это точно.

Мартин продолжил:

— Мост между мозгом и мицелием смыслов в течение дня закрыт. Это делается для того, чтобы сконцентрироваться на этой сфере реальности и избежать любого вмешательства извне.

Я заметил некоторое недовольство в его голосе, но не совсем понял причину.

— Однако есть некоторые отклонения. Некоторые люди с аномально восприятием мира могут иметь очень большой доступ к мицелию смыслов, даже когда не спят. Это бывает несколько утомительным. Медитации и молитвы также могут на короткое время открыть этот мост, но связь никогда не бывает прочной и стабильной.

О сновидениях

Солнце уже почти село, накинув оранжевую тень на сосны. Нам пришлось двигаться быстрее. Он продолжил:

— Во время сна люди подключаются к мицелию смыслов для выгрузки данных. Так как информационные ворота в это время открыты, то вы можете уловить некоторые отголоски из другого мира. Они всегда наложены на ваш опыт и переживания. Такой симбиоз информации интерпретируется нами как сны.

Я заметил:

— Если сновидения — это фрагменты первичной реальности, то это не выглядит впечатляюще. Большинство того, что я вижу, когда сплю, полная ерунда.

Мой попутчик усмехнулся и прибавил ходу:

— Ну, допустим, сновидение — это побочный эффект, петля обратной связи, искажённая вашими эмоциями. Вы не можете контролировать то, что видите во сне, поскольку ваше тело и логическая и интеллектуальная часть мозга, отвечающая за существование в этой реальности, отключаются во время передачи данных.

Для меня это было слишком технично. Вероятно, моё лицо отразило это. Возникла неловкая пауза, во время которой у меня возникло ощущение, что его лицо стало ещё более знакомым, но несколько отличающимся от лица человека, когда мы начали беседу. Хотя теперь этот диалог превратился в нечто похожее на интервью или монолог. Я не успевал за его мыслями. И за своими. Мне показалось, что он прочёл моё состояние по выражению лица, и продолжил, замедлив темп:

— Хорошо, давайте будем использовать менее технические термины. Видите, ту платину на другом конце этой долины? Он махнул рукой.

Я последовал взглядом за направлением его руки и заметил серебристый блеск небольшого озера на другой стороне холма. Он посмотрел на меня:

— Это озеро собирает тающую воду вон с той горы. Плотина у подножия горы открывается, когда уровень воды достигает определённой точки, и вода начинает течь, поскольку ворота открыты. Сейчас плотина закрыта. Если вы находитесь за этой плотиной, со стороны, где собирается вода, то за воротами, куда должна течь вода, вы ничего не увидите. Эти ворота изготовлены из прочной стали и непрозрачны. Это аналогия вашего дневного состояния.

Он продолжил:

— Но, когда ворота открыты, и вода начинает течь вниз по долине, вы увидите, куда она уходит. Находясь на верхнем озере, даже если вы плывёте под водой, вы заметите очертания дна нижнего озера через толщу прозрачной воды, вытекающей вниз через открытые ворота плотины. Однако то, что вы увидите, будет искажено преломлением света через вытекающую воду. Вы получите лишь небольшой искажённый фрагмент информации о том месте, куда течёт вода. Для вас это будут деформированные изображения, которые интерпретируются вашим мозгом как сновидения.

Для меня это стало принимать некий смысл. Я попытался уточнить:

— Тогда что же значат кошмары? Прерывистые изображения ада внутри реальности идей?

— О нет, — ответил он, – Ада не существует. Кошмары связаны с различными физиологическими нарушениями организма. Вы улавливаете проблески новой информации, но искажения вызывают различные иллюзии. Кошмары – это как кривые зеркала, обезображивающие информацию той невидимой реальности за гранью этого мира. Ваш мозг, получая беспокойные сигналы вашего тела, вносит искажения и интерпретирует проблески параллельного мира как кошмарные видения.

Помолчав, Мартин добавил:

— Но я не думаю, что это многих беспокоит. Люди видят сотни тысяч сновидений за время своей жизни. Проснувшись, ваш мозг заботится о том, чтобы стереть их и настроить интеллект на управление вашим телом в материи и времени этого мира. В подавляющем большинстве случаев, информация, полученная во время сновидений — не то, что вам нужно для выполнения жизненного предназначения. То крошечное количество сновидений, которые вы запоминаете — это некоторые отклонения, связанные с «недовольными» сигналами вашего тела.

Информация

Хотя я ничего не спрашивал, но он продолжал увлечённо рассуждать, как будто пытался что-то для себя прояснить. Резюмируя, он добавил:

— Информация — это то, что определяет жизнь людей, и почему мы здесь. Мы сборщики жизненного опыта. И переносчики его в мицелий смыслов. Знаменитая картина Казимира Малевича «Чёрный квадрат» — тем и знаменита, что напоминает нам об этом. Сама по себе она ничего не стоит. Эта картина стоит ровно столько же, сколько холст и краски, использованные для создания этого произведения искусства. Именно информация, связанная с этой картиной, определяет её ценность. Та заоблачная цена, которая ей приписывается людьми, является лишь отражением созданного информационного ареола.

И улыбнулся:

— Для людей эта картина, как и многие другие, просто живое напоминание, что информация имеет цену, а не сами предметы. Эта брендовая кожаная сумка (он помахал портфелем) не самая функциональная вещь – есть сумки получше. Но вы покупаете её поскольку маркетинг программирует наш мозг таким образом, что на определённые предметы назначаются цены, не соответствующие их реальной стоимости.

— А какую же информацию мы отправляем… Туда?

— Обо всём, что вы испытываете, находясь здесь. О том, что вы сейчас видите вокруг себя. Как вы взаимодействуете с другими людьми, любое ваше переживание и чувство. Красоту!

Вы, я вижу, учёный? Вы привносите информацию о деталях устройства мира. Дело в том, что для создания этой Вселенной нет необходимости в дизайне и создании каждой маленькой её части. Достаточно задать начальные условия и законы. И дать первый импульс, чтобы запустить всё. И готово! Все детали этого мира будут автоматически появляться одна за другой, как жареная кукуруза из машины для попкорна. Нагрейте масло и откройте крышку — зёрна станут выстреливать во всех направлениях! Вы именно тот, кто получает знания о таких деталях устройства этой реальности. Это ценная информация. Вдобавок, люди используют эти знания, чтобы изменить первоначальный мир. Они усложняют его, создают ранее неизвестную красоту и новые среды для взаимодействия, обогащают свой жизненный опыт и инициируют новые испытания для души. Ведь простая жизнь на природе не всегда интересна из-за своей однообразности.

После смерти

Я не запомнил, почему он перескочил на тему смерти. Я не спрашивал его об этом, но Мартин, как ни в чём ни бывало, стал увлечённо развивать эту тему:

— Мы возвращаемся в мицелий смыслов. В нем есть весь ваш опыт и опыт всех остальных людей. Вы можете быть там, где захотите, используя воспоминания, эмоции и информацию, которую вы собрали в этом мире, а также информацию миллиардов живых существ из многих миров. Вы можете построить дом, подобный тому, который был у вас на этой планете. И встретить любимых вам людей.

— Как во сне? — перебил я.

— Вы можете видеть во сне умерших людей, но у вас нет полноценного общения с ними. Во сне информация движется в одну сторону — от вас в мицелий смыслов. Вы можете уловить только искажённые проблески из мира, куда информация течёт. После смерти первичная реальность будет гораздо более реальна, чем ваш мир сейчас. И общение с теми, кого вы любите, будет более полноценным чем в этом мире. Вы же уже поняли, как много недосказанного было между вами и вашими близкими, которые уже ушли.

Я был захвачен врасплох, и у меня заныло сердце.

— Вы верите в то, что люди видят во время клинической смерти?

— Это состояние похоже на видоизменённый сон. Часть мозга, отвечающая за ориентацию в этой реальности, становится не функциональна. Ворота в мицелий смыслов широко открыты для окончательной выгрузки жизненной информации перед концом существования в этом мире. Общение должно быть эффективным, поскольку, в отличие от сна, у вас не так много времени, Ворота открыты гораздо шире, чем во время сна. И, поэтому, вы видите гораздо больше по ту сторону.

— Существуют ли зомби? — этим идиотским вопросом я просто попытался перевести разговор на другую тему.

Его ответ был настолько быстрым, что мне показалось, что он знал его ещё до того, как я спросил об этом:

— Это как гриб, который вы только что пнули ногой. То место гриба, где он соединяется с мицелием в земле, является самым слабым местом.

Чтобы проиллюстрировать свою мысль, он сбил ногой маленький жёлтый гриб.

— Этот гриб ещё какое-то время годится, особенно если вы его куда-нибудь посадите. Но эта связь с остальным грибом, придающая смысл существованию его цветка мицелия, утеряна.

Его ответ был удивительно ясен. Теперь мои мысли были где-то в другом месте.

Внеземная жизнь

Мы зашли в придорожный бар, где продолжили наш разговор. Меня всегда мучил вопрос: есть ли жизнь за пределами Земли? Мне было интересно услышать его точку зрения, и я не ошибся в своих ожиданиях — когда он начал говорить, у меня было такое впечатление, что он только и ждал моего вопроса:

— В этом мире вы никогда не найдёте очень продвинутых цивилизаций. Как только цивилизация достигает высокого уровня развития технологии, она покидает этот мир и направляется в мицелий смыслов, где и остаётся. Новые сферы жизни создаются там, где потребление ресурсов меньше, и нет ограничений физического мира.

Увидев недоумение на моем лице, Мартин пояснил:

— Главная цель любой цивилизации — найти открытые ворота в мицелий смыслов, где представители цивилизации могут общаться с себе равными. Развитие технологий, позволяющих путешествовать и преодолевать многие световые годы, чтобы найти себе подобных, не является оптимальным решением. Конечная скорость света и невероятные расстояния космоса делают межзвёздные перелёты невозможными.

Я только сейчас начал понимать, что он имеет в виду парадокс Ферми – это противоречие между отсутствием доказательств и высокими оценками вероятности существования внеземных цивилизаций.

Религия

Я не очень религиозен. Возможно, я мог бы себя охарактеризовать как духовно настроенного человека. Но всё же, я хотел узнать, что Мартин думает о религии. Он ответил:

— Различные религии являются разным отражением мицелия смыслов. Все человеческие суеверия и человеческие переживания являются прямым результатом редких моментов взаимодействия с другой реальностью. Каждая культура получает знания о первичной реальности в разные исторические времена. Поэтому религии сильно отличаются в деталях, однако духовная их суть остаётся неизменной.

Здесь мне нечего было добавить. Мы поставили пустые чашки на стол и, расплатившись, встали из-за стола.

Неравенство

Мы вышли из бара и направились к отельному комплексу, видневшемуся вдали. Темнело. Глухой звук падающей высоко в горах снежной лавины пронёсся по воздуху. Моё внимание было сосредоточено на каменистой горной тропинке, по краям которой росли грибы разных размеров и видов. Я решил изменить тему разговора:

— Хорошо. А почему есть неравенство между людьми?

После некоторой паузы Мартин произнёс:

— Люди отличаются друг от друга, как растущие грибы. Одни большие, другие маленькие. Всё это из-за случайности этой материальной реальности. Люди – пленники случайности и обстоятельств. Грибы неодинаковы, даже если они происходят из одного и того же равномерно распределенного мицелия. Разница в условиях, в которых они появляются, влияет на их внешний вид.

Некоторые появляются на истощённой почве, другие под слишком ярким солнцем, третьи появляются просто в неудачном месте под камнем. А некоторые, не успев вырасти, погибают. Потому что стали расти слишком близко к оживлённой дороге.

— Да. Я вижу эту закономерность. Одни люди рождаются в богатых семьях, а другие — в семьях с низкими доходами. Богатые дети становятся богатыми взрослыми, а бедные дети становятся бедными взрослыми, — заметил я. А как насчёт тех, кто разбогател самостоятельно, как Стив Джобс?

Мой попутчик улыбнулся:

— Ну это почти то же самое. Эта ситуация мало чем отличается от рождения в богатой семье — это же результат случайности и удачи. Видите ли, трудолюбивых и творческих людей много, но лишь малая часть таких людей становится столь же успешной, как Джобс. Это всего лишь наука о случайных числах: любое распределение вероятностей должно иметь минимум, среднее и максимум. Люди, ставшие богатыми без посторонней помощи – это всплеск максимума в таких распределениях. Это связано с удачей и подходящими условиями из цепочки случайных событий. Кто-то должен быть Джобсом, кто-то — неудачником.

— А как насчёт гениев? —перебил я.

— Гениев не существует. Есть более и менее трудолюбивые люди, есть ленивые, есть люди умнее среднестатистических, есть те, у которых просто другие приоритеты. Эйнштейны повсюду. Люди могут уместить в своём мозгу только несколько имён, а не тысячи имён людей, которые шаг за шагом двигают прогресс. Именно они подготовили и проложили дорогу к открытиям. Концепция гениев является результатом ограничения человеческого мозга в понимании того, как развивается прогресс, который является интеллектуальным движением огромного количества людей.

Мартин продолжил:

— Вы слышали звук снежной лавины несколько минут назад? Любое крупное научное открытие — это как лавина. Одна снежинка может стать причиной того, чтобы лавина сошла. Но перед этим нужно накопить много тающего снега на склоне горы. Человек, делающий научное открытие, подобен случайной снежинке, которая дала толчок лавине. Ваш мозг не может запомнить или даже постичь работу огромного количества людей, повлиявших на развитие научно-технического прогресса. Но он может запомнить несколько имён, таких как Джобс или Эйнштейн. А как только случайность создаст богатую или относительно известную личность, всё остальное становится проще. Как известно, чем больше денег вы заработаете, тем больше денег придёт. То же самое и со славой.

Я тоже об этом думал, но решил не перебивать.

— Самые успешные люди в обществе — это всего лишь самые удачливые люди, выделенные из огромного, трудно постижимого числа трудолюбивых и талантливых людей случайной последовательностью событий и тривиальным везением. Богатые и бедные... Они одинаковы для мицелия смыслов. Но следует помнить одну вещь: невозможно достичь целей присутствия в этом мире, изолируя себя от его реальности. Если вы богаты, то искушение отгородиться от мира очень велико. Лишь немногие богатые люди могут преодолеть соблазны и достичь своих настоящих целей. Многие исчезают в своём искусственном мире, изолированном от остальных людей. Слишком многим им надо угодить, чтобы поддержать свой образ жизни с их островами, замками и огромными домами с заборами. Либо находится постоянно в дороге.

Я посмотрел на своего собеседника и увидел, что он пытается подобрать слова:

— По этой причине богатые редко бывают наиболее удачливыми сборщиками опыта и эмоций. Их мир слишком искусственен и ограничен. Часто они одиноки. Их пристрастия сводятся к вещам, а не к людям. Они не могут непринуждённо общаться с простыми людьми и иметь среди них друзей. Это не совсем тот опыт, который нужен. Не пройдя через трудности, невозможно обогатить душу и разум, или постичь любовь.

Я вспомнил давно забытую фразу из Библии:

— Удобнее верблюду пройти сквозь игольное ушко, нежели богатому войти в Царство Божие.

Он улыбнулся и подхватил:

— А вообще, Земля — это чертовски трудное место. Не знаешь, где найдёшь, а где потеряешь. Всё так запутанно. Зато уроки мы учим здесь быстро. Как нигде быстро… По крайне мере, большинство из нас.

Справедливость

— Есть ли в этом мире справедливость? — Этот вопрос беспокоил меня довольно долгое время.

Я продолжил:

— Людей постоянно убивают. Почему фашизму было позволено уничтожить миллионы людей в погоне за материальным обогащением?! И что значит испепелить детей и женщин ядерной бомбой ради спасения жизней солдат, у которых профессия — умирать в сражениях?

Ответ Мартина меня поразил:

— Убийство не имеет большого значения для самого мицелия душ. Когда вы собираете грибы, их тела срезаются в месте соединения с землёй, но мицелий в почве не повреждается. Убийство не повреждает душу жертвы. Человек, ставший жертвой, теряет очень мало – только своё тело. Если он захочет, то сможет снова появиться в этой реальности в любом месте и даже времени.

После паузы он продолжил:

— Однако, преступления повреждают «мицелий» души человека, совершившего преступные действия. Эта информация передаётся в мицелий смыслов во время его сна. После своей смерти преступник окажется в реальности, которую он туда принёс. Это будет боль его жертв. Он не найдёт способа построить комфорт в новом мире. Единственным выбором для него будет вернуться в эту реальность вновь и внести изменения в свою жизнь, которые сделают существование внутри мицелия более мирным и счастливым.

Мой попутчик улыбнулся и посмотрел на меня:

— Так что справедливость в этом смысле существует. Виновнику необходимо вернуться в материальный мир на столько времени, сколько необходимо, чтобы найти в этом мире мир, любовь и счастье и очистить свою душу. Собрать такую положительную информацию, сделать добро и донести это добро там, где он сможет испытать больше утешения после своей смерти. Доброта и любовь – главные активы, за которыми мы все охотимся здесь, чтобы сделать наше существование внутри мицелия смыслов более комфортным.

— Но почему вообще появляются все эти преступники? — спросил я.

— По разным причинам... Человек, родившись в этой реальности, забывает, зачем он здесь. Это и есть свобода воли — мы появляемся здесь, но без особого руководства с другой стороны. Нам дана свобода воли. Трудно сделать выбор между различными возможными вариантами действий. Ваша душа или дух, маленькая капля смыслов, полностью автономна в этом мире.

— И потом, — заметил он, — и на грибах есть черви. Они могут повлиять на ваши действия, так как разъедают вашу связь с другим миром.

Я не стал уточнять аналогию с червями…

Любовь

Пейзаж странным образом изменился, и я начал чувствовать, что земля стала на удивление упругой. Запахло сыростью. Я сообразил, что мы вышли к болоту или какому-то высохшему озеру. Земля, покрытая мхом, колебалась. Как будто мы шли по натянутому батуту. Леса кругом видно не было, только маленькие кусты чередовались с подгнившими берёзами. Стоящие рядом кусты шевелились каждый раз, когда я делал шаг. Это выглядело почти нереально. Я заметил, что лицо моего попутчика тоже выразило удивление, но он продолжал:

— Мы путешественники в этом мире. Наши находки — это то, что представляет для нас ценность. Мы должны искать радость, испытывать любовь и эмоции, накапливать опыт, впечатления и знания. То есть всё то, что наполняет этот мир смыслом и счастьем. Там мы используем это как строительный материал для создания более счастливого существования.

Я подхватил:

— А если вы полюбили в этом мире, вы перенесёте это чувство в другую реальность и сможете воссоединиться с теми, кого вы любили!

Мартин продолжил:

— Но любовь можно принести и с другой стороны, через иллюзорную связь, которую можно открыть ночью. Любовь с первого взгляда, как её обычно называют, обычно является далёким эхом, тенью любви, принесённой из параллельной реальности. Эта любовь также может быть построена на основе предыдущего опыта, взятого из других подобных сфер и кристаллизованного внутри мицелия смыслов задолго до вашего появления в этом мире.

Вопрос происхождения

— А, где этот ваш мицелий информации? Как я понимаю, он не находится в нашей Вселенной? Но как он может быть в контакте с нашим мозгом? — спросил я.

Он быстро посмотрел на меня:

— Мицелий не здесь. У него нет пространственно-временной формы. Но его следы вы точно найдёте. Приподняв гриб, вы найдёте грибницу, но вам нужен инструмент.

И тут его пояснение меня поразило:

— Тот, кто создал этот мир, может быть только в одном месте. Для нашего мира — в далёком прошлом. Момент образования этой Вселенной — Большой взрыв — это просто иллюзия, которая выглядит для людей как прошлое. На самом деле, для другого мира, наполненного смыслом и любовью, времени нет. Он есть, был и будет всегда.

Бремя доказательства

Наконец, мы стали выбираться на более сухое место. Опять замаячил лес с его протоптанной тропинкой. Я с облегчением вздохнул. Ходьба по колышущимся моховым кочкам совсем не входила в мои планы.

— Хорошо, а как всё это доказать? — спросил я.

Мартин ответил с улыбкой:

— Ну, из того, что я рассказал, вы можете начать догадываться. Вот вам простой эксперимент: если вы хорошо выспались, вам не захочется снова спать до вечера. Ваш мозг свеж и готов к новому дню. Вы поделились своим опытом и отключились от мицелия смыслов. Но несчастные случаи могут произойти даже по утрам. Опасные для жизни случаи вызывают новый околосмертный опыт, во время которого информация будет синхронизирована. Но времени, необходимого для этой синхронизации, гораздо меньше у людей, которые только что проснулись. Так вот, околосмертный опыт в таких случаях существенно слабее, по сравнению со случаями, когда смерть наступает по вечерам у людей, которые долго не спали.

Мартин произнёс, глядя на моё удивлённое лицо,

— Как вы понимаете, этот эксперимент сложен, но реален.

И добавил:

— Были ли у вас когда-нибудь сны, которые невозможно объяснить или сны, неподдающиеся никакому логическому объяснению? Снились ли вам мелодии, которые вы никогда не слышали ранее? Или люди и места, которые вы никогда в жизни не видели, но во сне они знакомы до мельчайших подробностей?

Случалось ли вам прикасаться в снах к чему-то большему, счастливому, полному радости и облегчения? Если вы не верите, что чудо сна не может быть просто побочным продуктом вашего отдыхающего тела, то единственное объяснение состоит только в одном: сны — это отголоски невероятной реальности за гранью материального мира

Мой собеседник сделал паузу. Мне показалось, что его черты стали растворяться в вечернем воздухе.

— Всё, что вам нужно знать, находится внутри вас. Просто задайте вопрос... — это были его последние слова.

Я проснулся в холодном поту и огляделся. Я чувствовал себя растерянным и полностью дезориентированным, как часто это бывает, когда тебя будят посреди ночи. Вскоре мои мысли начали проясняться. Я сидел в автобусе, который подъезжал к моей остановке. Это был обычный день в Чикаго. Снаружи слышался шум машин. Я огляделся, машинально подхватил свой новый кожаный портфель, набитый лекциями, и вышел на оживлённую улицу. Утренний прохладный туман стал растворять последние следы моего сна. Новый день начался.

13 Происхождение

Вопрос происхождения Вселенной — это вопрос науки, веры и философии. В ответе на этот вопрос существуют два лагеря: те, кто верит, что Вселенная образовалась сама по себе (или что она существовала всегда), и те, кто верит, что она была создана.

13.1 Вселенная из ничего

До 20-го века большинство людей полагало, что у Вселенной нет ни начала и ни конца. Она была безгранична, непознаваема и существовала всегда. Она являлась первопричиной биологической жизни, разума и информации. Это парадигма сменилась другой в начале 20-го века. Большинство учёных стало предполагать, что время и материя возникли из сингулярности в результате Большого взрыва. Откуда она возникла, неизвестно, но, возможно, это когда-нибудь станет ясно.

Естественно-научное объяснение может быть таким: возможно, существует бесконечное количество вселенных. Наша Вселенная именно такая, потому что мы в ней живём. Прежде чем появился этот мир, существовала ещё какая-то вселенная, которая послужила источником нашей. Например, можно допустить, что она возникла из какой-то квантовой флуктуации — из ничего. Конечно, сказать, что флуктуация может возникнуть из ничего, — это философское противоречие. Возможно, была некая среда, которая существовала вне нашей Вселенной. Предположим, есть некоторые процессы, которые порождают бесконечное количество вселенных. Они возникают, как мыльные пузыри. Нелопнувшие пузыри-вселенные выживают. Именно они имеют тонкую подстройку физических параметров для существования в течение длительного времени. Этого времени достаточно для самозарождения первой клетки, многоклеточных организмов и их эволюции в сложно устроенных животных, включая человека. А достигнув значительного прогресса в понимании мира, люди пришли к выводу, что все параметры Вселенной удивительным образом настроены для их собственного же существования.

Согласно этой концепции, жизнь — это просто размножение слепков молекул в результате взаимодействия различных химических и физических процессов. Когда первая жизнь возникла путём случайных соударений атомов и молекул, всё остальное — результат естественных механизмов Теории Эволюции (смотрите главу 3.6 Теория эволюции). Вся получившаяся информация, которая окружает нас — возникла сама по себе, как только появилась простейшая биологическая жизнь. Она и есть производитель новой информации. Биологическая информация создаётся самой материей. Миллиарды лет способны сделать всё, просто надо подождать. Затем количество этой информации возрастает в геометрической прогрессии, создавая сложные организмы. Человек не имеет никакой цели и никакого смысла кроме того, что он сам себе придумывает. Законы природы — это субъективные концепции в головах людей. Они описывают как один материальный процесс зависит от другого, и сами законы никакого объективного смысла не имеют. Как, впрочем, и всё вокруг нас.

В последнее время появилось достаточно много книг, где наука используется для того, чтобы объяснить почему и как произошёл Большой взрыв. Например, физик-теоретик и космолог Лоуренс Краусс (Krauss 2013) в книге «Всё из ничего: как возникла Вселенная» аргументирует, что Вселенная произошла из ничего. Однако он всё же переопределил «ничто» в «что-то». Это не сразу заметно читателю. Это «что-то» — просто нестандартное определение пространства-времени, содержащее необходимые квантовые эффекты для создания Вселенной.

В книге «Высший замысел» (Hawking and Mlodinow 2010), физик-теоретик Стивен Хокинг в соавторстве с американским физиком Леонардом Млодиновым, пишет:

«Поскольку существует такой закон, как гравитация, Вселенная может и будет создавать себя из ничего. Спонтанное возникновение – вот причина того, что есть нечто, а не ничто. ... Нет необходимости прибегать к услугам Бога».

В этой фразе можно уловить попытку использовать для ответа термины, которые далеко выходят за пределы научного метода познания. Эта фраза, несомненно, содержит элемент веры — то, что именно гравитация способна на создание Вселенной из ничего, хотя нет ни малейшего повода так думать. Но самое главное

— он заведомо считает, что была гравитация и законы физики до того, как наша Вселенная появилась. То есть он опять предполагает, что «что-то» всё-таки было до её рождения.

Здесь можно согласиться, что такой ход рассуждения является фундаментальной логической ошибкой (Lennox 2021). Неправильно утверждать, что что-то, чего не существует, может создать само себя. Законы физики, такие как те, что описывают гравитацию, не могут предшествовать существованию Вселенной. То, что требует создания, не может само себя сформировать. Хокинг пишет, что «философия мертва», потому что философы не поспевают за последними достижениями физики. Однако, он делает элементарные ошибки в логике, которые непозволительны для философов. Например, понятие Бога как «Бога пробелов в знании» чего-либо уже совсем не актуально как современная теологическая концепция. Рассуждение о том, что Бог является способом людей заполнить пробелы в понимании, давно не воспринимается серьёзно среди философов и теософов. Действительно, аборигены могли объяснять некоторые явления природы, такие как гром, используя аналогии с войнами духов, однако понятие Бога трансформировалось коренным образом уже в средние века.

Понятие Бога развивалось в связи с попытками найти ответы на глубокие вопросы. Оно разрабатывалось и дополнялось в средние века именно в связи с осознанием вечных вопросов, которые стоят перед людьми, а не из-за невежества. Уже в то время незнание о происхождении природных явлений, такие как ветер, молния или гром, не являлось чем-то, что требовало вмешательства Бога. Способность отделить вопрос о техническом устройстве вещей и явлений от вопросов происхождения и смысла — это признак высокого интеллектуального уровня и стремления к пониманию сути бытия как такового. Мы вернёмся к этому обсуждению в главе <u>18 Гипотеза Бога</u>.

Ещё одна книга, «Как это началось» (Impey 2012) даже не пытается ответить на вопрос, который присутствует в названии, так как всё описанное в книге касается только событий, произошедших после того, как Большой взрыв уже создал пространство и время.

Я вовсе не осуждаю материалистов, агитирующих за концепцию «всё из ничего». Чтобы обосновать такой сценарий, требуется невероятно большая фантазия и умение создавать из научных категорий недоказуемые логические конструкции. По большому счёту, эти исследователи являются такими же мечтателями, в лучшем смысле этого слова, как и те, кто обосновывает разумность всего окружающего.

Не отвечать на вопрос о происхождении Вселенной — это частый подход к проблеме среди материалистически настроенных интеллектуалов. Не пытаться ответить на то, чего мы точно не знаем, часто рассматривается как признак серьёзности и зрелости в суждениях. Однако, как мы много раз показывали в этой книге, именно фантазёры и те, кто не боится задавать невозможные вопросы и отвечать невероятными гипотезами, и есть наиболее активная часть учёных, движущих вперёд познание мира.

Весьма вероятно, что истинное объяснение нашего мира — гораздо более невообразимо, чем то, что предлагают материалисты и идеалисты (смотрите главу 3.9 Идеализм и информация). У нас просто нет категорий для описания реальности, лежащей за сценой материального мира. Если материализм строго очерчивает грани своих понятий, то те, кто допускает, что всё вокруг нас создано, оставляют больше возможностей для невероятных объяснений.

13.2 Вселенная как творение

Концепция того, что всё вокруг нас является творением, заслуживает не меньшего внимания. Это не попытка избежать вопроса, а стремление использовать другой подход для ответа и заглянуть в первопричину. Если вы верите, что перед вами следы информации, вы начнёте поиски её автора.

Например, представьте, что вы находитесь в пустыне на необитаемой планете. Вы обнаруживаете нечто достаточно сложное, с огромным количеством тире и точек. Предположив, что это творение древней цивилизации, вы можете начать раскопки в этом месте. Ваша интерпретация данных побуждает к определённому способу познания истины. Однако, если вы материалист и не допускаете наличие творческого начала, вы, возможно, станете изучать воздушные потоки в этой пустыне и особенности эрозии почвы, пытаясь понять, как естественные процессы привели к такой упорядоченности знаков. Какой подход быстрее приведёт вас к истине?

Таким образом, ответ на вопрос о создании мира может выглядеть так: Вселенная была создана вместе с пространством и временем. Так как пространство и время тоже были созданы, то тот, кто всё создал, находился вне пространства и времени. Поскольку он вне времени (в нашем понимании времени), то создателя никто не создавал (в нашем понимании создания). Бог не является творением. Он первопричина. Тонкая подстройка законов природы была разумным продуктом творчества. Так как Вселенная была создана, а её законы подстроены для жизни, то тот, кто её создал, принял такое решение, руководствуясь некой причиной. Значит, он придал Вселенной смысл и был разумен. Он заполнил Вселенную информацией, чтобы создать жизнь и человека по образу своего духа.

Доктрина творения Вселенной предполагает, что законы природы были спроектированы прежде, чем была создана материя и энергия. Все процессы стали изменяться по этим законам используя время. Человек может воссоздать эти законы в своём абстрактном мышлении и записать их. Создатель оставил свои следы в своём творении. Их достаточно для тех, кто чувствует, что мир гораздо чудеснее, чем он выглядит. Но таких следов недостаточно для тех, кто всё волшебство Вселенной способен свести к случайным соударениям атомов и молекул. Такая неопределённость оставляет нам свободу воли (смотрите главу 17 Свобода воли).

Для тех, кто верит в создание Вселенной, появляется система веры. Для них наш мир имеет некий смысл. Так как Вселенная с её пространством-временем была сотворена, то сам создатель должен был быть вне пространства и времени. Информация формируется только разумом, который видел смысл в своём творении. И значит, и жизнь, как продукт информации, была создана.

Отменяет ли такой подход науку? Нет. Наука призвана понять устройство и красоту такого творения. Один из величайших учёных, Исаак Ньютон (1643 – 1727), считал, что наука без Бога вообще бессмысленна. Он говорил: *«Гравитация объясняет движение планет, но она не может объяснить, кто приводит планеты в движение».* Мы вернёмся к этому вопросу в главе 18.3 Учёные на распутье.

13.3 Объяснения и фантазии

Если приглядеться к этим двум версиям — Вселенная без создателя и созданная Вселенная, то становится понятно, что эти два объяснения содержат элемент веры. Всё зависит от того, какую реальность вы готовы принять. Ни в одном из них нет ничего «научного», поскольку наука опирается на методы, которые не могут быть использованы для проверки подобных сценариев.

Концепции Вселенной без создателя содержит много всякого рода домыслов, манипулируя научными терминами. Они принадлежат к категории научных фантазий, где научные понятия придают приемлемость и признание в научном сообществе. Например, человек с критическим или научным мышлением гораздо быстрее поверит во Вселенную, возникшую из квантовой флуктуации, так как слова «квант» и «флуктуация» придают некоторый научный оттенок и допустимы среди научно настроенных исследователей. Вопрос о том, в какой среде произошла такая флуктуация, если ничего не было, требует меньшего обоснования.

Книги, объясняющие происхождение Вселенной с использованием самой материи (Hawking 1988) (Krauss 2013), содержат большое количество ненаучных предположений. Возможные сценарии о рождении Вселенной, использующие законы физики, являются псевдонаучными в той же степени, что и любое объяснение. Подобные фантазии «слились» с научными концепциями и терминами, что создаёт впечатление научности. Надо сказать, что я совершенно не против научных фантазий и любого творческого подхода к вопросу происхождения. Однако критика таких материалистических концепций (Lennox 2019), (Geisler and Turek 2004) (Meyer 2021) не должна восприниматься как атака на научный подход к вопросу, у которого нет научного объяснения.

Если предполагать существование бесконечного числа вселенных, чтобы создать нашу, где все законы природы подстроены для сложной жизни, то мы быстро придём к заключению о нелепости такого объяснения. Оно вовлекает бесконечное количество неизвестных для ответа на (одно) неизвестное. Такая гипотеза ничего не объясняет, поскольку нам надо ответить на вопрос, как все эти ненаблюдаемые вселенные возникли и что они вообще из себя представляют. Далее, для жизни нужна информация. Создание информации случайным физическим процессом является ещё более фантастикой гипотезой.

Утверждение о том, что наука может объяснить то, что случилось во время создания Вселенной, является совершенно неправдоподобным. Наука сама по себе, в основном, занимается описанием явлений или устройством предметов, используя наблюдения и формулируя гипотезы. Разобраться в этом невероятно тяжело без экспериментов в лабораторных или изолированных условиях. Когда мы имеем дело с историческими информационно-богатыми событиями, экстраполяция знаний на явления, произошедшие в далёком прошлом без всяких экспериментальных подтверждений, требует много недоказуемых предположений. Верить в них или нет выходит за рамки науки.

Я приведу простой пример (мы уже обсуждали его ранее). Как вы определите, что вы ели 3 дня назад, если вы этого не помните? У вас также не осталось записей, так как вы не ведёте дневник. Возможно, остались чеки от магазина, и вы можете вытряхнуть мусорный ящик и осмотреть его содержимое. Даже если вы нашли скорлупу от яиц в мусоре, которая имеют трёхдневный срок, вы можете только сделать некоторое предположение. Оно будет основываться на информации о том, что вы любите есть и что вы можете сделать себе на ужин. Вы можете даже поэкспериментировать у себя на кухне с яйцами и сделать несколько блюд, используя потенциально возможные рецепты. Но на этом ваши знания заканчиваются. Вы лишь можете допустить самое вероятное — это то, что вы ели яичницу, так как вы её любите. Но вы никогда этого не докажете. Понятие «вероятное» не является доказательством того, что это именно так и было. Есть много вариантов, когда скорлупа оказалась в мусоре, но вы не делали яичницу. Может быть, вы случайно разбили яйца, принеся их из магазина? Может к вам приходил друг, который помог вам сделать новое блюдо?

Если мы не в состоянии ответить даже на такой простой вопрос, как можно ответить на вопрос о создании нашей Вселенной и жизни миллиарды лет назад? Откуда мы знаем, что законы естествознания, со всеми их постоянными, не менялись со временем? Возможно, правильный ответ должен основываться на всей совокупности человеческих знаний, включая точные науки, философию, культуру, религию и, конечно же, использование исторических записей о прошлом.

13.4 Мифы и религии

Большинство мифов и религиозных традиций утверждают, что мир был создан согласно некоторому замыслу. В конце 19-го и 20-го столетий это рассматривалось как невежество, так как научный и технический прогресс доказал свой успех в познании мира. Ничего другого, кроме науки для объяснения Вселенной не требовалось. В результате философский образ мышления отошёл на второй план. Если мы можем разобраться, по каким законам работает мир молекул и как создать механические и электрические конструкции, то что ещё надо? Почему бы не использовать этот метод для объяснения происхождения мира? Как мы уже говорили, по-существу, такой взгляд является попыткой построения мифов, используя науку. Впрочем, это не является чем-то новым, так как на каждом этапе развития людей, подручные и актуальные в данный момент понятия становились «строительным материалом» для фантазий, пытавшихся объяснить появления Вселенной.

Однако здесь надо сделать уточнение для пояснения наиболее древних форм культуры и традиций людей. Практически во всех мифах творение мира осуществляется посредством слова, чистой мысли творца, сна, или каких-то действий божественного существа. Создание мира из ничего встречается в мифах древнего Египта, культур Африки, Азии, Океании и Северной Америки. Миф о том, что Бог создал мир из ничего – ex nihilo – сегодня занимает центральное место в иудаизме, христианстве и исламе. В древние времена сама идея, что мир бесконечен и существует вечно (как считалось совсем недавно) или то, что он может быть создан из ничего в результате каких-то явлений неживой природы, считалась безумной. Действительно, в те времена человек не имел достаточно информации о законах природы. Тем не менее он прекрасно отдавал себе отчёт о том, что сложноустроенные вещи могут быть только созданы.

То, что основа нашей реальности в идее, разумном замысле и в первичности духовного по отношению к материальному, хорошо прослеживается в Библии. В Ветхом Завете (Бытие, Глава 1) Бог произносит слова для создания мира:

«1 В начале сотворил Бог небо и землю.

2 Земля же была безвидна и пуста, и тьма над бездною, и Дух Божий носился над водою.

3 И сказал Бог: да будет свет. И стал свет.

4 И увидел Бог свет, что он хорош, и отделил Бог свет от тьмы.

5 И назвал Бог свет днём, а тьму ночью. И был вечер, и было утро: день один.

6 И сказал Бог: да будет твердь посреди воды, и да отделяет она воду от воды. [И стало так.]

7 И создал Бог твердь, и отделил воду, которая под твердью, от воды, которая над твердью. И стало так.

8 И назвал Бог твердь небом. [И увидел Бог, что это хорошо.] И был вечер, и было утро: день второй.

9 И сказал Бог: да соберётся вода, которая под небом, в одно место, и да явится суша. И стало так. [И собралась вода под небом в свои места, и явилась суша.]

10 И назвал Бог сушу землёю, а собрание вод назвал морями. И увидел Бог, что это хорошо.

11 И сказал Бог: да произрастит земля зелень, траву, сеющую семя [по роду и по подобию её, и] дерево плодовитое, приносящее по роду своему плод, в котором семя его на земле. И стало так.»

Главное в этих строках не последовательность в создании света, воды (о чём можно спорить), но сам факт того, что создание происходит после того, как «Он сказал». Это подразумевает, что разумный замысел, преобразованный в информацию, создаёт этот мир — неживую материю и жизнь.

При критике этой части Ветхого Завета всё внимание уделяется несуразному порядку создания мира, и то, что используется слово «день». Несуразица возникает только потому, что процесс создания представляют исключительно буквально. Критики религии предполагают, что созданная часть Вселенной (скажем, вода как химический элемент) сразу же становится «работающей частью» всей «конструкции». Такой взгляд — совершенная глупость для любого технического специалиста. Они прекрасно знают, что процесс создания сложных машин или виртуальных миров в компьютере не происходит в прямой последовательности, когда одна созданная часть является полностью функциональной до того, как все компоненты собраны вместе. Особенно, когда одна часть зависит от другой. Чтобы создать что-то сложное, где одна часть взаимодействует с другими, сначала надо спланировать и создать эти части. Порядок создания таких частей может быть достаточно произвольный. И только в конце работы созданные части соединяются вместе. Во-вторых, этот мир, безусловно, создавался за пределами нашей реальности, поэтому и слово «день» принадлежит той другой реальности.

Этот пример может пояснить, что я имею в виду: представьте, что вы создаёте компьютерную игру в течение 6-и дней. Вначале вы написали программный код неба и Земли. Затем вы запрограммировали световые тени, поверхность нашей планеты и так далее. В результате вся симуляция Вселенной в своей красоте и совершенстве была полностью сформирована за шесть буквальных дней, но того мира (и это может быть не 24-часовые дни!). На шестой день все компоненты игры-симуляции были закончены, и мир ожил.

Возможно, в первые секунды такой игры был разыгран Большой взрыв, чтобы участники игры, в какой-то момент их развития, не догадались, что игра была включена внезапно. Или параметры игры были подобраны так, чтобы всё выглядело как будто был Большой взрыв в далёком прошлом. В этом случае материалистическое описание становится хорошей альтернативой объяснения мира для её игроков.

Затем создатель оставляет небольшую записку из нескольких строк о том, как он этот мир был сделан, спрятав её где-то внутри игры. И на 7-й день он идёт отдыхать. Как персонаж такой игры, такой как Моисей, может дать описание устройства этой игры в своём Ветхом Завете, прочитав эту оставленную записку? Я думаю, что понять то, что было записано в той записке было сложно. Моисей попытался описать создание его мира, используя понятия, которые были доступны только для персонажей такой игры.

Фантазий может быть много, но самое главное здесь не последовательность созданных частей этого мира и не дни. Сам принцип того, что материя вторична и создана из разумного замысла, является главной темой Ветхого Завета.

На мой взгляд, Ветхий Завет (Бытие) может легко интерпретироваться непротиворечивым образом:

- Мир создавался вне этой Вселенной, что логично. Слово день отражает промежуток времени той реальности, где он делался. Это мог быть действительно день, но «в месте», где стрела времени не совпадает с нашей.

- Вселенная создавалась частями из-за её невероятной сложности. Когда её части были созданы, их соединили вместе. Заложенная в Библии «несуразица» в последовательности создания частей мира, как думают её критики, просто использована для объяснения, что мир создавался как обычная замысловатая машина. Например, как компьютер или автомобиль, когда отдельные части создаются в некоторой произвольной последовательности на начальном этапе создания. Это просто указание на творческий процесс творения.

- Был некий план. Он возник в сознании создателя, и вначале существовал как информация. Именно поэтому Библия настойчиво подчёркивает слово «сказал» перед тем, как сделать каждую часть мира.

Наиболее чётко мысль, что в основе материи лежит идея и информация, отражена в Евангелие от Иоанна:

«1 В начале было Слово, и Слово было у Бога, и Слово было Бог.

2 Оно было в начале у Бога.

3 Всё чрез Него на́чало быть, и без Него ничто не на́чало быть, что на́чало быть.

4 В Нем была жизнь, и жизнь была свет человеков.

...

14 И Слово стало плотию, и обитало с нами, полное благодати и истины; и мы видели славу Его, славу, как Единородного от Отца..»

Текст однозначно говорит о том, что в самом начале сотворения Вселенной было слово, то есть элемент информации, несущий некий смысл. Это слово было самим Богом. Всё во Вселенной началось благодаря Богу-Слову. Почему используется термин «слово»? А как ещё можно было написать в то время, чтобы люди смогли понять смысл такого текста? Как человек, живущий почти 1900 лет назад, смог описать происхождение, где информация и разумный дизайн являются причиной этого мира?

Далее текст повествует о том, что эта информация была жизнью людей. Возможно, в этот момент, текст говорит о том, что именно информация определяет жизнь. Как мы увидим позже, свет часто ассоциируется с чем-то нематериальным, но в то же время, содержащим смысловую информацию. Возможно, эта часть текста говорит о некоем вселенском разуме, который не является материальным в нашем понимании. Понятно, что самих людей в их биологической оболочке ещё не было.

Затем информация была использована для создания плоти, то есть биологической оболочки для жизни в материальной Вселенной. Трактуя эту часть Библии таким образом, всё становится достаточно понятно. Это вполне согласуется с нематериальной основой мира — смысловыми понятиями, которые могут существовать сами по себе.

Критики религиозного объяснения Вселенной будут правы в одном — религия использует догму для описания происхождения мира. Она никогда не изменится. Напротив, наука использует факты. А значит, научные гипотезы и модели создания мира могут меняться со временем, приближаясь к истине. Это существенное отличие от религий. Тут надо заметить, что наука действительно может поменять мнение об описании мира. Это глупо отрицать. Но то, что некий механизм или явление произошли из других процессов или явлений, является также догмой для науки. Религия не претендует на объяснения принципов работы физических или химических законов.

14 Свет

Я долго думал: включать ли мне обсуждение понятия света в эту книгу или нет. Какое, казалось бы, отношение свет имеет к информации? Мы знаем, что свет — это просто электромагнитное излучение, которое воспринимается нашими глазами (в довольно узком диапазоне частоты). Переносчиками такого излучения являются фотоны — кванты света. У фотонов нет массы, и они «несутся» с самой большой скоростью. Скорость света (или электромагнитных волн в вакууме) приблизительно равна 3×10^8 метров в секунду (м/с). Каким-то загадочным образом эта величина входит в «постоянную тонкой структуры», которая определяет силу взаимодействия фотонов с веществом и компенсирует невероятно малые величины, как мы уже говорили в главе 9.7 Тонкая структура мира.

Тут можно было бы закончить эту главу. Но почему бы не пофантазировать?

14.1 Немного науки

Но прежде — немного о простейшей физике. Электромагнитная волна характеризуется параметром — числом гребней, которые за секунду проходят мимо наблюдателя. По частоте, обозначаемой латинской буквой v, и скорости света c можно определить длину волны c/v. Величина кванта энергии связана с частотой волны как $E = h \times v$, где h — постоянная Планка, о которой мы рассказывали в главе 8.6 И снова информация.

Видимое излучение — это электромагнитные волны, воспринимаемые человеческим глазом как свет. Такие волны имеют длину волны 380–780 нанометра (нм). Один нанометр равен одной миллиардной части метра (м). Электромагнитные волны с малой частотой соответствуют радиоволнам с длинной волны 0.01 сантиметра (см) и больше. Электромагнитные волны с меньшей частотой — это гамма-излучение (0.01 нм и меньше). Чем короче длина волны и больше её частота, тем больше энергия фотона. Смотрите Рис. 14.1.

На Большом Адронном Коллайдере — самом мощном ускорителе частиц в мире, расположенном в ЦЕРНе, я руководил командой учёных, которые изучали электромагнитное излучение с длиной волны 1.24×10^{-9} нм. Это соответствует 1000 гигаэлектронвольт или 1000 миллиардов электронвольт. Такие высокие энергии для квантов света были впервые получены человеком на экспериментальной установке. Эти фотоны превращались в другие частицы, которые можно было наблюдать в детекторе.

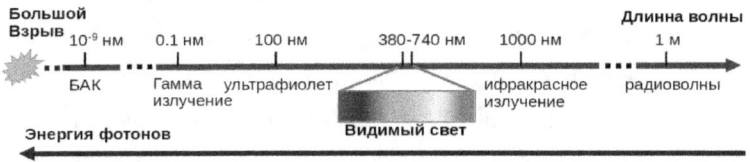

Рис. 14.1. *Диапазон электромагнитного излучения, расположенный по порядку увеличения длин волн (или уменьшения энергии фотонов). Диапазон видимого света отмечен интервалом 380–740 нм.*

В микромире фотоны способны превращаться в другие элементарные частицы с массой. Например, материя может быть создана из двух фотонов. Первые опубликованные расчёты образования электрон-позитронных пар в фотонных столкновениях были выполнены советским физиком-теоретиком Львом Ландау (1908 – 1968) в 1934 году. Для создания гораздо более массивной пары частиц, таких как протон и антипротон, необходимы фотоны с энергией более 1.88 гигаэлектронвольт. Чем больше энергия фотонов, тем больше материи можно создать.

Дэвид Бон (1917 – 1992), один из наиболее значительных квантовых физиков-теоретиков 20-го века, отводил особую роль свету. Для него материя — это «сгущённый или замёрший свет». Вот некоторые из его мыслей (Weber 1990):

«.. Вся материя представляет собой конденсацию света в узоры, движущиеся назад и вперёд со средней скоростью, меньшей скорости света. Даже у Эйнштейна был некоторый намёк на эту идею. Можно сказать, что когда мы рассматриваем концепцию света, мы подходим к фундаментальной деятельности, в которой существование имеет свою основу, или, по крайней мере, приближаемся к ней. ... По мере того, как вы двигаетесь всё

быстрее и быстрее в соответствии с теорией относительности, ваше время замедляется, а расстояние становится меньше, поэтому. Когда вы приближаетесь к очень высоким скоростям, ваше собственное внутреннее время и расстояние становятся меньше. Поэтому, если бы вы двигались со скоростью света, вы могли бы достичь края Вселенной, совершенно не постарев. ... Мы говорим, что, экзистенциально или логически говоря, время возникает из вневременного».

Наверное, некоторые из читателей знают, что летящий со скоростью света фотон не «ощущает» ни времени, ни пространства. Для фотонов наблюдаемая Вселенная превращается в плоскость бесконечной тонкости. А время просто перестанет существовать. Причина и следствия событий этого мира происходят для фотона одновременно. По существу, для этих частиц вы ещё не родились или уже давным-давно умерли. Для фотонов, всё его окружение находится в некоем воображаемом мире, где все процессы происходят одновременно.

С точки зрения биологии человека, свет является чем-то особым. Один из способов понять связь между светом и информацией иллюстрируется простым фактом: когда мы открываем глаза, мы видим именно световое излучение. Как следствие, мы начинаем получать информацию об окружающем мире. Фотоны света поглощаются, отражаются и излучаются в различных материалах, из которых состоят физические объекты. Можно сказать, что свет является необходимым условием для того, чтобы человеческий мозг получал большую часть информации. Подсчитано, что около 80% всей информации поступает из окружающего мира благодаря свету. Исследователи утверждают (Balasubramanian 2006), что сетчатка человеческого глаза может передавать данные со скоростью примерно 10 миллионов бит в секунду. Сетчатка глаза представляет собой часть мозга, вросшую в глаз. Для сравнения, Ethernet (семейство технологий передачи данных между устройствами) может передавать информацию между компьютерами со скоростью от 10 до 100 миллионов бит в секунду. Хотя человеческий мозг получает информацию используя фотоны, для фотонов люди просто не существуют, согласно нашим понятиям о существовании чего-либо.

14.2 Немного религии

Тематикой света пронизано всё христианское вероучение. Одна из самых первых строчек Ветхого Завета гласит:

«И сказал Бог: да будет свет. И стал свет.

И увидел Бог свет, что он хорош, и отделил Бог свет от тьмы.»

Позже, согласно Ветхому Завету, были созданы само Солнце и другие светила. Если этот текст действительно является исторической записью о том, как мир был сотворён, то глава 13.4 Мифы и религии объясняет, что такой порядок в этом тексте может иметь смысл. Он появляется, если предположить, что дизайн не был последовательным, как это бывает в реальности при создании сложных конструкций, если рассматривать нашу Вселенную таковой.

Продолжая читать Евангелие от Иоанна, мы находим, что информация отождествляется со светом и жизнью:

«1 В начале было Слово, и Слово было у Бога, и Слово было Бог.

2 Оно было в начале у Бога.

3 Всё чрез Него на́чало быть, и без Него ничто не на́чало быть, что на́чало быть.

4 В Нём была жизнь, и жизнь была свет человеков.

5 И свет во тьме светит, и тьма не объяла его.

6 Был человек, посланный от Бога; имя ему Иоанн.

7 Он пришел для свидетельства, чтобы свидетельствовать о Свете, дабы все уверовали чрез него.

8 Он не был свет, но был послан, чтобы свидетельствовать о Свете.

9 Был Свет истинный, Который просвещает всякого человека, приходящего в мир.

10 В мире был, и мир чрез Него на́чал быть, и мир Его не познал.»
...

Согласно этим строкам, свет, который здесь упоминается, ничего общего к видимому излучению не имеет. Это какой-то другой свет. Русский язык давно впитал в себя это различие. Когда кто-то умирает, говорят — «Он ушёл на тот свет». Или — «Она на том свете». Религия предполагает, что есть какой-то другой свет, куда люди уходят. Этот же свет часто видят люди во время клинической смерти, наблюдая туннель, состоящий из неописуемого света (глава 15.3 Сознание вне тела).

В христианстве проблема света решается так: существует разделение света на «тварный» и «нетварный». Первый тип света воспринимается нашим глазами. Это видимый свет. Он является тварным светом, так как он происходит от солнца и звёзд.

Нетварный свет относится к Божественному свету. Именно об этом свете говорит Иоанн. Именно в этот свет уходят люди после смерти, соединяясь с Богом. Так как нет физического тела, то нет и доступа к тварному свету, который существует исключительно в материальном мире и взаимодействует с нашей биологической оболочкой.

С точки зрения религии, оба типа света являются необходимым условием для существования. В этом свете нам необходим тварной свет для того, чтобы получать информацию о мире. Но как только мы переходим из этого мира в другой, мы соединяемся с первоначальным или нетворным Светом (с заглавной буквы), который является Богом или Словом.

14.3 Немного фантазии

Как кто-то сказал, физики — плохие философы. Но без фантазии не бывает физика. Давайте попробуем обобщить всё, что мы знаем о свете (или об электромагнитном поле) и пофантазируем:

1. Фотоны — наиболее быстрые переносчики информации, какие только мы знаем. Ничто не может двигаться быстрее, чем фотоны.

2. Фотоны с большими энергиями могут порождать материю. Для материи, рождённой из фотонов, момент рождения материи будет в прошлом. Но не для фотонов, которые произвели материю. Для фотонов времени нет.

3. Если вы летите в пучке фотонов (если это возможно!), то для вас всё пространство «схлопнется» в одну плоскость. А время перестанет существовать. Причина и следствие будут совпадать.

4. Много открытий в этом мире существуют именно благодаря электромагнитному излучению (смотрите главу 15 Знание через затмения).

5. Свет — центральное понятие в создании мира, согласно Библии.

Как мы рассказывали ранее в главе 9.7 Тонкая структура мира, вероятность (или сила) взаимодействия квантов света с материей определяется постоянной тонкой структуры. Каким-то образом невероятно маленькие величины в её определении сократились и дали простое и понятное число для человеческого восприятия — 1/137 (правда, экспериментальные данные дают маленькую поправку к этой величине). В отличие от многих физических величин, у неё нет размерности. Это просто постоянная, как «π». Далее, если придать волю фантазии, эта постоянная может указывать на некоторое геометрическое описание или даже на человека!

Представьте фотон, для которого не существует ни пространства, ни времени. Более того, для него нет причины и следствия. Тогда, что именно выделяет вас как фотон, то есть как понятие? Только то, что вы есть. Может фотон — это и есть элементарная единица информации, которая имеет отношение к сознанию? Информативная роль света признана некоторыми известными учёными:

«Он (свет) – это энергия, а также информативность, форма и структура. ... Это потенциал всего. ... Свет — это фон, который един, но его информационное содержание способно к огромному разнообразию. Свет может нести информацию обо всей Вселенной», — объяснял известный теоретик Дэвид Бон (1917–1992) (Weber 1990).

Большое количество учёных в 19-х и 20-х веках восхищались красотой математики и самой концепцией световых квантов света. Например, Никола Тесла (1856 – 1943) восхищённо утверждал (Csanyi 2012):

«Материя создана изначальной и вечной энергий, которая нам известна как свет... Материя – это выражение бесконечных форм света, потому что энергия старше её. ... Частицы света – ноты ... Я – Свет в человеческом обличии. ... Просто поверьте. Всё есть свет.»

Как вы помните, философ Готфрид Лейбниц (1646 – 1716) полагал, что в основе нашего мира лежит бесконечное количество субстанций — монад. Одна монада не является материальным или вещественным образованием. Она проста, неделима и не имеет протяжения (это характеристики фотона!). Каждая монада имеет духовный характер и находится в постоянном изменении. Она независима, то есть существует сама по себе. Её изменения происходят спонтанно. Благодаря непрерывности существования монада осознает себя.

Надо отдать должное тому, что само это понятие было известно с античных времён. Сама концепция монады использовалась пифагорейцами в 6-м веке до нашей эры. Именно они назвали первое возникшее существо «монадой». Для многих греческих философов, в том числе Пифагора, Ксенофана, Платона, Аристотеля, монада была термином для Бога или единого источника.

Фотоны в пределе бесконечно малой длины волны (бесконечно большой энергии) существовали в первые секунды Большого взрыва. Их невероятная плотность и количество подразумевают огромное количество информации, если бы у этого творения был какой-то дизайн. Именно эти высокоэнергичные фотоны, теряя энергию (или охлаждаясь), стали превращаться в элементарные частицы, затем в горячий газ и, в конечном итоге, — в звезды.

Когда Библия говорит о Свете (с большой буквы) с самых начальных строк, может именно этот, бесконечно малый волновой предел фотонов, имеется в виду? Это — «другой свет», не созданный Солнцем или звёздами. Большой взрыв был просто воротами, приоткрытыми из мира идей и форм, чтобы создать материю. 14 миллиардов лет назад наша Вселенная находилась в состоянии космологической сингулярности. Она была чистым излучением с невероятно большой энергией (невероятно малой длинной волны фотонов).

Наше философское предположение находит отклик у многих авторов движения Агни-йога, основателями которого являются мыслители Николай (1874 – 1947) и Елена (1879 – 1955) Рерихи. Как многие в то время, они считали, что мир тонкой материи — это мир высокой частоты вибрации. Чем выше частота этих вибраций, тем ближе тонкий мир, и тем ближе мы приближаемся к Свету. Тонкий мир — это накопитель информации, которую приносят души после смерти в другое измерение. В нашем рассуждении мы можем трактовать «частоту вибраций» совершенно буквально — это наивысший предел частоты фотонов, который существовал при Большом взрыве. Напомним, высокоэнергетичные фотоны могут порождать материю, а значит, и нашу Вселенную.

Но что такое обычный свет? Обычный свет — это излучение, видимое нашими глазами. Это второй тип света. Он гораздо менее энергетический, с более низкой частотой, который возник в гораздо более поздние времена появления Вселенной. Это — излучение, создаваемое Солнцем и другими светилами.

Эти низкочастотные фотоны используют люди для передачи информации. Об этом свете Библия говорит позже, упоминая светила и Солнце.

Мы можем пойти гораздо дальше и спросить: где же этот тонкий мир, созданный из фотонов с невероятно большой частотой и плотностью? Возможно, для нас, он существует в прошлом — это и есть Большой взрыв. По крайней мере, нам кажется, что этот тонкий мир (или сингулярность) находится в далёком прошлом — 14 миллиардов лет назад. Мы движемся по стреле времени, удаляясь от сингулярности. Для нас Большой взрыв выглядит в прошлом потому, что время является концепцией исключительно нашего мира. Для существования и трансформации материи необходимо время с его причинно-следственными связями. Таким образом, Большой взрыв выглядит как начало материального мира. Но для самих фотонов время и пространство не существуют. Значит, время и пространство тоже не существуют для сингулярности. Мир Большого взрыва — вне нашего времени. Он есть сейчас, он был и будет.

Может быть космологическая сингулярность — это и есть тонкий мир, созданный из чистой информации. Именно самое начало мира характеризовалось максимальным количеством информации, когда энтропия нашей Вселенной была наименьшей (смотрите главу 3.1 Энтропия). Это начало начал состояло из невероятно энергетических фотонов, каждый из которых — элементарная единица смыслов. А их астрономическое количество рождает сложную реальность духовности. Это мир чистого духа без материи и времени. *«В Нем была жизнь, и жизнь была свет человеков»* (Евангелие от Иоанна).

Хотя всё это выглядит достаточно натуралистически, я не думаю, что предел больших энергий (сингулярность) имеет научное описание. Это предел невероятных плотностей фотонов не подчиняется физическим законам. Впрочем, как и всё наше вышеизложенное повествование, которое невозможно ограничить рамками эмпирических наук.

15 Знание через затмения

Среди популярных интерпретаций необычных явлений природы, не поддающихся объяснению с научной точки зрения, выделяется короткое слово — совпадение. Если мы не способны ответить на вопрос, используя известные законы, то самое натуралистически правильное объяснение такое: всё может случиться с малой вероятностью, а мы просто оказались в «нужное время в нужном месте», чтобы наблюдать некое совпадение. Так как в единицу времени в разных местах земного шара происходит много событий, то всегда должны быть необычные и редкие происшествия. Человеческий мозг способен находить совпадения в миллионах ситуаций, с которыми мы имеем дело повседневно.

Всё может случиться когда-нибудь и где-либо. После такого объяснения другие причины обычно не ищут.

Как мы уже говорили, существуют настолько важные происшествия и обстоятельства, для которых «совпадение» и «случайность» — исключительно нелепые объяснения. Такие явления не входят в тысячи незначительных событий и вещей, с которыми мы имеем дело каждый день. Если, например, облака закрыли Солнце на всей территории одного континента ровно на 6 минут и точно в полдень, а затем опять засветило Солнце, то вы не примете «случайность» за разумное объяснение. Почти наверняка, вы станете искать настоящую причину.

Совпадение. Именно такой ответ вы получите при объяснении, почему мы можем наблюдать солнечные затмения. Если нет хорошего объяснения, это самый правильный ответ для науки. Но эта книга выходит за границы научных объяснений.

15.1 Затмения Солнца

Солнечное затмение — это явление, при котором Луна полностью или частично покрывает солнечный диск на некоторое время. Луна, находясь между Землёй и Солнцем, отбрасывает на Землю тень на определённый участок Земли, откуда это явление можно наблюдать.

Причина такого феномена — в невероятном совпадении: диаметр Луны в 400 раз меньше диаметра Солнца. При этом Луна примерно в 400 раз ближе к Земле, чем Солнце. Поэтому Луна и Солнце кажутся примерно одинакового размера. Многие думают, что тут нет никакого другого объяснения. Это является чистой случайностью. Но так ли это?

Одна из причин, почему вы можете начать задавать такой вопрос, это потому, что вы наверняка знаете, что в Солнечной системе порядка 290 лун-спутников других планет (Howells 2023). Они не создают затмения с той точностью, с которой это происходит на Земле. Таким образом, вероятность обнаружить нужную конфигурацию расстояний и размеров светил для затмения будет (1/290) = 0.0034. По крайней мере, если считать, что расстояния до других планет и их размеры не имеют большого значения для наших вычислений.

На это совпадение накладывается ещё одна случайность. Луна медленно удаляется от Земли со скоростью около четырёх сантиметров в год. Поэтому в прошлом Луна казалась намного больше Солнца и затмения не были такими впечатляющими. Точно не для простейших беспозвоночных форм жизни, которым, по большому счёту, было всё равно, есть затмение или нет. В прошлом Луна полностью закрывала солнечный диск. «Подстройка» размера Луны для того, чтобы затмение стало возможно, произошла приблизительно после 600 миллионов лет назад. Этот период времени очень близок к «Кембрийскому взрыву», который ознаменовался беспрецедентным появлением сложных организмов между 540–530 миллионами лет назад в начале кембрийского периода. Это событие сопровождалось появлением многих основных видов живых существ, составляющих современный животный мир. В тот момент возникло множество новых крупных эволюционных ветвей животных. Такого больше никогда не случалось, ни раньше, ни позже.

Почему именно в момент, когда появился сложный животный мир, наблюдения полных солнечных затмений стали возможны? Ведь затмения не являются незначительными явлениями среди миллионов других, где «правит» слепой случай?

Как мы уже говорили, это правда, что люди замечают всякого рода совпадения среди миллионов совершенно незначительных событий. Но с Землёй, Луной и Солнцем ситуация совершенно другая. Это основные значимые объекты для существования жизни и нас. Они привилегированно «выбраны» из громадного числа незначительных вещей и явлений. Размеры Земли, Луны и Солнца, так же, как и расстояния между ними, уже подверглись подстройке для существования жизни. Любые дополнительные совпадения, такие как равенство двух (приблизительно целых) чисел 400 для появления затмений, в точности в период времени, когда стали появляться условия для появления разумного наблюдателя — статистически маловероятны.

Как я уже упоминал ранее, разбираясь с редкими совпадениями без причинно-следственной связи, нам нужен «фильтр», чтобы сузить громадное количество людей, событий и вещей к маленькой статистической выборке. Именно так можно заметить интересные явления, которые трудно интерпретировать, имея дело с огромным числом возможностей. Так мы искали совпадения в важных событиях в жизни известных людей (глава 5 Как взломать код).

Если Земля, Луна и Солнце — наиболее значимые категории для жизни и человека, то любое совпадение с такими категориями не является случайностью. Единственный вопрос — есть ли в этом кажущемся совпадении какой-то замысел? Те люди, которые верят в разумный дизайн нашей Солнечной системы, часто рассуждают так: причина, почему произошла такая точная подстройка размеров Луны и расстояния Луны до Солнца — это для того, чтобы помочь человеку познать мир.

Действительно, солнечные затмения использовались в прошлом для важнейших научных открытий. Например, затмения использовались для описания солнечной короны и позволили открыть гелий. Это невероятно важный одноатомный газ без цвета и запаха. По важности, он занимает второе место после водорода. Как мы сейчас знаем, основную массу подавляющего большинства звёзд и нашего Солнца составляют именно водород и гелий.

Гелий был открыт французским астрономом Пьером Жансеном (1842 – 1907) во время солнечного затмения 1868 года в Индии. Длительность полной фазы затмения составила около 6 минут. Астроном обнаружил в солнечных протуберанцах Солнца яркую спектральную линию жёлтого цвета на длине волны 587 нм (смотрите главу 14.1 Немного науки). Впоследствии этому элементу было дано имя «гелий». Он был назван так потому, что «Гелиос» по-гречески означает «Солнце». Именно гелий создаёт излучение на этой длине электромагнитной волны.

Благодаря затмению 1919 года была экспериментально подтверждена общая теория относительности. Это одно из самых значительных открытий человечества. Сама эта теория была предложена Эйнштейном ещё в 1915 году. В своей статье он утверждал, что гравитация – это не сила притяжения, действующая между телами в космосе, как ранее объяснял Исаак Ньютон, а свойство пространства-времени. Эта теория утверждает, что гравитация возникает тогда, когда окружающее пространство-время изгибается под массой какого-либо тела. Чтобы проверить эту гипотезу, английский астроном Артур Эддингтон (1882 – 1944) организовал экспедицию для наблюдения солнечного затмения 1919 года в Бразилии. Продолжительность полной фазы затмения составила около 6 минут (точнее, 6 минут и 51 секунду). Это затмение было самым длинным за предшествующие ему 500 лет. Результаты наблюдения убедительно подтвердили предсказание общей теории относительности Эйнштейна об отклонении света в поле тяготения Солнца. Гравитация действительно может отклонять даже свет!

Если и есть какая-то разумная причина в солнечном затмении, то она может быть такой: дать людям возможность делать открытия и ускорить их познавательный прогресс. Такая точная подстройка размеров Земли, Луны, Солнца и расстояния между ними — всё это требовалось для появления биологической жизни. Например, для существования воды в свободном состоянии. Но этого было мало. Была осуществлена подстройка расстояния Луны до Земли в самое необходимое время, когда появились сложные и разумные существа, чтобы они были способны делать самые значительные открытия.

Как вы заметили, максимальная продолжительность полной фазы этих двух затмений, когда были сделаны оба наиболее важных для человечества открытия, составляло около 6 минут. Это результат невероятно точной подстройки размера Луны, её расстояния до Земли и её скорости вращения. Из предыдущих глав мы уже знаем, почему 6 минут. Эта цифра «проникает» везде, где надо дать подсказку, указывающую на человека.

А ещё, затмение — это намёк на то, как обнаружить сам метод, который позволит понять дизайн Вселенной. Этот способ довольно прост, и мы его уже использовали в предыдущих главах. Если мы имеем дело с громадным потоком информации, которая не позволяет найти некоторую регулярность и смысл, то самое простое — это выделить главное из этой информации и заблокировать основной поток данных, который делает предмет изучения невообразимо сложным. Именно так мы делали на протяжении всей книги, чтобы выявить статистически невероятные совпадения, причины которых не могут укладываться в натуралистическое описание мира.

Солнечное затмение — это именно демонстрация вышеизложенного принципа. Луна, заслоняющая собой большинство солнечного диска, является фильтром. Она блокирует миллиарды фотонов, летящих на Землю, которые не позволяют исследовать

Солнце. В результате мы легко можем исследовать протуберанцы солнечной плазмы после того, когда Луна заграждает основной поток информации, переносимой фотонами.

Таким образом затмение — это ключ к самому методу обнаружения нематериальной подструктуры мира. Ключ, который нам преподнесли в момент, когда жизнь, в том числе разумная — в лице человека, стала себя осознавать и анализировать мир. И этот самый ключ был создан, используя тот же самый принцип — случайное совпадение в числах (совпадение между размером Луны и расстояния до Солнца) с логической привязкой к значимому информационному явлению. А именно, в момент взрывного появления новой информации и самому мощному всплеску эволюции за всю историю Земли, приблизительно 540 миллионов лет назад. Это событие было необходимо для создания новых сложных видов животных. А в последующем — для смыслового восприятия мира людьми.

Мы обещали, что эта книга ищет смысл в наблюдениях, которые выходят за пределы научных объяснений. Смысл затмений может быть такой: это подсказка нам о том, что наш мир был создан. Не просто для жизни, а именно для разумной жизни, ищущей ответы. Совпадение двух чисел 400 для появления затмений может быть исключительно остроумным пазлом. Он был создан на громадных масштабах пространства и времени. Как мы знаем, что в неком совпадении заложено так много смыслов, то это перестаёт быть случайностью.

15.2 Бозон Хиггса

Рассмотрим другой пример этого же принципа — блокировки ненужной информации для выявления новых законов. На этот раз мы обратимся к области самых малых величин, которые

347

когда-либо были изучены людьми. Мы уже рассказывали об этом в главе 7.2 Дающий законы.

Бозон Хиггса — это фундаментальная частица поля Хиггса, которая отвечает за существование массы самих элементарных частиц, которые на данный момент невозможно расщепить на составные части. Это поле было предложено в середине шестидесятых годов Питером Хиггс — в честь которого была названа частица этого поля. Как я уже говорил ранее, эта частица была наконец обнаружена 4 июля 2012 года исследователями Большого Адронного Коллайдера (БАК) — самого мощного ускорителя частиц в мире, расположенного в ЦЕРН (Швейцария).

БАК подтвердил существование поля Хиггса и механизм возникновения массы и, таким образом, завершил стандартную модель физики элементарных частиц — лучшее описание субатомного мира, которое мы сейчас имеем. Без поля Хиггса ни одна элементарная частица не имела бы массы, а значит фундаментальные частицы мчались бы по Вселенной со скоростью света. Это означает, что ни звёзд, ни планет, ни нас не было бы. Благодаря такой невероятной важности этой частицы популярные средства массовой информации закрепили за бозоном Хиггса прозвище — «Частица Бога». Однако есть частица, которой поле Хиггса не придаёт массу. Как вы, наверное, догадались это опять частица света — фотон.

На БАКе бозон Хиггса обнаружили, разгоняя два протона до скорости близкой к световой, и сталкивая их друг с другом. Это создаёт каскад других частиц, которые быстро распадаются на более лёгкие частицы. Бозон Хиггса распадается слишком быстро, чтобы его можно было обнаружить. Среди разных распадов бозона Хиггса есть один распад, который является наиболее известным и легко обнаруживаемым — это распад Хиггс бозона на два фотона. Именно этот распад и был использован для обнаружения Хиггс бозона. До сих пор он является самым важным и легко определяемым распадом, который используется учёными для изучения свойств этой удивительной частицы.

Чтобы распад бозона Хиггса на два фотона обнаружить экспериментально, надо было проигнорировать миллиарды других событий, где фотоны летели из других распадов известных частиц. Фотоны, вылетающие из распада бозонов Хиггса, имеют очень большую энергию — порядка 50 гигаэлектронвольт или 1 миллиард электронвольт. Если пересчитать эту энергию в длину электромагнитной волны, то такая энергия соответствует около 2.48×10^{-8} нм (нанометра) длины. Это невероятно короткие волны, так как один нанометр равен одной миллиардной части метра. Видимое излучение — это электромагнитные волны с длиной волны 380–780 нм, воспринимаемые человеческим глазом как свет (смотрите главу <u>14 Свет</u>).

Здесь следует отметить, что бозон Хиггса взаимодействует с фотонами не напрямую. Сначала рождается пара других тяжёлых частиц, которые и излучают два фотона. И конечно, без постоянной тонкой структуры и числа «π» здесь также не обошлось! Смотрите главу <u>9.7 Тонкая структура мира</u>. Оказывается, амплитуда таких взаимодействий пропорциональна «постоянной тонкой структуры» (α) в квадрате, и обратно пропорциональна «π» в кубе. Эта пара фундаментальных параметров появляется каждый раз, когда фотон взаимодействует с веществом, и когда люди пытаются упростить сложные математические выражения.

Надеюсь, это открытие бозона Хиггса с использованием фотонов вам что-то напоминает. Как и в случае с солнечным затмением, здесь был применён тот же самый принцип — блокировка ненужной информации, переносимой фотонами, чтобы выделить ту информацию, которая, по нашему мнению, является важной. Мы также использовали этот принцип для обнаружения совпадений в информационном пространстве после того, как мы заблокировали громадное количество ненужной информации и выделили только информацию, которую могли проследить и обработать (глава 5 Как взломать код).

15.3 Сознание вне тела

Громадный поток информации, получаемый нашим мозгом во время бодрствования, не позволяет нам сконцентрироваться на том, что может быть совершенно главным для нашего бытия. Наш мозг не только получает информацию через пять чувств восприятия: вкус, обоняние, осязание, слух и зрение. Он также получает информацию от органов внутри нашего тела для физического существования среди молекул. Этот второй поток информации не осознаётся нами. Он наполняет наш мозг, который обрабатывает эти данные в бессознательном виде. И на основе этих вычислений наше сознание принимает наиболее оптимальные решения для поведения в мире атомов.

Но что произойдёт, если все потоки данных из этого мира заблокировать? Возможно, мы будем открыты к восприятию настоящей реальности за гранью этого мира? Может осознание истинного «Я» возникает именно тогда, когда тело и мозг перестают функционировать или уменьшают свою деятельность? В такой момент всё, что остаётся от нас, это наша проекция в мире смысла и абстрактных форм. Эта и есть самая главная часть нашего сознания, которая принимает решения и запускает алгоритмы интеллекта для управления биологической оболочкой из молекул на Земле. А заблокировав потоки информации от сигнальной системы нашего тела, у нас появится возможность соприкоснуться с миром Света, истинной родиной нашей души (глава <u>14.3 Немного фантазии</u>). Это интересная идея для размышлений.

Именно такие удивительные переживания возникают в различных ситуациях, когда тело находится в экстремальном состоянии, и его сенсорные способности заблокированы или намеренно (или ненамеренно) видоизменены. Чаще всего это происходит во время состояния клинической смерти или коме. Внетелесный опыт — это осознание себя вне своего тела. При этом вы можете наблюдать за своим лежащим телом, возвышаясь на каком-то расстоянии. По словам людей, переживших такое состояние, это похоже на то, как душа покидает тело и свободно блуждает в пространстве. Психоактивные вещества, используемые в ритуальных практиках различных культур, также часто приводят к внетелесным переживаниям. Кроме того, некоторые люди могут выходить из тела сознательно (Щербаков 2021). Например, известный физик-теоретик Ричард Фейнман (1918 – 1988) испытывал переживания выхода из тела по своей воле в ходе опытов в камере с солёной водой, изолированной от внешних воздействий (Feynman and Leighton 1997).

Ощущение выхода из тела является характерным элементом околосмертных переживаний, возникающих в ситуациях, опасной для жизни, коме или при клинической смерти. Одно из самых первых описаний этого явления задокументировано Платоном в сочинении «Республика». Именно учение Платона обосновывает, что тело — это только лишь временный приют для бессмертной души. Следует отметить, что такое отношение к жизни и смерти было свойственно почти для всех древних культур.

С тех пор были опубликованы сотни описаний феномена выхода из тела. Эти переживания, по разным оценкам, возникают не менее чем у 5–10% людей. Это явление всё больше и больше привлекает внимание в научных исследованиях (Sellers 2017). По моему мнению, отрицать явление внетелесного опыта совершенно глупо. Я даже не буду пытаться убедить читателя в том, что это явление — реальность, с которой мы имеем дело.

Многие люди, пережившие клиническую смерть, рассказывают о схожих видениях. Они способны видеть своё тело и врачей, пытающихся восстановить работу сердца. Затем они описывают тёмный туннель, в конце которого мерцает яркий свет. Большинство тех, кто прошёл через этот туннель, обнаруживают себя в некоем ином мире, залитом невообразимым светом, который невозможно передать словами. Некоторые описывают встречи с умершими родственниками или бесплотными существами, излучающими добро. Они говорят, что испытали чувство небывалого умиротворения и невероятной любви. Наступает момент эйфории, связанной с чувством, что они вернулись в свой настоящий дом, откуда они пришли на Землю. Они начинают видеть цвета, которым нет описания. Они находят себя в пространствах, которых нет в наших понятиях. Некоторые начинают видеть на 360 градусов. Появляется ощущение невероятных знаний. Время останавливается, либо оно перестаёт ощущаться. Затем им дают понять, что их время покинуть Землю ещё не пришло и им надо вернуться. Общение происходит мысленно. А вернувшись к жизни, такие люди коренным образом меняются, становясь более духовными.

С медицинской точки зрения, есть несколько натуралистических объяснений. Они касаются кислородного голодания мозга или исключительно химических процессов, которые происходили в мозге под действием медикаментов. По большому счёту, все научные объяснения сводятся к одному: в предсмертный период разные области мозга продолжают согласованно работать, даже когда в мозг не поступает кислород. Если сердце остановилось, то кровь перестаёт идти в мозг. Но некоторые процессы клеток ещё продолжаются даже в отсутствие сердцебиения и кровообращения. Именно всплески активности нейронов во время клинической смерти могут вызвать паранормальные видения.

Разумеется, как это часто бывает с наукой, некие модели, имеющие дело с механическими процессами, не способны дать полного объяснения субъективного опыта, которые испытывают люди. С точки зрения информации, такие всплески нейронной активности в умирающем мозге должны приводить к очень широкому спектру видений. Они могут быть всем, чем угодно. Например, они могут быть случайно бегущими картинками, всплесками воспоминаний или некой полной несуразицей. Например, мигающей цифрой 6. Но это не то, что люди испытывают. Подавляющее большинство рассказов об «увиденном» во время клинической смерти невероятно похожи.

Я не буду углубляться в тему клинической смерти. Эта глава — просто приглашение к просмотру соответствующей литературы. Всё что я могу сказать, — это то, что предсмертный опыт является замечательным подтверждением материала из предыдущих глав. А именно, в такие критические моменты, находясь на пороге смерти, у людей появляется доступ к новой информации. Этот момент доступа совпадает с блокировкой информации из этого мира, получаемой нашими чувствами. Это похоже на затмение. Эта новая информация выходит далеко за пределы того, с чем мы имеем дело в этом мире. Все атрибуты мира идей и абстрактных форм чётко прослеживаются в видениях людей перед смертью: это отсутствие времени и пространства, невероятные переживания, эйфория от нахождения в истинном доме, встреча с ушедшими и яркий свет непонятного происхождения. Почему свет? Мы обсуждали это в главе <u>14 Свет</u>.

16 За гранью этой реальности

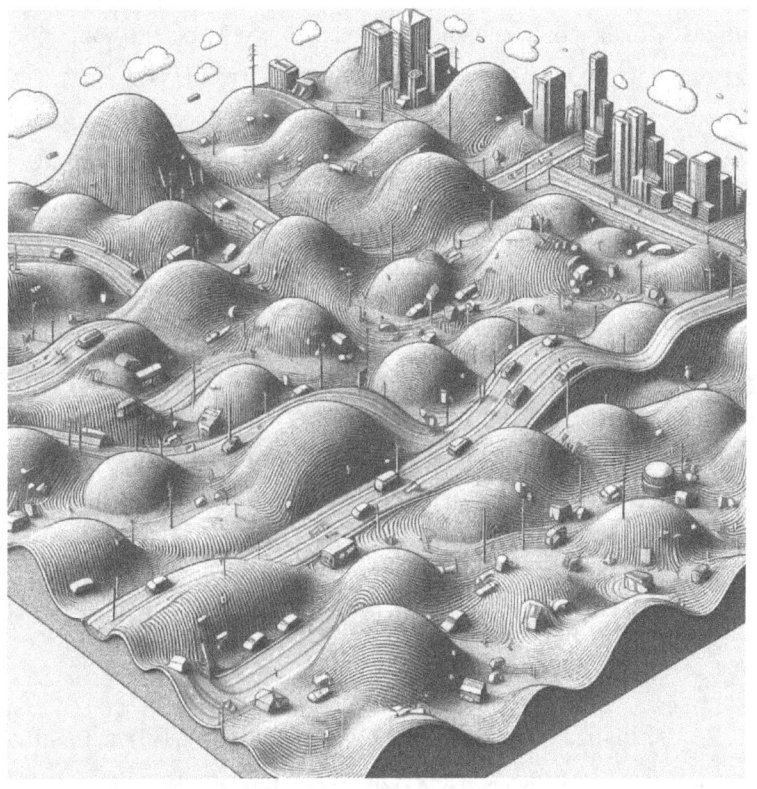

Примеры событий, описанных в главе <u>6 Примеры значимых совпадений</u>, весьма трудно объяснить игрой случая. Мы допускаем, что одно или два совпадения могут быть случайными, но найти шесть странных стечений обстоятельств среди людей, чьи имена широко известны заранее, довольно сложно. Мы даже провели оценку вероятности того, что синхронизм случился с группой из шести человек благодаря слепому вмешательству случая. Эта вероятность, полученная в главе <u>6.9 Всё не случайно</u>, оказалась астрономически малой величиной — порядка 10^{-11}. Может быть, такие явления раскрывают глубинное единство разума

355

и материи, субъективной и объективной реальности, как были убеждены Юнг и Паули.

Возможно, многим посчастливилось собирать на болоте клюкву. Когда я был маленьким, я часто ходил с отцом на торфяные озёра в 30-ти километрах от Минска. Это были поля, покрытые толстым слоем травы, мха, приземистыми кустами и небольшими берёзами. Красные ягоды клюквы росли на полянах между кустами. А когда ягоды созревали, их можно было найти лежащими в мягком мху. Однажды, во время одной из таких поездок на болото, я услышал треск и оглянулся. Где-то вдали, почти одновременно, упали две трухлявые берёзы. Между ними было достаточно большое расстояние. Первый вопрос, который пришёл мне в голову — как такое возможно? Два редких события, случившихся в один и тот же момент? Я понял, что произошло на самом деле только через несколько секунд, почувствовав колебания мха под моими ногами. Оказалось, что кто-то прошёл недалеко от этих прогнивших берёз. Это привело травяной настил в колебательное движение и вызвало падения прогнивших деревьев.

Земляная поверхность в пересохших озёрах, где начинает образовываться торф, мягкая. Она была настилом из переплетённых корней, под которым находится водный мир умирающего озера. Он совершенно непохож на наш. Там свои законы и другая жизнь. Однако мир на поверхности полностью зависит от этих толщ воды. Когда кто-то ходит или прыгает на этом ковре из травы, всё вокруг приходит в волновое движение. Это вызывает события, которые можно интерпретировать как невероятные совпадения. И даже сам мир воды, испуская пузыри газа из глубин озера, может влиять на всё, что находится на поверхности.

Представьте, что произойдёт, если вы создали волновое движение воздуха, позвав кого-то. Возможно, вы увидите одновременно падающие деревья или шевеление кустов. Эти события могут для вас выглядеть как совпадения. А затем, вы почувствуете колебания под ногами, и только после этого вы увидите того, кто к вам идёт.

Может ли такая аналогия работать для объяснения синхронизма? Если это так, то тот мир, который анимирует атомы и молекулы нашей реальности, не имеет стрелы времени. Или же эта стрела направлена в совершенно другом направлении. Поэтому влияние того мира на наш не подчиняется причинно-следственным связям в нашей Вселенной. Эти волны могут распространяться как в пространстве, так и во времени. А ещё они влияют на судьбы людей, что делает тот, неведомый нам мир, осознанным.

Что это значит и как это можно проиллюстрировать? В главах 3.9 Идеализм и информация и 15.2 Бозон Хиггса я уже привёл аналогию, связанную с полем Хиггса. Чтобы найти что-то важное, существующее на маленьких масштабах, надо «возбудить» материю. Для этого разгоняют две частицы почти до скорости света, а затем их сталкивают. Получив высококонцентрированную энергию, частицы возбуждаются, создавая рябь в их волновой структуре. Возникает много новых частиц. А затем, чтобы обнаружить то, что нас интересует (бозон Хиггса), надо заблокировать основной поток информации (или поток фотонов), который не имеет отношения к цели изучения.

Если использовать такую аналогию, то, возможно, невероятные совпадения в самые критические моменты жизни людей и являются следствием некой «волнообразной ряби» в пространстве информации. Человеческие эмоции — это источник возбуждения смысловой информации, которая лежит в основе мира платонических абстрактных форм и идей. Когда такое случается, возникают совпадения, то есть волны в происшествиях, в системе понятий и числах. Эта волновая рябь сжимает и разжимает пространство событий. В итоге это ведёт к повторениям и совпадениям в жизни людей. Если модель смысловой структуры строилась на основе логики и математики, то она повлияла на формирование совпадений в разных числах, датах дней рождений и смерти, и любых других численных величин, имеющих отношение к людям.

Чтобы обнаружить такие волны в смысловой структуре мира, надо заблокировать информацию от громадного количества людей и не очень важных совпадений. Необходимо сконцентрироваться на небольшой выборке людей с их самыми значимыми событиями. Смотрите главу <u>5 Как взломать код</u>.

Вот одна из возможных аналогий: представьте натянутую резиновую плёнку, или эластичную мембрану. Люди (или сознание людей) — это узлы или выпуклости, сформированные на поверхности этой плёнки, которые немного выступают вверх. Рисунок в начале этой главы даёт наглядную иллюстрацию. Такие выпуклости созданы из самой плёнки. Сама плёнка и всё, что под ней — это и есть смысловая структура Вселенной — платонический мир смыслов и идей. На плёнке рассыпаны горы, реки, дома — это материальный мир. Все эти материальные неодушевлённые предметы не прикреплены к плёнке, но она всё же их «держит». Эти проекции идей, созданные из неживой материи, могут двигаться, перекатываться, менять своё расположение в пространстве (на плёнке) и во времени. Узлы, представляющие сознание людей, могут взаимодействовать со всеми этими материальными предметами. Все эти физические предметы подчиняются физическим законам, которые определяют движение предметов на плёнке, их соударения и иногда взаимодействия с узлами-людьми. Это картина мира, где материя, несмотря на поддержку плёнки, является вторичной.

Теперь представьте, что человек испытывает какое-то переломное событие в своей жизни. Это приводит к колебаниям узла-сознания. Плёнка начинает двигаться вокруг этого узла, приводя к круговым волнам на своей поверхности. Эти колебания — всплеск смысловых понятий и связанных с ними эмоций. В результате начинают двигаться другие узлы. Например, это влияет на людей, находящихся близко (опять мы имеем в виду «близко» по смысловым значениям). Так как плёнка колеблется, то и материальные предметы вокруг такого узла приходят в движение. Они, будучи просто проекциями колеблющихся абстрактных форм, не прикреплены к плёнке. У них нет сознания. Они могут иметь свои колебания в пространстве и времени, не всегда совпадающие с поведением абстрактных форм. Не надо забывать, что материя имеет свои степени свободы и может взаимодействовать между собой. Чистая игра случая тоже имеет место.

Этот пример — просто попытка раскрыть взаимодействие между психическими и физическими событиями через смысловую модель бытия. Совпадения — это колебания, вызванные какими-либо значительными для психики человека обстоятельствами. Появление удивительных совпадений в цифрах, именах, днях рождения и смерти также возникает потому, что плёнка колеблется в виде круговых волн на поверхности воды после того, как мы бросили в озеро камень.

Так как плёнка создана из смысловых понятий, то пространство и время вторичны. Совпадения по времени (такие, как совпадения по датам близких по смыслу событий), также возможны, как и совпадения в пространстве. Во вселенском мире смыслов времени, как такового, не существует, как и самого пространства. Это просто концепции, необходимые для работы физических законов и для взаимодействия материи самой с собой и с людьми.

Мы живём в момент времени, когда необычно быстрый прогресс в науке и технике начинает «прогрызать» пространственно-временное покрытие, натянутое на арматурный каркас абстрактных смыслов. На этой арматуре покоятся декорации материального мира, с которыми мы имеем дело каждый день.

Квантовая механика — это один из примеров, когда логика и интуиция, возникшие в мире предметов, с которыми наша материальная оболочка непосредственно взаимодействует, начинают давать сбой.

Эти события-совпадения влияют не только на судьбы людей, значимые события и времена их наступления. Они меняют прошлое и настоящее материального мира, а также его структуру, которая становится «эластичной». События могут «деформироваться» в зависимости от прошлого и настоящего.

В физике микромира явления нелокальности и запутанности частиц надёжно установлены. Понятие «ретропричинности» в поведении частиц предполагает, что существует механизм, который позволяет обстоятельствам в настоящем коррелировать с прошлыми состояниями, смотрите главу 8.2 Нелокальность. В настоящий момент, концепция ретропричинности — эта гипотеза для объяснения квантово-механических явлений. Она предполагает, что состояние частей в настоящем может «отредактировать» информацию о прошлом. Это выглядит фантастично. Тем не менее, эта гипотеза не хуже, чем гипотеза о бесконечном количестве вселенных, в которых наблюдатель непрерывно «перетекает» из одной вселенной в другую, в зависимости от того, что он наблюдает.

Мы не знаем, какое было прошлое. Его нет. Мы не можем его наблюдать, измерить или провести эксперимент. Но есть информация, дошедшая до наблюдателя. Именно она синхронизируется с настоящим. Конечно, такие явления рассматриваются для микроскопических частиц. Для больших предметов (а человек – это большой «предмет») вероятность таких явлений ничтожна. Но, возможно, для обыденных вещей — маленькая вероятность, помноженная на миллиарды нейронов мозга с доступом в квантовый мир и громадное количество повседневных ситуаций, делает очень редкие события возможными. А вдруг мозг имеет самую прямую связь с квантовой реальностью (Penrose 1989,) которая увеличивает ретропричинность поведения, особенно в моменты сильных эмоциональных переживаний сознания?

Примеры из жизни, где присутствует подстройка времени и событий с людьми, уже достаточно подробно обсуждались в этой книге. Например, в главах 6.6 Кайзер и война или 6.7 Ещё раз о войнах мы пытались объяснить обнаруженные совпадения эффектами редактирования прошлого. Даже удивительные совпадения, встречающиеся в супер-сооружениях древности, можно объяснить особенностью нашего сознания участвовать в ретропричинности, смотрите главу 9.9 Великая пирамида и числа.

Вот ещё один фантастический пример: как я уже говорил, бозон Хиггса был открыт в ЦЕРНе в 2012 году. Для огромного количества учёных это означало кульминацию их карьеры в физике. На эксперимент были потрачены миллиарды долларов, а поиск шёл на протяжении десятков лет. Что, если информация о прошлом была скоррелирована для настоящего таким образом, что статья Хиггса была принята к публикации в 1964 году? Первоначальная статья Хиггса, где он предсказывал новую частицу, не была принята к публикации по причине того, что не было понятно, как эта статья соотносится с реальностью. Однако он решил отправить её в другой журнал, почти не изменив содержание. Статью приняли. А что, если это была видоизменённая информация о прошлом, чтобы усилить эмоциональное состояние от событий в 2012 году — открытие Хиггса, которое всё так хотели обнаружить? Кто-то или что-то решило: «Хорошо, вот вам Хиггс частица, с массой, которую вы хотите. Получите и распишитесь. Только дайте я подправлю прошлое в 1964 году и всё устрою так, чтобы эту статью с предсказанием опубликовали.

Иначе, как вы получите наибольшее эмоциональное удовольствие?».

Конечно, у нас нет ни малейшего доказательства того, что всё случилось именно так. Чтобы обосновать такой ход событий, необходимо обнаружить некоторые совпадения по смыслу, как мы делали в главе 6 Примеры значимых совпадений и убедиться в маленькой вероятности для таких удивительных происшествий. Открытие частицы Хиггса не настолько судьбоносное для всего человечества, по сравнению с войнами, чтобы мог появиться синхронизм. Но если бы он и был, скорее всего, реальность выглядела бы так, как мы её описали.

Говоря о ретропричинности, можно задаться таким вопросом: допустим, информация о прошлом редактируется, чтобы удовлетворить сильные эмоциональные переживания людей в настоящем. Но как это возможно? Неужели все записи в прошлом меняются одновременно, упоминания в книгах, надписи на памятниках и даже вывески на зданиях? Если то, что изменяет все свидетельства, находится вне стрелы времени, то тут нет противоречия. Те, кто программирует, прекрасно знают простой факт: чтобы изменить что-либо в компьютерной игре, достаточно изменить один программный объект. Все другие, связанные с ним объекты, изменяются синхронно, как в прошлом, так и в настоящем этой игры. Мы живём в одной вселенной, а не в бесконечном их количестве, как это имеет место в некоторых интерпретациях квантовой механики. В нашей Вселенной происходит подстройка прошлого под настоящее. Это гораздо более экономный способ для механизма нашей реальности, чем создавать бесконечное число вселенных, существующих параллельно. Как мы объясняли, многомировая концепция квантовой механики слишком сложна и не проверяется принципиально.

Вы можете спросить себя: хорошо, мы установили все эти редкие события в главе 6 Примеры значимых совпадений. Маловероятно, что эти эффекты являются игрой случая. Для них нет причинно-следственных связей. Но что они означают? Они выглядят как спонтанные аномалии в жизни отдельных людей, группы людей и даже целых стран. Эти события проявляются в числах, связанных с жизнью людей, и способны охватить большие расстояния и громадные периоды времени. Такие явления подстраивают физические параметры в масштабе всей Вселенной (глава 2 Этот мир таков, потому что мы в нём). Весьма возможно, они улучшают шансы для возникновения жизни из неживой материи (глава 3.5 Жизнь и информация) и влияют на ускорение эволюционных процессов для усложнения простейших клеток и появления сложных организмов (глава 3.6 Теория эволюции). Можно только догадываться, почему такие явления происходят. Вот два возможных объяснения:

Это всего лишь проблески сознательного, но безразличного к нам мира абстрактных форм, стоящего за материальной реальностью. Это просто нежелательные неровности в ткани информации, используемые при «рисовании» картины (или кино) нашей Вселенной. Может быть, это своего рода ошибки в симуляции, или какие-то аномальные колебания трансцендентальной информации, бессознательного разума (если бессознательный разум возможен!), который безразличен и не заботится ни о человечестве, ни об отдельных людях. Может это просто побочный продукт бессознательной «воли к жизни», как описал его один из самых известных немецких мыслителей — Артур Шопенгауэр (1788 – 1860). Согласно его философии, воля — это слепое, иррациональное начало в потусторонней сущность мира. Мы рассмотрим эту гипотезу позже.

Или это — загадки или хорошо продуманные «подсказки», данные нам из другой (нематериальной) реальности.

Что-то или кто-то пытается привлечь наше внимание. Он предлагает ключи, которые открывают двери к чему-то совершенно новому. Он приглашает нас, но не принуждает. Это приглашение только для тех, кто поймёт, где найти эти ворота с правильным решением. Может быть, мы сможем использовать эти ключи для изменения нашей жизни. Это — информационная реальность, которая заботится о нас и меняет нас к лучшему. Она любящий разум. Как только ключ к этой реальности будет найден, мы сможем найти эти ворота и продвинуть всю цивилизацию вперёд. А может быть, эти подсказки идут от нас самих, из той скрытой реальности, так как рано или поздно, мы все в ней окажемся.

Я склонен думать, что наиболее вероятным является второе объяснение. На нескольких примерах в этой книге я показал, что эта невидимая информационная реальность не безразлична к нам. Есть много причин думать, что люди начали расшифровывать эту реальность, начиная с широкого принятия религии.

16.1 Бог смысла и истины

Как следует из всего вышесказанного, мы можем предположить, что Бог — это информационная реальность истины и смысла. Это высшая форма информации. В нашем мире понятие информации требует разумного создателя и получателя сообщений. Для материального мира информация не является чем-то естественным. Именно поэтому нам необходимо преобразовывать смысловые сообщения в данные, чтобы потом сохранять их на материальных носителях в виде книг и компьютерных дисков.

В отличие от нас, Бог является создателем и получателем информации. Это подразумевает его трансцендентность (от лат. transcendens – выходящий за пределы), обозначающую запредельность этому миру. Большой овал на <u>Рис. 3</u> из главы <u>3 Информация, смысл и сознание</u> иллюстрирует это понятие. Реальность Бога — это истина и смысл, которая также включает в себя красоту и любовь. В этой книге мы немного говорили о красоте и любви, однако многие могут сами догадаться, полагаясь на свои внутренние ощущения. Есть огромное количество свидетельств людей, переживших выход из тела во время клинической смерти. Они могут очень точно утверждать (Moody 2005), что красота, свет и любовь являются неотъемлемыми атрибутами реальности вне нашего мира. Мы говорили об этом в главе <u>15.3 Сознание вне тела</u>. Многие философы, начиная с Платона, считают, что именно красота является сущностью Бога. Неслучайно, некоторые мыслители используют принцип красоты для доказательства его существования (Swinburne 2004).

Понятие Бога, как чистая информация о смысле и истине, не является чем-то новым. Интересно то, что с точки зрения информационного подхода, именно такое понятие Бога хорошо согласуется с традиционно философскими и религиозными учениями.

Как вообразить Бога в виде абстрактных идей? Разумный мир, который существует без материальных носителей информации, где нет ни времени, ни пространства, ни материи, его заполняющей? Я не думаю, что у человека есть достаточно понятий, чтобы вообразить такую реальность. Но, может быть, помогут некие аналогии. Представьте безграничный океан (хотя уже в этом месте трудно представить бесконечность). Каждая «молекула» такого океана — понятие, абстрактная модель чего-либо. Эти молекулы-понятия не занимают пространства и находятся вне (нашего) времени. Если вы захотели найти дом своего детства — то он уже там. Он существует, так как такое понятие информационно «создано» всеми людьми, которые в нём когда-то жили в нашем мире. Например, вашими родителями, родственниками или соседями, умершими и живыми. Он также был создан вами из вашей памяти. Вы делитесь этой информацией во время сна. Возможно, в той реальности есть всё, что люди и животные испытали, находясь на Земле.

Возможно, там находится всё из нашей Вселенной, что требует информационной анимации. Часто можно слышать, если Бог существует, то какой смысл создавать бесконечно большое количество материи, звёзд, галактик и всех этих летающих камней в пустом пространстве? Это выглядит не очень рационально, если целью было создание жизни здесь, на Земле. Дело в том, что понятия, составляющие нашу материальную Вселенную, не занимают никакого пространства и не требуют энергии в мире абстрактных смыслов. Творение Вселенной занимает столько же ресурсов, сколько нужно для одной улитки. Богу не надо было создавать каждую мелкую деталь, так как некоторое количество основных правил и законов достаточно, чтобы все детали нашей Вселенной появились сами собой. Достаточно иметь алгоритм. Мы проиллюстрировали это в главе 9.8 Бесконечная красота фракталов.

Этот мир смысла (субстанция идей) первичен. Он есть и был всегда. Его никто не создавал. В его основе — добро и любовь. Просто потому, что зло не может быть созидающим началом чего-либо. То, что мы видим вокруг нас, говорит о том, что именно созидание является основой той реальности, а значит — это проявление добра. Зло — это инструмент разрушения. То, что есть что-то, уже говорит о созидающем начале нашей реальности.

Всё вышеизложенное — всего лишь догадки, основанные на принципе, что должна быть первопричинная основа для нашего мира. Это то, что древние греки называли основой бытия. И они добавляли: сама мысль тождественна бытию.

16.2 Знания

Читатель может задать такой вопрос: являются ли знания частью Бога? Очень часто можно услышать, что Бог обладает исключительными знаниями. Согласно религиозным учениям, он владеет всей существующей информацией, знает все тайны и ответы на все вопросы. Но тогда для чего жить, если всё уже известно Богу?

Я думаю, если человек сможет заглянуть в реальность смыслов, то он вряд ли воспримет это как некие знания. В нашем понятии знание — это описание того, как всё устроено во Вселенной. Но такие знания гораздо более поверхностны по сравнению с тем уровнем, где наш мир был спроектирован, если это случилось. Там работают совершенно другие алгоритмы и законы. Возможно, что мы можем понять только некоторые математические конструкции, которые были использованы для разработки физических законов (Penrose 2007). Мы можем наблюдать следы таких абстрактных структур в математике и в некоторых законах природы, которые поражают своей красотой и логикой (смотрите главу 9 Совпадения в числах).

Тут можно опять привести аналогию с компьютером. Компьютерный персонаж может получить знания о том, как устроена его реальность, однако истинные знания о том, как всё это работает, находятся вне его доступа — в микропроцессоре и компьютерном коде. Мир этого персонажа был задуман и создан алгоритмами, которые не имеют ничего общего со знаниями, получаемым наблюдателем изнутри этой игры. Даже если бы было возможно вывести закон гравитации, наблюдая за падающими объектами внутри этой игры, этот человек никогда не разберётся во всех деталях реализации гравитационных явлений в программном алгоритме и в аппаратной части этого компьютера. Любые сведения о том, что привело к дизайну этой игры, будут совершенно недоступны для его понимания.

Если всё до этого места выглядит вполне правдоподобно, то почему люди, которые испытали моменты смерти, не приносят полезную информацию из той реальности, где они побывали? Мы говорили об этом в главе <u>15.3 Сознание вне тела</u>. Например, можно узнать о законах природы, будучи в состоянии клинической смерти. Есть много свидетельств о том, что в таком состоянии люди начинают очень отчётливо осознавать все знания, недоступные нам на Земле. Почему бы, вернувшись в сознание, не поведать их миру? К сожалению, это не происходит. В подавляющем большинстве случаев сновидения также не дают нам каких-либо полезных знаний, кроме редких исключений.

Объяснение может быть в следующем: допустим, наш мир был создан на основе совсем других алгоритмов, чем те, которые мы можем изучить. Даже если мы получим знания об истинных законах во время сна, мы не сможем их интерпретировать, используя категории нашего мира. Программный код, написанный на неком языке программирования, не может быть понят персонажем компьютерной игры, у которого цели существования совершенно другие. Красивые математические формулировки и законы, которые человек создаёт благодаря науке, всего лишь некоторые составные части невероятно сложного процесса. Мы обнаруживаем эти законы как разрозненные части некой машины. Они невероятно логичны и идеально отполированы, как ручки от дверей легковой машины. У них есть даже некая функциональность, но у нас нет понятия, как это всё работает вместе в глобальном плане Вселенной.

Во-вторых, как вы представляете мир, где знания могут быть получены во время сна или клинической смерти? Где нет нужды учиться? И где существование Бога будет настолько очевидно, что это отберёт огромную часть нашей свободы, как мы ещё будем говорить в главе <u>17 Свобода воли</u>. Тот факт, что у нас нет прямого доступа к такой информации, является совершенно логичным решением, если наш мир был запланирован и создан. Других вариантов просто нет.

Итак, давайте подытожим. Наши знания отражают законы природы, которые не зависят от нас. Можно предполагать, что они являются грубыми «контурами» невероятно сложного плана по созданию материи, энергии, пространства и времени. Однако эти законы были созданы, используя более фундаментальные абстрактные понятия. Математика и логика — это просто «тени» тех понятий, которые нам пока недоступны.

16.3 Как понять синхронность

Явление синхронизма, разобранное в главе <u>6 Примеры значимых совпадений</u>, говорит о том, что этот мир не всегда подчиняется причинно-следственным связям. Все эти редкие совпадения, наблюдаемые в судьбах людей, не имеют прямого причинного характера. Их появление благодаря случайному шансу статистически маловероятно. А значит, они требуют другого объяснения.

Такие явления были бы не очень удивительны, если бы они происходили в маленьких масштабах, описываемых квантовой механикой. Однако, события синхронности наблюдаемы в больших масштабах и часто связаны с людьми и их переживаниями.

На мой взгляд, эти явления показывают, что наш мир находится внутри некой динамической системы, которая его информационно наполняет. А динамика этой системы не определяется только законами среды, где мы находимся. Наш материальный мир, включая людей, можно представить в виде материков

Земли, которые плавают на поверхности мантии и всегда находятся в движении. Они способны сталкиваться, находить друг на друга, колебаться и деформироваться, как тектонические плиты. Это и приводит к событиям синхронности. Понять эти события нелегко, так как сам механизм, описывающий их движение и динамику, не использует обычные для нас законы. Они находятся вне нашего понимания. Может мы находимся в присутствии Бога?

Не знаю почему, но аналогия с компьютерной симуляцией часто оказывается удивительно удобной в наших обсуждениях. Будучи героем компьютерной игры, у вас нет доступа к коду этой игры. Тем не менее, вы можете изменить сам процесс игры. В случаях сильных эмоциональных стрессов и важных событий, информационные потоки начинают подвергаться большей оптимизации. Например, когда события игры начинают очень быстро разворачиваться, процессор компьютера становится горячим. Ему не хватает охлаждения, и он перегревается. Чтобы это предотвратить, важно оптимизировать выполнение программы для повышения её производительности. Включаются особые алгоритмы. Они — тщательно продуманные «чёрные лазейки» в логике программы, которые удаляют лишние детали и упрощают выполнение задач по созданию сцен-событий.

Например, эпизоды, описываемые в главах <u>6.1 Авраам Линкольн и Джон Кеннеди</u> и <u>6.5 Гитлер и Наполеон</u>, выглядят так, как будто эти события были оптимизированы. Это было сделано таким образом, чтобы судьбы людей, оказавших большое влияние на историю, стали достаточно похожими. Возможно, это происходит благодаря следующей закономерности: так как люди, участвующие в этих событиях, имеют очень много общего, то в создании их судеб используются схожие элементы. Это гораздо более разумно, чем каждый раз создавать новые ситуации в их судьбах. Глава <u>6.4 Могильщики СССР</u> описывает синхронное окончание пути людей, повлиявших на разрушение громадной страны. Может быть, это было следствием такой оптимизации. Конечная цель? Может быть, такая: побыстрее закончить предшествующую эру и окончательно перевернуть страницу истории, чтобы двигаться дальше.

Конечно, трудно говорить о том, что мы можем хорошо разобраться во всех этих необычных явлениях. Мир смысловой информации не доступен нашему интеллекту. Ведь он оптимизирован для взаимодействия с нашей Вселенной, и только.

16.4 Символы и формы идей

Если наш материальный мир — конструкция из атомов, в основе которой находится смысловая информация, то что же является языком этой информации? Неужели это биты — нули и единицы, как в обычном компьютере? Или кубиты, которые находятся в суперпозиции этих состояний, то есть одновременно могут принимать значения 0 и 1. Кубиты используют явления квантовой механики для обработки данных. В перспективе кубиты позволят создавать сверхбыстродействующие квантовые компьютеры.

Мы не знаем, что является носителем смыслов. Однако есть интересные догадки. Возможно, что язык, на котором построен весь глубинный механизм, анимирующий наш мир атомов, может интерпретироваться нами в виде символов. Они являются наиболее компактным способом выражения смысловой информации. Конечно, это не значит, что символы и знаки — это и есть сам язык той, скрытой от нас реальности. Символы и знаки, как мы их интерпретируем, принадлежат нашему миру. Однако те абстрактные смысловые формы, на которых построена наша Вселенная, могут с лёгкостью «проектироваться» в наш мир и восприниматься нами как знаки. Это потому, что они наиболее естественное отражение идеальных смысловых форм, находящихся за реальностью этого мира.

Настоящий язык смысла, скорей всего, похож на формы идей, которые существуют в абстрактном состоянии. Здесь мы опять приходим к учению афинского философа Платона. Он предполагал, что для любой вещи существует соответствующая абстрактная форма. Мир идей Платона дал толчок идеализму, смотрите главе 3.9 Идеализм и информация. Я не думаю, что за это время мы сильно приблизились к пониманию концепции, где идеи-формы могут существовать сами по себе, то есть без биологических носителей.

Исторически, возникновение письменности связывалось с деятельностью божеств. Знаки и символы наиболее доступны к пониманию нашим сознанием. Они являются самым экономичным способом выражения наших мыслей и чувств. Именно поэтому первая письменность появилась в виде пиктографических символов и иероглифов. Символы всегда имели сакральное значение для первобытных людей. Для них, например, символ круга означал Солнце. Как мы знаем, символы использовались во всех сакральных текстах.

Допустим, что абстрактные формы проектируются в этот мир через наш разум в виде символов. Но как символы соотносятся со смыслом, то есть абстрактными формами? Это необъятная область современных исследований.

Исследователи посвятили символам много работ. Для Карла Юнга символы представляют собой нечто несущее самую глубинную тайну. Символ входит в сознание человека органически и становится чем-то родным и своим (Налимов и Дрогалина 1995). Может, это и есть естественный язык нашего сознания, которое строит проекции мира у нас в голове? Информация о звуках, объектах, запахах, вкусах попадает в мозг. Наш интеллект обрабатывает получаемую информацию из окружающего мира и направляет её в сознание в виде символов. И наоборот — обработанные сознанием символы возвращаются через интеллект в виде наших действий. Наше сознание, вполне вероятно, работает на языке символов. Они — это высокого уровня код для создания наших сновидений в подсознании.

Австрийский психоаналитик Зигмунд Фрейд (1856 – 1939), основатель психоанализа, считал, что наши сны используют символику для формирования сновидений. Во время сна наши мысли превращаются в образы и символы. Происходят процессы переработки данных, их сжатие и выделение самого важного. Карл Юнг не был согласен с этим. Он считал, что символы первичны и являются основным продуктом бессознательного, которое управляет мыслями. Возможно, они оба правы. Чтобы направить информацию из нашего мира в мир форм, нам надо проделать её обработку интеллектом. Именно ночью наше сознание запускает алгоритмы интеллекта для преобразования нашего земного опыта в язык символов и направляет эту информацию в привычный мир абстрактных форм. Мы говорили об этом в главе 11 Сны и совпадения.

А поскольку символы являются наилучшим представлением абстрактных форм, они позволяют прямое общение с миром идеального. Это протокол связи, который соединяет нас с тем, другим миром. Именно это отличает человека от компьютера, для которого язык символов и связь с миром идеального недоступна.

Мы уже говорили в главе 3.9 Идеализм и информация о модели британского физика-теоретика Роджера Пенроуз, который популяризовал понятие трёх миров: Мира Платонических Форм, Физического и Ментального (Penrose 2007). Рис. 3.9 иллюстрирует их взаимодействие. Символы являются общей частью всех трёх миров. Они используются ментальным миром. Одновременно символы имеют проекции в физическом мире в виде образов, рисунков и предметов. Они являются наиболее подходящими для взаимодействия с миром платонических форм-смыслов.

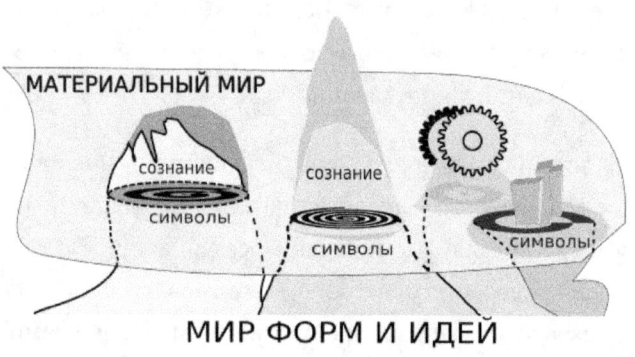

Рис 16.4. *Этот рисунок показывает, как мир платонических форм и идей определяет материальный мир. Человек со своим сознанием показан в центре. Сознание является частью формы. Разум включает интеллект и сознание, однако интеллект принадлежит материальному миру. Все вещи связаны с формами, но они не имеют сознания. Символы — это язык форм, которые интерпретируются нашим сознанием перед тем, как обрабатываются органами чувств и интеллектом.*

Давайте попытаемся уточнить диаграмму Пенроуза и разберёмся в роли символов. <u>Рис 16.4</u> иллюстрирует, как платонический мир форм-идей определяет наш мир. Часть формы, проникающей в наш мир, проявляется как сознание в случае со сложными живыми организмами. Чем сложнее организм, тем сильнее проникновение этой формы в материальный мир. Неживые предметы — это просто проекция абстрактных «чертежей» на атомы и неорганические молекулы нашей реальности. Они придают материи необходимую физическую форму и функции. Форма определяет структуру и процессы для любых материальных предметов, но не создаёт сознание. Например, компьютер — это просто предмет. Он имеет элементы простейшего интеллекта для расчётов, но это просто проекция абстрактной формы без проникновения в материю, поэтому сознания у компьютера нет и не будет. Сознание — это часть формы, которая взаимодействует с нашим миром через интеллект и сенсорное восприятие. А символы — это то, как форма представлена в нашем мире. Это одновременно язык сознания и язык для взаимодействия с миром форм. Символы наиболее точно отражают форму-идею и одновременно способны описывать наш мир.

Числа и математические формулы тоже могут выступать как символы, которые напрямую общаются с сознанием и, значит, с формами идей. Мы часто говорили о числе 6. Но во всех наших примерах это число использовалось как символ, с которым сознание людей работает напрямую и воздействует на идеальную форму. Это потому, что символ этого числа имеет отражение в соответствующей абстрактной форме, которая находится вне пространства и времени, и которая может влиять на события и вещи из нашего мира. Такое влияние не подвержено времени и расстоянию.

Практически все события синхронизма, рассмотренные в этой книге, можно объяснить, как проявление абстрактных форм из идеального мира в результате трансформации символов из этого мира и наоборот. Есть только одна проблема — не всегда понятно, как символьно-знаковая информация соответствует абстрактным формам. Возможно, такая связь является неоднозначной.

Давайте приведём пример. Возьмём такую смысловую форму, как Кайзер Вильгельм (смотрите пример в главе <u>6.6 Кайзер и война</u>). Возможно, в мире идей ей соответствует смысловая форма, которая является подклассом формы человека. Разумеется, эти смысловые формы исключительно сложные и содержат идеи человеческого тела, его частей, одежды и так далее. Возможно, в том мире есть некоторые более короткие обозначения этих форм. Такие как 6 — для абстрактного человека, 666 — для чего-то негативного, связанного со зверем или антихристом. Есть там и форма-идея алфавита. Когда люди во время Первой мировой войны стали искать «антихриста», чтобы объяснить своё горе, они связали символ «6» с «666» и алфавитом, придумав некоторый простой алгоритм, который получает число 666. Заметим необычность такого алгоритма. Мы не просто используем математическое сложение 6 с числовым порядком букв алфавита. Мы добавляли «6» как символ. Здесь явно работал символизм для создания алгоритма! Однако сам этот алгоритм был очень простым. Его единственной целью было подобрать буквы так, чтобы получилось некое (может даже неизвестное в то время!) слово — «Кайзер». Это сочетание букв стало ассоциироваться с числами 6 (человек) и 666 (антихрист). В 1915 году (и до этого времени), императора Вильгельма называли неким другим титулом. Желание многих людей было ассоциировать символ «Кайзер» с императором, а значит — с Вильгельмом, от которого зависели жизни десятков миллионов людей.

Итак, новое слово «Кайзер» превратилось в новый символ с помощью (уже известных) знаков «6» и «666». Этот новый символ присвоился к идее-форме императора Вильгельма в сознании многих людей. В какой момент это случилось — трудно сказать. Но когда это случилось, эта новая форма «Кайзер» была присвоена форме, обозначающий немецкого императора в мире идей. В отличие от нас, времени не существует для форм-смыслов. Это случилось поэтому, что форма «император» с присоединённой формой «Кайзер» моментально отредактировала историческую информацию (по отношению к 1915 году). Слово Кайзер стало повсеместно использоваться и обозначать императора. Разумеется, редакции исторической информации подверглись все записи, где слово Кайзер не было использовано. Ведь материальный мир — это всего лишь «одетые» в молекулы вещества формы. Круг замкнулся, приводя в баланс символы, формы и ожидания людей. Теперь можно было легко превратить слово «Кайзер» в «666» с использованием простого алгоритма. Это совсем не значит, что прошлое по отношению к 1915 году изменилось. Прошлого нет к тому моменту. Оно ни измеряемо и ни наблюдаемо. И значит, изменение информации о прошлом не приводит к аномалиям в ходе истории.

Здесь надо сказать, что некоторая последовательность событий в мире форм всё же должна происходить. Возможно, формы имеют некий аналог времени. Однако, их стрела времени не соответствует нашей. То, что там имело последовательность, у нас происходит одновременно.

Давайте теперь посмотрим на более сложный случай, описанный в главе 6.1 Авраам Линкольн и Джон Кеннеди. Здесь происходило создание множественных символов. Возможно, желание людей было связать судьбы этих двух политиков. Символы (или формы) создавались, они влияли на идеи-формы (или символы), что меняло информацию о сути событий и имён. Это происходило до тех пор, пока мы не стали свидетелями статистически невозможных совпадений в их биографиях. Вероятно, здесь была множественная редакция истории до момента убийства Кеннеди.

Когда мы видим сходство многих деталей в каких-то глобальных катаклизмах, то это может быть отражением существования некой прото-формы. Она — максимально абстрактна. Или, говоря иначе, она является «заготовкой» для групп более конкретных форм. В случае с Линкольном и Кеннеди, их две формы использовали эту первопричину прото-форму. Эти две формы содержали все детали отдельных событий. Но, в глобальном плане, они повторяли особенности одной прото-формы.

Для программистов эти аналогии должны быть прекрасно понятны. В программировании есть такое понятие как абстрактный класс. Это — аналог прото-формы. Такая абстрактная заготовка описывает некое общее состояние и поведение, которым будут обладать будущие классы (или программные коды, имеющие дело с конкретными ситуациями). Говорят, что абстрактные классы призваны создавать базовый функционал для классов-наследников. А производные классы уже реализуют все абстрактные функции.

Вот, пожалуй, основная идея, которая может прояснить, как невероятные совпадения происходят. Аналогичным образом можно объяснить все события синхронности в главе 6 Примеры значимых совпадений. Более того, можно объяснить невероятную красоту математики и физики, описанных в главах 8 Волны вероятностей квантовой механики и 9 Совпадения в числах.

Именно ожидания коллективного сознания, взаимодействующего с формами-идеями, на которых воздвигнут наш мир, приводят к изменениям, которые впоследствии выглядят для нас как невероятные совпадения. Если случайный шанс не может быть хорошим объяснением из-за слишком маленькой вероятности, то должна быть некая глубинная причина для таких совпадений. Может быть, именно неявная связь людей и вещей с их формами и прото-формами в абстрактном мире идей обеспечивает взаимодействие, которое мы воспринимаем как несвязанные между собой случайные совпадения.

Наша гипотеза, хотя и выглядит фантастически, — непротиворечива. Она способна дать объяснение совпадений, описанных нами в этой книге. Это предположение не хуже, чем гипотеза о бесконечном числе вселенных. Напомним, что в мультиверсная модели наблюдатель непрерывно «перетекает» из одной вселенной в другую в зависимости от результатов измерений микроскопических частиц. Это используется для интерпретации квантовой механики, как мы рассказывали в главе 8.4 Проблемы интерпретаций. В нашей гипотезе, вселенная одна. Но в нашей Вселенной информация о прошлом «эластично» меняется, приводя его в соответствие с настоящим в редкие моменты наибольших «стрессов» человеческой психики и исторических процессов.

16.5 Прошлое, настоящее и будущее

Для нас есть только «сейчас». Понятие «сейчас» — это артефакт нашего сознания. Это мгновение, когда платонические абстрактные формы находятся в прямом взаимодействии с материей. Момент настоящего можно представить в виде точки, летящей по стреле времени, от прошлого в будущее.

Двигаясь во времени, мы оставляем прошлое позади. Оно исчезает для нас. Его нельзя наблюдать или измерить. Прошлое оставляет силуэты в нашей памяти и вещах. Пропадая из мгновения «сейчас», прошлое становится трансформированным понятием мира идей и форм. Мы «заполняем» эти смысловые формы информацией из нашего жизненного опыта. Для нас, существующих в «сейчас», прошлое приобретает гибкость, потому что наше сознание находится в прямом контакте с безвременным миром идей. Прошлое и настоящее связаны через сознание. Это ведёт к ретропричинности и явлениям необычных совпадений, описанных в этой книге.

Мы изучаем прошлое по следам, которые оно оставляет. Это фотографии, фильмы, книги и свидетельства людей. Но имеется ли у нас способ объективного контроля, который способен установить, что прошлое является неизменным? Часто, разглядывая старые фотографии, можно ловить себя на мыслях о том, что то, что мы на них видим, выглядит несколько иначе, по сравнению с тем, как мы всё помним. Для материализма, все эти вещи, оставленные нам для настоящего, являются объективными свидетельствами прошлого. Однако, является ли само прошлое объективным и неизменяемым? Можно ли построить эксперимент, который с точностью докажет, что всё, что с нами происходило в прошлом, было именно таким, а не несколько другим? Я не знаю ответа на этот вопрос.

Но как быть с будущим? Для нас его ещё нет. В этой книге мы не нашли хорошего подтверждения, что будущее доступно нам, во всех его деталях. Есть интересные наблюдения, описанные в главе 10 Предчувствия будущего. Если принимать их за доказательства, то можно предположить, что существуют грубые зарисовки, абстрактные шаблоны и математические модели будущего в платоническом мире форм. Их могут воспринять некоторые предсказатели. Но эти шаблоны не заполнены детальной информацией. Мы, двигаясь по стреле времени, придаём им настоящее содержимое из полученного опыта.

17 Свобода воли

Если нематериальный мир идей и смысла, создавший все живые существа, включая человека и их среду обитания, является Богом, то почему так сложно найти следы его присутствия в нашей реальности? Многие считают, что Бог открыл себя людям через религии. Он дал знать о себе через посредников и священные тексты. И тем не менее, его следы в природе не являются очевидными для скептиков. Они всегда могут выстроить линию аргументов, доказывающих, что Бога нет. Споры между верующими и неверующими продолжаются тысячи лет и не утихают.

Не проще ли было бы Богу «предоставить» доказательства божественного происхождения Вселенной и человека более явственно? Так, чтобы не было сомнений в его присутствии? Если Бог решился на «анонсирование» себя через древние тексты и святых, то почему он не напоминает о себе через всяческие чудеса, которые легко обнаружить и которые можно задокументировать в научной литературе и учить в школах?

И продолжая эту мысль, не разумнее ли было бы Богу написать Библию более точно, чтобы не нужно было ломать голову над неоднозначными по смыслу строками? Почему результаты молитв для многих неочевидны? Не проще ли было бы, чтобы Бог отвечал на молитвы и выполнял то, о чём просят молящиеся? А в случае с синхронизмом можно было бы просто увеличить частоту их появления так, чтобы не приходилось пускаться в неоднозначные вычисления, используя статистические методы подобно тем, которые мы произвели в главе 6 Примеры значимых совпадений. Если Бог существует, почему он прячется от людей?

Как бы мир выглядел, если бы не было таких неопределённостей? Для верующих эта неоднозначность в следах творения является условием для полноты созданного мира. Ведь именно неопределённости делают наш мир разнообразным, придают ему краски и позволяют реализовать свободу воли. В этом мире есть достаточно намёков, чтобы понять замысел для тех, кто хочет их увидеть. Единственное, что может нас удерживать от интерпретации таких знаков — это нежелание увидеть эти намёки, используя свою свободу. Возможно, тут дело в том, что, будучи свободными от постоянных подсказок сверху, когда нами никто не управляет, мы можем открыть что-то новое и неожиданное, представляющее большой интерес для реальности смыслов, на которых покоится эмпирический мир. Запутать и сделать ситуацию непонятной — это один из способов обеспечить свободу воли в принятии решений. Много философов согласны с такой позицией. Создатель мог «намеренно оставить некоторые вещи на волю случая. Действительно, похоже, что этого требует само существование свободы воли» (Sanger 2024).

Если появится твёрдое доказательство того, что божество существует, это немедленно отнимет часть нашей независимости. Как только мы узнаем о существовании для нас замысла и высшего существа, наши действия станут предопределёнными и роботизированными. Для достижения конкретных целей было бы глупо что-то делать — достаточно помолиться. Я думаю, что и конкретных целей мы тоже не смогли бы поставить перед собой. Единственной целью всех людей было бы желание угодить всевышнему, чтобы вернуться в его лоно. Если бы вы точно знали, что есть сверхъестественное существо, то тогда все жизненные цели людей свелись бы к чистой лояльности. Мы бы стали роботами, которые делали бы то, чего от нас ожидают, чтобы избежать возможного наказания и порицания со стороны существа, от которого наше существование сейчас и после смерти полностью зависит.

Существование различных религий является одним из необходимых условий для реализации плана Бога. Дав знания о себе разным культурам в разное время, он обеспечил себе необходимую анонимность. Естественно, его понимали по-разному в зависимости от культурных и исторических контекстов. Атеисты используют противоречия между религиями для аргументации отсутствия Бога. Действительно, пока христиане считают, что представители других верований не заслуживают после смерти того, что им полагается, противоречия будут существовать. И это касается также других учений, которые ставят себя выше других религий.

Представим эту ситуацию с другой стороны: если бы Бог открыл себя разным народам в разное время, и все его откровения полностью были идентичные, мы бы поняли, что существует единый Бог, и этот вопрос был бы окончательно закрыт. Следовательно, начались бы гонки за достижением максимальной с ним близости, забыв о том, для чего мы здесь, с дарованной нам свободой.

Часто можно услышать, что у нас нет никакой свободы воли. Она — это плод нашей фантазии. Всё, что мы делаем, строго определяется законами природы, причиной и следствием, нашим воспитанием и окружением. Всё это, в свою очередь, тоже произошло из строго заданных цепочек причин и следствий в прошлом. Такой взгляд на мир ведёт к фатализму и вынуждает смириться со своей участью и плыть по течению данных тебе событий.

Некоторая предопределённость в том, что происходит с нами, действительно существует. Это касается работы нашего интеллекта. Но именно сознание запускает алгоритмы этой вычислительной части нашего разума и принимает конечные решения. Если интеллект приходит к наиболее оптимальному ответу на внешние обстоятельства путём вычислений, то роль сознания — решить, стоит ли следовать этому решению или нет. Возможно, сознание не принадлежит материи. Оно из реальности, где причинные-следственные связи (в нашем понимании) не работают. Мы не знаем, как интуитивное чувство бытия и самосознания «договаривается» с интеллектом на выполнение конкретных действий.

Необходимо помнить, что результаты измерений не предопределены заранее в квантовой физике, даже если мы хорошо знаем начальное состояние системы. Неопределённость и случайность — неотъемлемые свойства нашего мира. Мы лишь можем знать «склонность» атомов и их систем к проявлению того или иного результата, как мы говорили в главе <u>8 Волны вероятностей квантовой механики</u>. Возможно, это свойство является следствием неразрывной связи микромира с той реальностью, в которой наше сознание черпает силу жизни.

Я неоднократно упоминал в этой книге, что одной из главных задач нашего нахождения здесь — это получение опыта жизни. По крайней мере, такое предположение выглядит весьма логично. Если мы находимся в этом мире и являемся невероятно сложными биологическими организмами с самосознанием и интеллектом, то должна быть цель нашего пребывания. Самое простое предположение – это то, что само наше существование является целью. В этом случае есть только один нематериальный продукт, который может представлять ценность для мира абстрактных идей – это наш жизненный опыт и знание о том, как он трансформирует душу.

Наверное, каждый из нас в детстве делал игрушечные дома для кукол и представлял, как всё это выглядело бы, если бы мы сами были куклами, живущими в построенном нами доме. Я помню, как в детстве я построил игрушечный дом из кубиков Лего. Я назвал его баней или сауной, так как проложил в этот дом воду, используя маленькие резиновые трубки. Затем я пропускал по этим трубкам горячую воду, чтобы повысить температуру внутри этого дома, как в сауне. Я даже смог измерить температуру, засунув в этот дом градусник. Однако самым большим моим желанием в тот момент было оказаться внутри этого дома и почувствовать, как это здорово. Я знал каждую деталь моего строения и весь его план, но не мог представить, как я буду ощущать себя в нём. Возможно, так и Бог пытается понять своё творение через человека.

Опыт, который мы получаем в этом мире — это внутренняя информация Вселенной. Она будет отдана назад, обогащая мир смыслов, на котором всё основано. В общем-то, это и есть суть жизни. Эта информация должна быть собрана не скованными догмами и страхами людьми в свободном поиске, а не роботами, которые постоянно смотрят на небо в поисках инструкций к действию.

Эта книга показывает, что этот мир не является скоплением материальных предметов, где правит случайность. Но она не может быть доказательством существования конкретного Бога в конкретной религиозной традиции. Наши вычисления в главе 6.9 Всё не случайно оставляют достаточно места для сомнений, так как я использовал некоторые предположения, которые могут быть не совсем очевидны. Тем не менее, это ещё один шаг к пониманию нашего мира и ещё одна причина поверить в Бога для тех, кто эту веру чувствует внутри себя.

17.1 Страдания

Страдания — это цена за право иметь свободу воли (Gooding and Lennox 2018). Становясь людьми, мы «подписываем контракт», который включает в себя пункт под названием «страдания». Они — это цена за «билет» на шоу под названием «жизнь».

На самом деле, они являются прямым и логическим следствием того, что мы находимся в мире молекул. Из них сконструированы наши тела. Материя и энергия подчиняются естественным законам и изменяются во времени. Рост энтропии или хаоса во Вселенной неизбежен, смотрите главу 3.1 Энтропия. Он коррелирует со стрелой времени. Любая сложная структура должна постепенно разрушиться. Энергия и атомы Вселенной, движущиеся к хаосу, существуют с самого начала этого мира. Но мы здесь не навсегда. Живые организмы способны противостоять хаосу в течение некоторого времени, используя компоненты внешней среды для поддержания своих биологических функций. Но в итоге, мы все равно погибаем от внешнего «давления» хаоса.

Постепенное приближение нашей молекулярной оболочки к моменту гибели вызывает страдания. Часто можно слышать, что если есть любящий Бог, то он мог бы устроить всё по-другому. Тогда можно спросить — а как? Какие могут быть варианты для идеального мира? Разумного ответа мы не найдём. Сделать нас вечно живущими механизмами? Чтобы Вселенная постепенно не приближалась к хаосу? Тогда, как быть со стрелой времени? Или начать мгновенно уничтожать наши состарившиеся тела и стирать память у живущих родственников, чтобы избежать страданий?

Я думаю, вы никогда не найдёте разумной альтернативы миру, где нет страданий. Любая ваша мысленная конструкция идеального мира без неудобств, печали, отчаяния и страсти во Вселенной безразличных атомов потерпит чудовищный крах. У вас получится мир вечно живущих и счастливых машин без эмоций и смысла. Согласно всем логическим выводам, наша Вселенная выглядит именно так, как она должна выглядеть, если бы был Бог, который создал существующий порядок вещей.

В соответствии с распространёнными эзотерическими знаниями, мы прибываем в так называемом «плотном мире». Хотя такое понятие было известно давно, оно было широко популяризировано в 19-м веке (Блаватская 1888). В отличие от тонких или астральных миров, плотный мир состоит из материи. Она же используется для построения нашего тела. Это накладывает ограничения и особые условия, при которых неудобства и страдания для биологических организмов являются прямым логическим следствием материальной среды. Объекты (включая наши тела) не могут проходить друг через друга в плотном мире. Это автоматически накладывает ограничения в пространстве и приводит к конфликтам.

Вот самый простой пример: если кто-то стоит на вашем пути, и вы не можете его обойти, то вам надо как-то договориться о проходе. Вы не можете просто пройти через него, как если бы вы были в тонком нематериальном мире, построенном исключительно из информации и идей. Следовательно, тот, кто мешает пройти, должен пойти на уступки. Именно этот момент взаимного договора в плотном мире может быть источником всяких неудобств и конфликтов, а значит, страданий.

Или вот другой пример. Наше тело, как и любая одежда, требует ухода и починки. Но ресурсы веществ, которые требуются для поддержания биологической оболочки, не безграничны. Недостаток таких ресурсов ставит под угрозу вашу миссию в этом мире. Нам приходится конкурировать с другими за право поддержания нашего тела в этой среде как можно дольше. Это опять становится источником конфликта, всяких неудобств, а значит, и мучений. В результате страдание — это прямая необходимость, сопровождающая нашу миссию в плотном мире. Мог бы Бог сделать ресурсы неограниченными? Но как, если мы живём на поверхности шара, у которого площадь ограничена числом «π»?

Допустим, некоторое высшее существо решило уменьшить наши страдания и стало изменять мир таким образом, чтобы минимизировать количество несчастных случаев или массовых убийств. Но где грань страданий, определяющая начало вмешательства существа, пытающегося изменить мир к лучшему? Представьте, что установлен порог вмешательства в автобусные аварии с двадцатью пассажирами. Однако, когда в автобусах только девятнадцать человек, аварии продолжают происходить. Дело в том, что учёные — народ сообразительный. Такое искусственное вмешательство было бы немедленно ими выявлено, используя статистику и эксперименты. Это сразу создало бы проблему для нашей свободы принятия решений. После того как этот факт, основанный на научном подходе, будет выявлен и строго доказан, громадная часть свободы наших действий будет утрачена. Тот, кто создал этот мир, перестанет быть «анонимным». В результате мы станем действовать в угоду этому высшему существу и станем заниматься иррациональными вещами, которым не должно быть места. Например, мы будем создавать автобусы только с девятнадцатью сиденями. Многие начнут молиться круглые сутки вместо того, чтобы посвятить себя учёбе и творческой миссии, которую сами выбрали, пользуясь своей внутренней свободой.

Даже такие объяснения часто не являются удовлетворительными. Неужели эта высшая сила не может немного улучшить наш мир, не допуская экстремальных варварств, таких как Холокост? Что, если просто уменьшить страдания таким образом, чтобы люди, виновные в мучениях других и в массовых убийствах, не рождались? Или они бы умирали в младенчестве, тоже без мучений? Но может быть, именно это уже происходит? Самое ужасное, что могло произойти, не произошло. Например, такое событие как ядерный холокост, не случился только потому, что такой экстремальный сценарий был переписан в прошлом путём внешнего вмешательства. Как это доказать?

Дело в том, что практически все события этого мира описываются некоей плотностью вероятности, наподобие той, которая показана в главе 9.4 Бесконечность, сфера и случайность. В таких вероятностных распределениях есть хвосты — то есть очень экстремальные события. Но эти сценарии развития чрезвычайно редки. Даже если самые катастрофические события убрать искусственно, всё равно будут некоторые другие исторические обстоятельства, которые будут для нас представляться экстремально трагическими. Возможно, Холокост был несколько менее трагическим событием, чем создание Гитлером ядерной бомбы и уничтожение остальной Европы. Может быть, это более трагическое событие имело потенциал случиться, но было предотвращено извне? Или возможен ещё более фантастический сценарий, при котором это событие действительно произошло, но прошлое было отредактировано. Как это всё доказать?

Я думаю, что у нас нет хорошего доказательства редактирования истории в случае катастроф неописуемого масштаба. В настоящий момент мы можем обнаруживать только редактирования относительно «мягкого» характера, такие как цифры, даты и слова. Такие незначительные изменения в истории можно проследить через неожиданные совпадения, о которых говорится в разделе 5 Как взломать код.

Рассмотрим один пример. Допустим, что фашисты действительно создали ядерное оружие перед концом Второй мировой войны, и оно было полностью готово, чтобы нанести удар по союзникам. Но затем была внесена поправка в прошлое, и разработка была задержана. События, которые могли бы привести к уничтожению Европы, были отредактированы. Поэтому сейчас мы знаем историю такой, какая она есть. Существует ли некий способ обнаружить изменение этой истории и то, что существовала параллельная история, которая была гораздо более драматичной? Я не думаю, что мы можем ответить утвердительно.

Было много причин, почему ядерная бомба не была разработана фашистами. Некоторые из них выглядят странно, некоторые — закономерно. Есть множество факторов, от научных ошибок до критической утечки умов, вызванной нацистским антисемитизмом. Мы не знаем, были ли какие-то факторы подвергнуты изменению или нет. Мы только можем ответить на такой вопрос, если обнаружим некоторые странные несоответствия, которые являются следами таких изменённых событий. В случае создания ядерной бомбы приверженцами Гитлера, нам нужно больше информации о маловероятных совпадениях в период времени, когда нацисты проводили эти разработки.

Конечно, мы никогда не узнаем, что потенциально могло бы произойти, если бы не было вмешательства извне. Но это не делает наш ответ менее убедительным. Всё, что я хочу сказать — это то, что аргумент о жестокости Бога, допускающего такие трагедии, не работает. У нас просто нет данных для того, чтобы что-то утверждать о степени его безжалостности.

Или вот другая ситуация. Предположим, что Бог будет препятствовать образованию рака у маленьких детей. Это явление опять можно было бы изучить и прийти к выводу, что каким-то образом дети не болеют раком, а взрослые болеют, хотя все физиологические обстоятельства говорят о том, что должны болеть все люди. Научный способ изучения такого феномена привёл бы снова к выводу о наличии внешнего воздействия. И опять-таки, это нарушило бы свободу воли и создало бы искусственное общество, где наши поступки утратили естественное поведение и цели, которые мы сами выбираем.

Можно спросить, а зачем вообще болезни? Бог мог бы их уничтожить или не создавать, а значит, мы бы были всегда совершенно здоровы. Может он действительно уменьшает количество самых опасных болезней, но мы об этом ничего не знаем?

Если нет болезней, то как можно представить наш уход из этого мира? Возможно, здесь уместна некоторая аллегория. Дело в том, что на нас надет скафандр, созданный из веществ, которые находятся в непосредственном соприкосновении с внешним материальным миром молекул. Он подвержен старению, как и всё в этом мире. Стрела времени, приводящая материю в движение и хаос, ведёт его к постепенному распаду. Этот скафандр подвержен поломкам, а его сигнальная система даёт нам боль, предупреждая наше сознание о неисправностях. Надо пробыть в этом скафандре положенное время и, пользуясь своей свободой, сделать то необходимое, что мы чувствуем.

Рано или поздно нам всё равно надо будет выйти из скафандра. Чтобы мы покинули этот мир, нас надо позвать. Как это сделать, не выдав своего присутствия? Только естественным путём — через болезни-поломки. Единственный способ быть «выдернутым» из этого мира, при этом оставаясь анонимным, это позволить телу быть подверженным старению или болезням. А с ними приходят и страдания.

Но есть и другие ситуации. Представьте себе такую картину. Ребёнок играет в какую-то игру и не может остановиться. Вы его позвали один раз, потом второй раз. Он не обращает на вас внимания. В этом случае единственная для вас возможность — это отобрать его игрушку. Его мозг перестанет концентрироваться на интересном для него предмете и он, наконец, обратит на вас внимание. Может это и есть аналог трагического случая?

Как мы видим, часто обсуждаемый аргумент о том, что само наличие страданий говорит об отсутствии любящего Бога, не выдерживает критики. Именно страдания являются логическим следствием того, что нашему сознанию надо сохранять свободу воли для автономной миссии в плотной среде, заполненной молекулами и ограниченными ресурсами для жизни. Практически во всех религиях говорится, что Земля — это одно из самых сложных для существования мест, но именно эта сложность позволяет нашей душе пройти положенный урок и закончить свою миссию быстро.

17.2 Моральный закон в твоей совести

Вопрос о происхождении таких моральных понятий, как «хорошо» и «плохо», был темой философских дискуссий на протяжении многих веков. Различные философские и религиозные традиции предлагают различные точки зрения для ответа на него. Некоторые верят, что моральные концепции происходят из божественных источников, таких как Бог или боги, в то время как другие утверждают, что они являются продуктами человеческой деятельности, эволюции, культуры или эмоциональной реакции на события.

Часто мы можем услышать: мне не нужна вера в Бога (неважно какой религии), чтобы воздерживаться от убийства, изнасилования, кражи или нападения. Возможно, некоторые даже обидятся, если кто-то предположит, что только боязнь наказания Богом делает их нравственными.

Но вот главный вопрос: откуда мы знаем, что наш мозг не «запрограммирован» с рождения таким образом, чтобы отличать добро от зла? А вдруг это программирование изобретено именно Богом? Можно не верить в Бога, но это не освобождает нас от простого факта, что, погрузившись внутрь сознания, мы увидим мораль, которая дана вам извне. «Добро – это не что иное как сумма нравственных качеств Бога.» (Ветхий завет, Исход. 34:5-7). Как и математика, мораль реальна. А наш мозг её обнаруживает, как логику и абстрактную математику. Многие философы утверждают, что объективные моральные истины существуют независимо от человеческих убеждений или эмоций

Действительно, даже у шимпанзе есть все предпосылки для морали. Они могут проявлять сочувствие, альтруизм, справедливость и чувство вины. У людей начальные моральные установки проявляются с рождения. Исследования младенцев показывают (Kanakogi 2022), что мораль, скорее всего, заложена в нашем мозгу с младенчества. В течение жизни люди могут изменять и дополнять свои понятия о морали.

Концепция объективной морали, подобная математическим или физическим истинам, также является предметом философских дебатов. Некоторые философы утверждают, что существуют объективные моральные постулаты. Они существуют независимо от человеческих убеждений или эмоций, в то время как другие утверждают, что моральные ценности в конечном итоге субъективны и культурно относительны.

Конечно, это не доказывает, что Бог «заложил» в нас мораль с рождения. Оппоненты, обычно атеисты или агностики, сказали бы, что основным источником морали является эволюция общества. В далёком прошлом эволюция заставила людей сотрудничать. Нам приходилось жить в больших социальных группах, и это улучшило нашу способность ладить и взаимодействовать друг с другом. Такие социальные навыки передавались из поколения в поколение. Они записались в наших генах и стали нашими инстинктами. А в дальнейшем культурная среда и воспитание дополнили и усложнили понятия морали.

Есть и другие механизмы. Например, чтобы лгать, нужно иметь представление о правде. Но постоянно обманывая и при этом зная, что есть истина, невозможно сохранять стабильную психику (Dawkins 2008).

Для тех, кто верит, даже такая теория естественного происхождения морали не способна опровергнуть её божественного дизайна. Сам процесс образования морали путём эволюции мог быть задуман с самого начала. Если это был Бог, то ему не нужно «программировать» наш мозг или создавать способы для распознания морали, которая существует как объективный закон независимо от людей. Он знал, что пока существуют группы сознательных существ, взаимодействующих и пытающихся выжить во враждебной среде, сотрудничество между ними и взаимопомощь, а значит и мораль, возникнет автоматически.

Но как выявить, является ли мораль естественным процессом, или всё-таки Бог создал сознание так, чтобы оно могло распознать добро и зло как объективные категории вне человека? Люди, которые понимают мораль как естественное явление, скажут так: бремя доказательств лежит на стороне людей, которые предлагают некую силу, выходящую за пределы эволюции общества и естественного отбора. Я думаю, бремя доказательства лежит на обеих противоборствующих сторонах. На тех, кто считает, что добро и зло — просто продукт эволюции, и на тех, кто считает, что обе моральные категории заданы извне. Это делает проблему морали симметричной для этих противоборствующих сторон.

Маловероятные события совпадений, описываемые в этой книге, выглядят достаточно безразличными к добру или злу. Они просто происходят. Мы только смогли показать, что существуют некоторые явления, которые зависят от сильного эмоционального состояния людей и не описываются натуралистическим способом.

Я думаю, что доказательство объективности морали находится в другом ракурсе. Есть большое количество исследований (Atwater 2007), подтверждающих, что подавляющее большинство людей с предсмертным опытом уверенно могут сказать, что именно добро и любовь находятся за пределами этого мира. Смотрите главу 15.3 Сознание вне тела. После пережитого предсмертного опыта они становятся более духовными, у них появляется большее сострадание к другим. В целом, они становятся более моральными. Я не вижу смысла в том, что пережитая клиническая смерть каким-то образом усиливает инстинкт морали, приобретённый путём эволюции человека. Однако, при этом, она не усиливает другие инстинкты, которые являются гораздо более важными для жизнедеятельности человека.

17.3 Отмеренное нам время

Каждый решает сам, когда ему надо уйти. Наше тело, взаимодействующее с материей, изнашивается и ломается. Это имеет огромное влияние на нашу способность выполнять свою миссию. Если она, в результате каких-либо случайностей, становится неуспешной, мы можем уйти раньше. Есть ситуации, когда мы вообще не можем принять такое решение сами.

Однако остаётся один интересный вопрос: а как насчёт человеческой цивилизации? Представьте, что когда-нибудь научный прогресс достигнет такого развития, что «гипотеза» Бога превратится в «теорию» Бога. Присутствие Бога будет доказано точными научными методами и изучаться в школах. Например, переживания во время клинической смерти будут настолько хорошо изучены, что не останется ни одного сомнения в существовании высшего существа. Разумеется, все начнут стремиться покинуть этот мир. Или станут угождать Богу, чтобы получить комфортную жизнь за пределами этой реальности.

Здесь возникает очень серьёзный философский вопрос. А для чего мир, где все люди с точностью знают, что Бог существует? Как мы говорили, именно неопределённость в существовании всевышнего делает нас свободными. Разумеется, такой неопределённости нет для людей, которые уже верят в Бога и практикуют какую-то систему религии. Но если доказательства будут совершенно точными, то религия и вера Бога утратят своё значение. Неопровержимые знания о Боге отберут у нас большую часть нашей свободы и сделают нас предсказуемыми автоматами, которые будут делать всё возможное, чтобы ему угодить.

В такой ситуации мир, населённый людьми без свободного выбора, будет не очень целесообразен. Люди не смогут эффективно получать жизненный опыт, зная, что главная задача — подготовить себя к миру Бога и как можно скорее «улизнуть» из этой реальности, или хотя бы минимизировать количество поступков, которые будут неугодны для создателя.

Может быть, цивилизации, где Бог рассматривается как объект точных наук, а все люди постоянно общаются с ним, чтобы угодить ему, восхвалять его творения, просить о чем-либо и всегда ожидать небесной благодати после смерти, будут быстро ликвидированы. Возможно, такие общества придётся «перезагрузить» с самого начала, до того момента, когда понятие Бога станет неопределённым. Тогда люди снова погрузятся в природную среду и свою внутреннюю свободу — в мир, где есть выбор.

Если ход наших рассуждений правилен, то это может объяснить парадокс Ферми — отсутствие инопланетных посланий и видимых следов деятельности инопланетных цивилизаций, которые должны были бы уже расселиться в нашей галактике, учитывая приличный возраст Вселенной. Очень развитые цивилизации, которым удалось раскрыть секрет Бога, прекратили своё существование или были перезагружены в первобытно-общинный строй. Или они сами себя уничтожали в результате войн и опасных технологий. Что, возможно, и было запланировано по смыслу социальных законов, которые также получили своё место во время создания.

Могут ли книги, подобные этой, приближать момент, когда существование Бога будет доказанным? Я не думаю. Во-первых, всегда будут неопределённости, которыми можно воспользоваться, чтобы опровергнуть идею создания. В этой книге мы только показали, что реальность этого мира — под вопросом. То, что все эти явления совершенно однозначно обусловлены присутствием Бога, как его понимают в религиях, для многих будет оставаться предметом веры.

Во-вторых, возможно, что эта книга не совсем доступна для многих читателей. Для таких людей конкретная религия может представлять больший интерес, так как они оперируют с более понятными и более наглядными категориями. Религия апеллирует к традиции, культуре и чувствам, и в меньшей степени — к интеллекту и логике. И раз так, религия всегда будет подвержена критике со стороны атеистов, агностиков и представителей других религиозных традиций. Это будет поддерживать неопределённость, а наш мир будет продолжать находиться в балансе между верующими и неверующими. Именно так, как это должно быть, если есть разумный замысел творца, оставляющий нам свободу в принятии решений.

18 Гипотеза Бога

В этой главе мы рассмотрим основные доводы и критику двух позиций: Бог есть или его нет. Мы не будем обсуждать вопросы, связанные с религиями. Они затрагивают факторы понимания Бога в исторической, социальной и культурной среде общества. Если стоять на позициях присутствия Бога, то большое количество религий существует лишь потому, что духовный (идеальный) мир Бога в разное время и по-разному были поняты цивилизациями. Это происходило в зависимости от исторических условий и культурного опыта. Если бы Бог проявил себя всем народам на Земле в одинаковой форме и с единственным писанием, то это немедленно бы приоткрыло занавес анонимности и неопределённости в его существовании. Это свело бы на нет большую часть нашей свободы воли, как я уже говорил в главе 17 Свобода воли.

18.1 Бога нет

Главный аргумент атеистов очень прост: Бога нет, так как нет ни малейшего обоснованного доказательства. Всё, что мы видим вокруг, прекрасно согласуется с предположением, что материя и энергия достаточны для мира, который мы видим вокруг.

Мы уже говорили, что это не так. Присутствие информации — это уже признак (но не доказательство!) отклонения от материалистической концепции мира. Информация не может создаваться одной материей. Это последнее утверждение невозможно доказать. Но в него многие могут поверить, основываясь на тысячелетних наблюдениях природы. Смотрите главу 3.5 Жизнь и информация.

Концепция Бога предполагает некую цель для нас. Анонимность Бога абсолютно необходима для достижения такой цели (глава 17 Свобода воли). Я думаю, что любое строгое научное доказательство Бога будет несовместимо с существованием разумной жизни. И как следствие, не будет самих людей, которые смогут задать вопросы о существовании Бога.

Одно из самых популярных мнений на эту тему хорошо выражено в книге «Бог как иллюзия», написанной британским биологом и популяризатором науки Ричардом Докинзом (Dawkins 2008). В конце одной из глав он делает заключение:

«В случае с таким искусственным артефактом, как часы, настоящий дизайнер был умным инженером. Соблазнительно

*применить ту же логику к глазу или крылу, пауку или человеку...
Это искушение ложное, потому что гипотеза дизайнера сразу
же поднимает более широкую проблему: кто проектировал дизайнера? Вся проблема началась с проблемы объяснения статистической невероятности. Очевидно, что нет решения постули-
ровать что-то ещё более невероятное... Нам нужен «кран», а не
«небесный крюк»... Самый гениальный и мощный кран, обнару-
женный до сих пор, — это Дарвиновская эволюция путём естественного отбора... Какая-либо теория мультивселенной, в
принципе, могла бы это сделать для физики... Бога почти наверняка не существует.»*

В этой книге, пожалуй, это самый сильный аргумент, который затрагивает естественные науки. Аргументы морали, которые при-
водятся далее в его книге, мы не будем рассматривать.

Первое, что бросается в глаза в таких рассуждениях, —
это то, что вся проблема Бога сводится к Теории Эволюции (в её
современном понимании). Как мы говорили, главная проблема
идеи об естественном зарождении жизни — это появление первоначальной информации, когда отдельные молекулы объединяются в большие группы и «оживают», создавая инструкции в
ДНК и первые примитивные клетки. Смотрите главу 3.5 Жизнь и
информация. Эта критика хорошо выражена в книгах (Meyer
2009), (Meyer 2021). Мы не знаем ни одного естественного процесса в мире, где информация создаётся из материи. Теория эволюции не работает на уровне таких простых биологических
структур.

Что касается теории многих вселенных, то мы разбирали
её ранее. Очень мало учёных будет объяснять одно неизвестное,
то есть нашу Вселенную, бесконечным количеством неизвестных, или бесконечным числом неких вселенных, причины существования которых также неизвестны. Такие рассуждения никуда
не ведут и не научны.

Далее, критика Докинза, в основном, касается христианской религии и Библии. В нашей книге мы не затрагивали религиозные доктрины. Проблема Бога — гораздо более широкий вопрос, касающийся веры, культуры, интерпретации результатов естественных наук, математики, философии и, как мы показали, даже статистики.

Я больше не буду касаться таких вопросов, как достаточность Теории Эволюции для описания всех деталей усложнения организмов в далёком прошлом (глава 3.6 Теория эволюции). Или, может ли мораль, с её понятиями добра и зла, возникнуть в процессе эволюции общества без абсолютного стандарта извне. Для меня это просто гипотезы, модели или качественные объяснения, которые пытаются описать далёкое прошлое. Сотни миллионов лет исторического развития в информационно богатой среде легко разрушат любую научную теорию или модель, если они претендуют на описание всех деталей мира, как мы его наблюдаем сейчас. Всё может случиться за такое немыслимое время. Возможна любая невообразимая случайность. У нас нет исторических данных для количественного описания. А значит, мы можем строить только гипотезы и модели для объяснения того, как маленькие изменения приводят к качественным скачкам информации, даже если мы используем самую точную теорию, доказанную в лабораториях.

Вот простой пример из физики высоких энергий: В этой области существует очень много красивых и непротиворечивых моделей и гипотез. Их развивают громадное число физиков-теоретиков. Их бурно обсуждают на многолюдных конференциях. Их пытаются найти или опровергнуть. Однако есть одна проблема: ни одна из этих моделей, до сих пор, не выдержала проверку экспериментами. Каждый раз, когда экспериментальные данные опровергают такие гипотетические модели, оказывается, что у них столько подстроечных параметров, что они легко выходят «сухими из воды». И их приходится снова проверять, но при других условиях.

Материализм и атеизм строят картину мира без привлечения сверхъестественного, однако используют те же философские концепции и логику, что идеализм и религия. Ответа на вопрос о происхождении логики и законов природы не существует в мировоззрении атеизма. Его ограниченность именно в отрицании создания системы веры, которая ограничивает способность к полётам фантазии и поиска. Вот что писал русский учёный и публицист Николай Карышев (1855 – 1905):

«Цель науки – изучать и исследовать всё ей непонятное. Атеизм же в вопросах, касающихся Бога, загробной жизни, души человеческой и т.д. поступает совершенно наоборот: он просто отрицает, не исследуя, не изучая, не опровергая, а просто и безусловно отрицает. Это есть самое низшее понимание природы вещей, если только можно назвать атеизм пониманием; это есть отсутствие всякого желания понять природу вещей» (Карышев 1895).

Тем не менее, позиция атеизма играет громадную роль. Она заложена изначально в творении, обеспечивая нужный баланс между духовным и материальным. Атеизм — источник скептицизма, без которого познание истины невозможно. Создание планеты, где люди поклоняются, восхваляют и просят что-либо у божества, не может быть целью творения, если таковая задача действительно ставилась. Это давно замечено именно материалистически настроенными критиками религии. Неопределённость дарует нам свободу выбора (глава <u>17 Свобода воли</u>). И чтобы обрести истину, нам нужно пройти определённый путь.

То, что наше тело и мозг развиваются из нескольких клеток, а не появляются в готовом виде, подразумевает, что у нас нет первоначальной памяти о Боге (как и о других вещах). Это знание должно появиться в процессе биологического и духовного роста, наблюдая и анализируя окружающий нас мир. А для любого развития необходимо наличие выбора.

Те, кто поддерживает мнение, что Бога нет, находят поддержку в таком утверждении: если Бог создал всё вокруг, то кто создал Бога? Если он есть и невероятно сложен, то существует первопричина его существования. Некоторые предполагают Супер-Бога, который создал Бога, и так далее. Мы уже знаем, что использование бесконечностей для объяснения чего-либо никогда не приведёт к разумному ответу. Здесь есть противоречие. Британский философ Бертран Рассел (1872 – 1970) даже использовал это противоречие для оправдания своего неверия. Мы ответим на этот вопрос в следующей главе.

18.2 Бог есть

Когда говорят о Боге, первое предположение, которое мы делаем, заключается в том, что Бог существует вне материи, пространства и времени, которые являются его творениями. Согласно всем религиозным учениям, Бог не был создан. Если бы он был создан, то не смог бы быть Богом. Он должен являться первопричиной. Ещё Аристотель (384 – 322 годы до н. э.) отмечал, что, следуя цепочке причин, мы неизбежно приходим к первоисточнику или — к Богу. Если предположить, что цепочка причин бесконечна, то любые выводы становятся бессмысленными.

Ранее мы говорили, что любой сложный и функциональный механизм требует информации, созданной разумом извне. Для Бога это не так. Он является первоисточником информации. Он её создатель и потребитель в одном лице.

Если вы считаете, что в далёком будущем наука сможет объяснить, как информация возникает из атомов без необходимости в сознательной активности, то это ошибка в суждении. Часто такие аргументы подкрепляются примером из древности. Такая дискуссия начинается с такого утверждения: в далёком прошлом люди не понимали природу грома. Они объясняли его с помощью божеств. Позже наука доказала, что гром – это просто физическое явление. Таким образом, Бог является всего лишь способом заполнить пробелы в наших знаниях.

Сразу стоит отметить, что подобные примеры не имеют непосредственного отношения к рассматриваемой проблеме. В древности люди приписывали божествам даже самые простые явления. Однако наличие подобных прецедентов в истории мало что говорит об их актуальности в настоящее время. Мы уже давно отошли от идеи связывания природных явлений с высшими силами. Наука хорошо объясняет природные явления другими естественными явлениями. Проблема Бога совершенно в другом: откуда эти цепочки явлений взялись? Где источник природных законов? Откуда произошла функциональная сложность и информация, её создающая и ей управляющая?

Рассмотрим вопрос из той же категории: если вы видите летящую в космосе термос с чаем внутри, можете ли вы сказать, что вам нужно просто подождать, пока наука объяснит это? Термос – это пример функциональной сложности. Единственное возражение, которое вы можете услышать, заключается в следующем: мы знаем, что бытовую теплоизоляционную посуду могут изготавливать люди, так как у нас есть множество примеров такого производства. Но важно ли это? Наш интеллект и сознание способны определить функциональную сложность независимо от прошлого опыта.

Суть заключается в том, что на нашей планете обитают миллиарды людей. Никто не наблюдал, чтобы функциональная сложность возникала сама по себе. Наука оперирует наблюдениями и экспериментами, и вывод очевиден: естественные законы природы не обладают такой способностью. Нам не нужно ждать «достаточно долго», чтобы объяснить сложность структур, взаимодействующих с информационным кодом. Это просто не может произойти. Даже если считать, что природа нуждается в миллиардах лет «попыток» для создания осмысленной информации на материальном носителе, – это заблуждение. В течение тех же миллиардов лет любой признак случайно возникшей сложной структуры может быть уничтожен.

Эта книга демонстрирует, что смысловая информация присутствует даже сейчас. Маленькие вероятности необычных событий явно показывают, что они происходят неслучайно. Эта сила способна искажать события и, возможно, влияет на прошлое так, чтобы настоящее воспринималось так, как мы его видим в данный момент. Она принимает решения, что указывает на её разумность. Она связана с разумом людей и проявляется через них. Эта сила, двигающая мир, находится вне времени и оказывает влияние на прошлое и настоящее.

Новая реальность, за пределами существующей, учитывает строение человеческого тела. Математические регулярности, обнаруженные в числах, фундаментальных постоянных и уравнениях, отдают предпочтение именно десятичной системе счисления. В свою очередь, эта указывает на человека, так как эта система появилась благодаря строению руки.

Нашему мозгу тоже отдаётся предпочтение. Мы способны создавать абстрактные конструкции, которые находят своё место в описании этого мира. Наш мозг может оперировать с бесконечностями и получать конечные выражения. Мы даже можем создавать математические абстракции, которые совершенно бессмысленны для мира вещей. Например, такие, как мнимые числа, которые потребовались для описания микромира по прошествии веков.

В отличие от наук, которые рассматривающих вопросы об устройстве и законах мира и о связях явлений между собой, теория Бога отвечает на самый фундаментальный вопрос — кто является «первоисточником» всего того, что мы видим. И почему возникли законы, согласно которым происходит это вечное движение. Выражаясь языком игры в бильярд — это вопрос о том, кто (или что) взял киль и ударил по первому шару, чтобы привести в движение все шары. Ведь всякое движение происходит в соответствии с законами, которые были установлены заранее. Оно происходит на столе, который был создан для этих целей заблаговременно. Можно наблюдать бильярдную игру и задавать научные вопросы, такие как «как соударения происходят», «каким образом рассчитать траекторию шара» или «какой шар отскочит от другого и когда». Но можно задать вопросы «почему?» или «зачем?». Почему существует бильярдный шар? Может быть, бильярдный шар и сам бильярдный стол существуют только потому, что существует эта игра?

Фома Аквинский (1225 – 1274), философ и теолог, выразил эту идею так (хотя похожие рассуждения можно найти и у Аристотеля): вещи постоянно «движутся» (перемещаются, изменяются, возникают и уничтожаются). Тем самым они стремятся к реализации множества разнообразных потенций. Поэтому должен существовать и «вечный и неподвижный Перводвигатель». Эта Первопричина должна быть вне материи, которой он придал движение. Так как он это сделал, то он был способен на решение. Следовательно, он был разумным. Фома Аквинский привёл пять доказательств Бога. Доказательство о движении — одно из них.

Другое доказательство — о причине всех вещей. Все причинно-следственные связи строго упорядочены и выстроены в цепочки. Если есть такие цепочки причин и следствий, то должна существовать и Первопричина, сама ничем не обусловленная. Этой Первопричиной является Бог.

Третье доказательство таково: мир состоит из вещей, которые могут существовать, либо не существовать (уничтожаться). Эти вещи не являются чем-то необходимым. Следовательно, они имеют случайный характер. Можно представить, что в какой-то момент все вещи перестали существовать. Но если бы такой момент был возможен, мир давно бы уже исчез. Следовательно, должно существовать нечто необходимое, имеющее причину в себе самом и никогда не прекращающее своё бытиё.

Четвёртое доказательство касается наличия абсолютного совершенства. Все вещи обладают разной степенью совершенства. Но если есть спектр степеней совершенства, то должно существовать предельное совершенство и причина всех ограниченных совершенств. Таким существом является Бог.

Пятое доказательство касается целесообразности. В мире всё гармонично и целесообразно. Если существует целесообразность, то должна быть и высшая цель — разум, ответственный за порядок и благоустройство в мире.

Эти доказательства могут быть подвержены сомнению теми, кто считает, что Вселенная — это бесконечное движение атомов и цепочки причин и следствий, где нет никакой конечной цели. Совершенство и целесообразность могут рассматриваться как субъективные и случайные характеристики. Если вы это всё можете представить, то ваше мировосприятие склоняется к материализму и атеизму. Или вы агностик, так как у вас нет определённого мнения из-за нехватки доказательств.

Философ Иммануил Кант не соглашался с классическими доказательствами Бога, которые предлагал Фома Аквинский, хотя Кант был очень далёк от атеизма. По его мнению, нельзя доказать существование Бога с помощью каких-либо теоретических доказательств. Бог — трансцендентен. Он находится за пределами нашей реальности и нашего разума. Следовательно, Бог не поддаётся постижению, требуется вера. Тем не менее, Кант предложил свои доказательства, основанные на существовании нравственности и морали. Мы уже рассматривали этот вопрос ранее.

18.3 Учёные на распутье

В научной среде, где изучают механизмы причинно-следственных связей, скептицизм является довольно частым явлением. Это очень кстати для исследования природы. Учёные строят гипотезы и подвергают их сомнениям, чтобы найти правильный ответ. Именно скептицизм и критический ум позволяют установить логические цепочки связей и понять причины, по которым то или иное явление следует из другого. Учёным нужны веские натуралистические основания, лабораторные эксперименты и независимые наблюдения, чтобы найти возможные объяснения.

Вот здесь и начинается самое интересное: оказывается, невероятно большое количество учёных не верят в то, что материальное описание мира включает всё, что нам дано в этой жизни. Опрос членов Американской ассоциации содействия развитию науки показал, что 51% учёных верят в Бога или высшие духовные силы. Эта цифра намного ниже, чем 95% для всего американского населения, которое исповедует такую веру (Masci 2009).

Я знаю много деятелей науки, которые пришли к мнению, что эта жизнь не является кульминацией причинно-следственных цепочек естественных явлений и случайных процессов природы.

Часто, лучший ответ — признать наличие Бога или его интерпретацию в той или иной религии. Это не значит, что такой вывод останавливает научное познание причин и механизмов биологической жизни и естественных явлений. Свобода в выборе мировоззрения — одна из привилегий, которая нам дана в момент рождения.

Большинство учёных в силу своей повышенной занятости могут только выявлять причинно-следственные связи между явлениями, описывать наблюдения и строить эксперименты. Найти время, чтобы «подняться вверх» над такими частными проблемами и посмотреть на их совокупность сверху, обобщить и задать самый главный вопрос, — невероятно тяжело. Если они и пытаются спросить себя, что всё это значит, чаще всего ответы будут такими: «мы не знаем», либо «когда-нибудь наука всё объяснит». Последнее — это просто некоторый уход от вопроса. Конечно, многие могут дать на него ответ, не дожидаясь будущих столетий. Мне кажется, лучше попытаться ответить на вопрос, даже если эта попытка ведёт в ложном направлении. Неверный ответ может быть скорректирован в будущем, в то время как выбор не отвечать на вопрос обычно приводит в никуда.

Но здесь есть ещё другой компонент. Боязнь вовлекать разумное начало в организацию мира в своих рассуждениях может подвергнуть сомнению рациональность мышления таких учёных в их повседневной работе. Это также может отразиться на их карьере. Объяснять явления замыслом извне не является научным методом. Осуждение может быть таким: если вы в это верите, значит, вы не используете научные и рациональные принципы в своей работе. Что может быть худшей характеристикой для исследователя природы?

Проблема с такой логикой такова — вера в замысел, существующий вне материи, или вера в первичность материи — это два мировоззрения. Их не используют для решения уравнений, перемножения чисел, анализа таблиц с данными и нахождения каких-либо зависимостей. Научный успех не связан с верой или неверием в божество. Просто, в большинстве случаев, учёные с не материалистическими взглядами на мир задают больше вопросов о смысле всего существующего и склонны на такие вопросы ответить.

Я уже рассказывал про жизнь Августа де Моргана в главе 9.4 Бесконечность, сфера и случайность, великого шотландского математика, который будучи президентом Лондонского математического общества, скрывал свой интерес к изучению спиритизма, так как это могло негативно отразиться на отношении к нему его коллег. Тем не менее, он был анонимным автором книги «От материи к духу: результат десятилетнего опыта духовных проявлений».

Вот ещё один пример, подтверждающий, что люди, занимающиеся естественными науками, приходят к Богу по мере накопления знаний в течение своей жизни. Николай Пирогов (1810 – 1881), был одним из самых известных российских хирургов, создавший несколько новых разделов медицины. Он первым применил в широких масштабах гипсовую повязку и основал русскую школу анестезии. В середине 19-го века весь медицинский подход был исключительно материалистический. Этот взгляд на мир полностью захватил воображение многих учёных. Пирогов был также последовательным материалистом в течение практически всей его жизни. Проведя более 10000 операций и наблюдая, насколько сильно жизнь зависит от тела, ему было очень трудно верить в Бога и в существование духовного начала. Пирогов отмечал:

« .. Врач ежедневно убеждается наглядно, что все психические способности находятся не только в связи с телом, но и в полной от него зависимости...».

Как многие в то время, Пирогов следовал учению Дарвина. Но в то же время, он поставил вопрос о том, «что заставило атомы вещества складываться в оформленное существо, способное к самобытному бытию и борьбе за существование, наследственности и произведению новых себе подобных или непохожих существ».

Он начал сомневаться в том, что первобытная клетка «не содержит в себе творческой мысли в её конечном назначении творческого (целесообразного) предопределения». Пирогов сделал заключение, что человеческий организм — это просто прибор, созданный из атомов, который был необходим «мировой мысли» для существования в материи.

В последние годы жизни к Пирогову пришло необыкновенное духовное озарение.

«Для меня существование Верховного Разума и Верховной воли сделалось такой же необходимостью, как моё собственное умственное и нравственное существование» — писал он (Пирогов 2010).

Он интуитивно стал ощущать, что причина всех явлений в мире существует именно в таинственном пространстве, в «беспредельности», которая создала жизнь, время, пространство и материю. Он записал в своём дневнике, что *«жизненное начало может быть сравнено со светом или светового эфира, чего-то непохожего на вещество, способного проникать через вещества, непроницаемые для всякой другой материи, и вместе с тем сообщающего им новые свойства».* Кажется ли вам это выражение знакомым? Действительно, эта идея пронизывает всё наше повествование.

Он представлял Вселенную разумной, а деятельность действующих в ней сил – целесообразной и осмысленной. По его мнению, «Я» – это не продукт химических элементов, а олицетворение общего, *«Вселенского разума, который я представляю себе свободно действующим по тем же законам, которые начертаны им и для моего разума, но не стесненным нашей человеческой сознательной индивидуальностью».* Это мнение очень похоже на рассуждение Константина Циолковского (1857 – 1935), российского учёного, разработавшего теоретические вопросы космонавтики. Он также воспринимал Космос как единый живой организм.

Эти рассуждения Пирогова стали доступны только после его смерти, после публикации его дневника, который он писал «исключительно для самого себя». Он был против того, чтобы эти мысли были преданы гласности во время его жизни. Такие взгляды не приветствовались в 19-м веке, когда полный детерминизм был единственным общепринятым подходом в медицине и науке.

Чтобы закончить описание жизненного пути Николая Пирогова, приведу довольно интересный факт. Он скончался в селе Вишня (ныне — город Винница) от рака челюсти. По воспоминаниям его сына, перед началом агонии Н. И. Пирогова «началось лунное затмение, закончившееся сразу после развязки (смерти)». Если бы у нас было больше данных, мы могли бы сказать, явилось ли это явление случайным совпадением или проявлением синхронизма. Весьма возможно, это было второе, так как смерть духовно-просветлённых людей часто сопровождается явлениями синхронности. По крайней мере для тех, кто был свидетелем таких событий.

Пирогов не считал невозможной и абсурдной ситуацию одновременного признания науки и веры. Вот ещё несколько примеров естествознателей, для которых существование Бога не являлось чем-то противоречащим научному методу:

- Для Исаака Ньютона (1643 – 1727) существование Бога было выводом, который можно сделать, наблюдая за Природой.

- Чарлз Дарвин (1809 – 1882) верил, что Бог является высшим законодателем и был убеждён в существовании Бога как первопричины. Анализ его взглядов (Meyer 2013) с определённой точностью показывает, что если бы он что-то знал о невероятной сложности клетки, то его взгляды на образование жизни и сложных организмов утвердились бы как полностью атеистические.

- Для Джеймса Максвелла (1831 – 1879), физика, известного своей классической теорией электромагнитного излучения, наука была глубоко религиозным занятием.

- Майкл Фарадей (1791 – 1867), внёсший вклад в изучение электромагнетизма и электрохимии, был набожным христианином.

- Дмитрий Менделеев (1834 - 1907) — русский химик, открывший периодический закон химических элементов, главным долгом своей жизни считал служение Богу.

- Гульельмо Маркони (1874 – 1937) – итальянский изобретатель, известный созданием телеграфа на основе радиоволн, был католиком.

- Альберт Эйнштейн (1879 – 1955) считал, что существует «законодатель» устанавливающий законы Вселенной и раскрывающий себя в упорядоченной гармонии мира.

- Артур Комптон (1892 – 1962) — американский учёный, получивший Нобелевскую премию по физике в 1927 году за открытие в 1923 году эффекта Комптона, был убеждён в существовании Бога и считал, что дух Иисуса всё ещё существует в этом мире.

- Константин Циолковский (1857 – 1935) – российский и советский учёный, разработавший теоретические вопросы космонавтики. Он верил в существование Бога как творца мира или «первопричины», а космос был для него единым живым организмом.

- Макс Планк (1856 – 1949) – немецкий физик-теоретик, основоположник квантовой физики и лауреат Нобелевской премии по физике, верил во всемогущего и всеведущего Бога.

- Вернер Гейзенберг (1901 – 1976) – немецкий физик-теоретик и один из главных пионеров теории квантовой механики, был глубоко религиозным человеком и имел большое чувство убеждённости в христианской вере.

- Эрвин Шрёдингер (1887 – 1961), получивший фундаментальные результаты в квантовой теории, имел глубокую связь с индуизмом и буддизмом.

- Якоб Бекенштейн (1947 – 2015) — израильско-американский физик-теоретик, внёсший фундаментальный вклад в основы термодинамики чёрных дыр и взаимосвязь между информацией и гравитацией.

Этот список можно продолжать бесконечно. *«Это не случайно, что величайшие мыслители всех времён, были глубоко религиозными душами»*, – утверждал основатель квантовой механики Макс Планк. Многие выдающиеся учёные, такие как Эйнштейн и Фейнман, о которых мы рассказывали ранее, не были по-настоящему религиозными. Но они, почти наверняка, были духовно озарёнными и искали причину бытия вне материи.

Учёные не должны бояться задавать вопросы, ответы на которые выходят далеко за пределы научных исследований.

Именно такие вопросы дают причины заниматься наукой и являются стимулами для познания мира. И именно попытки дать немыслимые для окружающих ответы, просто опираясь на логику, внутреннее чувство и эстетические принципы, могут привести к открытиям через многие столетия. Это было показано в этой книге много раз. Чувствуя внутри себя, что всё вокруг должно подчиняться логике, целесообразности и красоте, возможно, вы захотите задать вопрос о природе возникновения этих принципов. Любая попытка ответа с использованием науки зачастую приводит к порочному кругу аргументов. Возможно, вы будете готовы разорвать его, и обратиться к новым возможным ответам, не вписывающимся в рамки естественных наук сегодняшнего времени. При этом вы оставите все эти научные принципы для себя исключительно как инструменты, зачем-то данные нам для обратной инженерии, направленной на восстановление замысла всего проекта природы.

Считается, что подавляющее большинство Нобелевских лауреатов верят в Бога в широком смысле, не обязательно используя постулаты религий (Shalev 2002). Возможно, среди учёных это число меньше. Но даже описание религиозных взглядов в книге «50 Нобелевских лауреатов и других великих учёных, которые верят в Бога» (Dimitrov 1995) выглядит впечатляюще.

Вот что писал Альберт Эйнштейн в письме к индийскому философу Рабиндранату Тагору (1861 – 1941):

«Каждый, кто серьёзно занимается наукой, приходит к убеждению, что в законах Вселенной проявляется некий дух, значительно превосходящий дух человека. Таким образом, стремление к науке приводит к религиозному чувству особого рода, которое, несомненно, сильно отличается от религиозности человека более наивного…».

Эйнштейн никогда не был атеистом, хотя и не поддерживал постулаты религий о персонализации Бога.

Один из типичных диалогов между верующим и неверующим может развернуться следующим образом: скептик утверждает, что все явления в мире могут быть объяснены с помощью науки. В конечном счёте наука проложит путь к пониманию всего. Тем временем, Бог рассматривается как заполнитель пробелов в нашем знании о мире. Однако, здесь нужно понимать, что Бог, как способ заполнения пробелов в описании мира, уже давно не используется ни в философии, ни в теологии. Идея Бога возникает не благодаря невежеству и неведению о механизмах тех или иных явлений, а скорее из осознания того, что сами вопросы могут быть различными по своему смыслу. Когда мы наблюдаем работу сложного механизма, мы можем спросить, как он функционирует. Этот вопрос лежит в области науки и инженерии. Однако если мы задаём вопрос о цели его существования, смысле или о причине, мы можем прийти к совершенно другому типу ответов.

Мы уже говорили ранее, что один из способов парировать аргумент о Боге, как способе заполнить пробелы в знаниях, это привести пример с информацией и пояснить, что само появление информации в материальном мире является лучшим обоснованием существования Бога, а значит, и смысла. Материальный мир не может создать информацию. Наоборот — информация может преобразовать материальный мир. Нет, это — не строгое и научное доказательство. Но мы его и не ищем, так как его не должно быть, если есть смысл нашей жизни и Бог (смотрите главу 17 Свобода воли). Однако наш опыт говорит нам: всё вокруг, маломальски сложное, имеет причину, а значит создано для чего-то, в этом был заложен смысл и информация. Существовал выбор, за которым последовало решение. А любое решение — это привилегия разума.

Очень часто науку, как способ разобраться в устройстве механизмов природы, путают с более глубинными вопросами. Джон Леннокс, профессор математики из Оксфорда, выразил это весьма удачно (Lennox 2019):

«Бога нельзя рассматривать как объяснение, конкурирующее с научным объяснением. Это так же ошибочно, как думать, что объяснение механизма автомобиля конкурирует с Генри Фордом, как изобретателя этого автомобиля. Бог — это не «Бог пробелов», он Бог всего шоу».

Идея о том, что концепции Бога и науки не могут существовать вместе, искажает как сам процесс науки, так и её ценности. Наука, философия, история и духовность являются неотъемлемыми частями человеческого поиска истины и смысла. Именно такая мысль прекрасно озвучена в книге «Почему наука не опровергает Бога» (Aczel 2015), написанной математиком и популяризатором науки Амира Акзеля. Цель этой книги — не защита теории Бога какой-либо религии, а защита целостности науки как способа познания мира. Нельзя произвольно манипулировать наукой, чтобы опровергнуть гипотезу Бога, которая отвечает на более глубинные вопросы, чем научные методы. Мы пытаемся на них ответить, используя все инструменты познания, которыми человек владеет. Даже те учёные, которые не религиозны, такие как Питер Хиггс (1929 – 2024), считают, что наука и религия не являются несовместимыми. Он говорил,

«Я сам таковым (верующим) не являюсь, но, возможно, это скорее вопрос моего семейного происхождения, чем то, что есть какие-то фундаментальные трудности в примирении науки и религии».

Многие явления и процессы материального мира, такие как наводнения и извержения вулканов, возможно, не имеют замысла и разумной причины. Это может происходить без участия извне, так как они подчиняются законам, которые с самого начала были заданы. Такие природные явления можно сравнить со звонком будильника, возникшего из механизма, приводящего в действие этот звонок с помощью взаимодействующих шестерёнок. Однако сам механизм, физические законы, по которым он работает, да и сама пружина будильника были запущены тем, кому принадлежит этот будильник. Как такие явления проявляются и воспринимаются, в какое время и с какими последствиями, может зависеть от наблюдателя. Из текста этой книги мы уже знаем: когда обстоятельства приводят к эмоциональному переживанию, то можно обнаружить удивительные совпадения и парадоксы. Они не поддаются рациональному осмыслению, если считать, что безличная неживая материя и энергия – это всё, что определяет наш мир.

19 Эпилог

Среди написанных мною статей и книг, посвящённых физике элементарных частиц и научному программированию, эта книга для меня особенна. Я пытался совместить научный подход с философией и духовностью для объяснения необычных явлений нашего мироздания. Эта книга делает шаг в страну фантазии и ищет ответы на вопросы, которые лежат далеко за пределами наших знаний. Чтобы понять этот мир, недостаточно одних экспериментов и научных доказательств. Поиск объяснений на немыслимые для науки вопросы требует наличия всех доступных инструментов, которыми человечество владеет, включая философию, культуру и религию. Эта книга — размышление о вопросах, на которые у науки ответов нет.

Строгих научных доказательств существования Бога не существует. Если бы они были — этот мир потерял бы своё предназначение. Нашей Вселенной, включая нас, просто не было бы. Поэтому отсутствие точных подтверждений — это совсем небольшое «неудобство». Мы заплатили им, придя в этот мир. Как многие другие книги на тему духовности и смысла, эта книга тоже не может совершенно однозначно доказать существование Бога в его конкретной религиозной принадлежности. Однако, согласно всем наблюдениям и логическим выводам, которые можно сделать, наша Вселенная выглядит именно так, как она должна выглядеть, если Бог существует.

Я надеюсь, для тех из вас, кто ищет смысл жизни, это исследование даёт достаточно оснований для гипотезы существования Бога, как созидающей, разумной и любящей реальности, влияющей на материальный мир на всех его уровнях. Если моих аргументов недостаточно, чтобы, отбросив атеизм, поверить в существование разумной силы, которая создала этот мир и до сих пор взаимодействует с ним, определяя судьбы людей, то мой ответ будет только один — следуйте своим чувствам и интуиции. И оставайтесь материалистами. Возможно, в этом и заключается ваша земная миссия.

Бог, расщепляя себя на миллиарды частей, стерев у них память при рождении и дав им свободу воли, познаёт себя и своё творение. Он умело завуалировал своё присутствие. Он пытается приобрести опыт своего творения. Те, кто не видит смысла в Боге, тоже имеют роль в этом спектакле жизни. Может быть, их миссия — в приобретении опыта, где нет Бога? Просто он решил проверить — возможно ли обосновать созданный им мир без его участия? Достаточно ли он много «разбросал» намёков на своё присутствие, чтобы в него поверили, при этом скрыв себя так, чтобы его невозможно было обнаружить ни одним прибором? Если у вас внутри чувство удивления о месте, где вы находитесь, и тоска по вашему истинному дому, куда вы однажды вернётесь? И независимо от положительного или отрицательного ответа, вы всё равно с ним соединитесь, выполнив своё предназначение. Он обнимет вас и примет в свои объятия. А эта книга — просто ещё одна «открытая дверь» надежды для тех, кто хочет поверить в невероятную реальность за гранью нашего мира.

20 Дополнительный материал

Здесь я привожу программные коды, написанные на Python, которые использовались в моих вычислениях. Python — это высокоуровневый язык программирования, отличающийся эффективностью и простотой использования. Он широко применяется в разработке прикладного программного обеспечения, а также в машинном обучении и обработке больших данных. Вы можете использовать Python, написанный на языке C или на Java. В последнем случае, используйте бесплатную программу под названием DataMelt (Chekanov 2016), которая работает на Windows. Как автор этой программы, я пользуюсь случаем, чтобы вам её рекомендовать.

Есть достаточно много книг о том, как программировать на языке Python. Я надеюсь, что эти примеры вычислений понятны для тех, кто уже имеет опыт программирования.

20.1 Приложение

В этой программе для главы 3.1 Энтропия мы считаем энтропию Шеннон для несколько линий текста. Мы разбиваем текст на буквы и считаем энтропию для трёх предложений.

```python
# Calculation of Shannon entropy from string
import math
from collections import Counter

def shannon(text):
    data=list(text) # break to a list of letters
    counts = Counter()
    for d in data:
        counts[d] += 1
    ent = 0
    probs = [float(c) / len(data) for c in counts.values()]
    for p in probs:
        if p > 0.: ent -= p * math.log(p, 2)
    return ent

txt="I LIKE SNOW"
print(txt," Entropy=",shannon(txt) )
txt="I LEKI SNOW"
print(txt," Entropy=",shannon(txt) )
txt="I LEKI SNOWMAN"
print(txt," Entropy=",shannon(txt) )
```

20.2 Приложение

В этом примере для главы 3.4 О вероятностях и информации мы считаем вероятность получения предложения «I LIKE» (Я люблю) перебором всех букв в английском алфавите. Полученная вероятность 3×10^{-9}. Эта программа требует достаточно большого времени для подсчёта. Поэтому, для теста, упростите это предложение до одного слова «LIKE» (люблю).

```python
import random
import string
letters=" "+string.ascii_uppercase
print("Letters=",letters)
goal="I LIKE"    # our goal
n,tot=0,0
while(1):
  attempt=''.join(random.choice(letters) for x in
range(len(goal)))
  tot+=1
  if (attempt == goal):
      n +=1;
      print(n,tot,"P=",float(n)/tot)
      if (n>9): break
print("Probability=",float(n)/tot, "success=",n);
```

20.3 Приложение

В этой программе для главы 3.4 О вероятностях и информации мы считаем вероятность получения сложного предложения после добавления некой буквы (случайным образом) в уже существующие слово. Начальное предложение — «I LIKE» (Я люблю). Наша цель — получить предложение "I LIKE SNOW" (Я люблю снег).

```python
import random
import string
letters=" "+string.ascii_uppercase
print("Letters=",letters)
initial="I LIKE    "  # initial word with 3 empty slots
goal="I LIKE SNOW"    # our goal
n,tot=0,0
short=len(initial)
while(1):
  L1=random.choice(letters)
  L2=random.choice(letters)
  L3=random.choice(letters)
  L4=random.choice(letters)
  tot +=1
  num = random.sample(range(0,short),4)
  attempt = initial[:num[0]] + L1 + initial[num[0] + 1:]
  attempt = attempt[:num[1]] + L2 + attempt[num[1] + 1:]
  attempt = attempt[:num[2]] + L3 + attempt[num[2] + 1:]
  attempt = attempt[:num[3]] + L4 + attempt[num[3] + 1:]
  #if (attempt.find("I LOVE")>-1):  print("("+at-
tempt+")", L1,num)
  if (attempt == goal):
      n +=1;
      print(n,tot,"P=",float(n)/tot,attempt)
```

```
    if (n>9): break
print("Probability=",float(n)/tot, "success=",n);
```

20.4 Приложение

В этом коде для главы 4.3 Проблема дня рождения мы вычисляем количество совпадений в днях рождения для 23-х людей. Дни рождения могут повторяться. Также мы считаем вероятность более одного совпадения, больше 2-х совпадений и больше 3-х совпадений.

Если вас интересует совпадения между всеми днями рождений и днями смерти, то задайте SignificantDates=2 (2 значимые даты).

```python
import random
import itertools as it

# how many trials to estimate probability
MaxCount=100000
# How many known people to watch
MaxPeople=23
# How many significant events
SignificantDates=1

event,event2,event3,event4=0,0,0,0
for i in range(MaxCount):
    if (i%100 ==0): print("Process=",i)
    xlist=[]
    people=[]
    for j in range( MaxPeople ):
        numb = random.sample(range(1, 366), SignificantDates)
        xlist.append(numb)
        people.append(j)

    matches=[]
    for j1, j2 in it.combinations(people, 2):
```

```
            ml1= xlist[j1]
            ml2= xlist[j2]
            for m1 in range(SignificantDates):
                for m2 in range(SignificantDates):
                    if (ml1[m1] == ml2[m2]):
                        matches.append([j1,j2,m1,m2,ml1[m1],ml2[m2]])

        if (len(matches)>0): # just any 2 matches
            event=event+1
            for x in range(len(matches)):
                ev=matches[x]
                print("Match Nr =",x)
                print("Event=",event," Total=", i,"
Idx=",ev[0],ev[1]," Match =",xlist[ev[2]],xlist[ev[3]])
        if (len(matches)>1):
            event2=event2+1
            print(" ## >1 match! Event=",event2," Total=",
i,"Inx=",matches)
            for x in range(len(matches)):
                ev=matches[x]
                print(" Match Nr =",x)
                print(" Index=",ev[0],ev[1]," Match
value=",ev[4],ev[5])
        if (len(matches)>2):
                    event3=event3+1
        if (len(matches)>3):
                    event4=event4+1

print("Probability of >0 pair  =", float(event)/MaxCount)
print("Probability of >1 pair =", float(event2)/MaxCount)
print("Probability of >2 pair  =", float(event3)/MaxCount)
print("Probability of >3 pair  =", float(event4)/MaxCount)
```

20.5 Приложение

Для трёх людей с двумя значимым датам (рождения и смерти), найдём совпадение важного дня одного человека с другим. А затем - совпадение с одной из дней третьего человека. Этот код используется в главе <u>6.2 Стивен Хокинг.</u>

```
import random
import itertools as it
MaxCount=1000 # how many successful events to estimate proba-
bility
MaxPeople=3  # How many known people to watch
# How many significant events (death, birth)
SignificantDates=2
event,tot=0,0
while(1):
    xlist=[]
    people=[]
    for j in range( MaxPeople ):
        numb = random.sample(range(1, 366), SignificantDates)
        xlist.append(numb)
        people.append(j)
    match=0
    M1,M2,M3,J1,J2,J3=-1,-1,-1,-1,-1,-1
    for j1, j2, j3 in it.combinations(people, 3):
        ml1,ml2,ml3=xlist[j1],xlist[j2],xlist[j3]
        for m1 in range(SignificantDates):
            for m2 in range(SignificantDates):
                if (ml1[m1] == ml2[m2] ):
                    for m3 in range(SignificantDates):
                        if (ml1[m1] == ml3[m3]):
                            match=match+1

J1,J2,J3,M1,M2,M3=j1,j2,j3,m1,m2,m3
    tot +=1
    if (match>0):
```

```
        event=event+1
        if (event>MaxCount): break
        ml1,ml2,ml3=xlist[J1],xlist[J2],xlist[J3]
        print("This happened! Event=",event," In-
dex=",J1,J2,J3)
        print("Signatures=",M1,M2,M3," Match
value=",ml1[M1],ml2[M2],ml3[M3])
        print(len(xlist),xlist)
prob=float(event)/tot
print("Probability of at least 1 match =",prob," total=",tot,"
success=",event);
```

20.6 Приложение

Этот программный код считает вероятность совпадения 4 значительных событий для главы 6.5 Гитлер и Наполеон. Чтобы повысить точность расчета, увеличьте переменную «MaxCount». Данная программа дает приблизительное значение, указанное в вышеупомянутой главе.

```python
import random
# how many successful events to estimate probability
MaxCount=100

# How many significant event matches
NrEvents=4

# difference between the 4 events
diff=129

# active period of life: 16 - 56 (moment they lost)
active_years=40

tot,event=0,0
while(1):
    napoleon = random.sample(range(0, active_years), NrEvents)
    napoleon.sort()
    gitler = random.sample(range(0+diff, active_years+diff),
NrEvents)
    gitler.sort()
    tot +=1
    if (gitler[0]-napoleon[0] == diff):
        if (gitler[1]-napoleon[1] == diff):
            if (gitler[2]-napoleon[2] == diff):
                if (gitler[3]-napoleon[3] == diff):
                    event=event+1
```

```
        if (event>MaxCount): break
print("Probability of ",NrEvents," events=", float(event)/tot)
```

20.7 Приложение

В этом приложении мы покажем, как получить **666** из слова Кайзер. Смотрите главу <u>6.6 Кайзер и война</u>. Затем, мы рассчитаем вероятность того, что число 666 можно ассоциировать со случайным словом, состоящим от 4 до 12 букв, используя 60 простейших методов путём присваивания букв к позиции в алфавите, а затем делая простейшие манипуляции (добавление, вычитание, и так далее).

Получившаяся вероятность — 0.007. Из 10,000 случайных слов, которые каким-то образом можно ассоциировать с 666, ни одно слово напоминающее Кайзер или некоторое имя, не найдено. Чтобы увидеть это слово (или слово напоминающее некоторое имя), нужно потребовать гораздо большую статистику.

```python
import random

goal="KAISER"
letters="ABCDEFGHIJKLMNOPQRSTUVWXYZÄÖÜß"

# this is how to get 666 from KAISER
xsum=0
for i in goal:
    k=1+letters.find(i)
    xsum +=int(str(k)+"6" )
print("Sum=",xsum)

# randomly generate string between with the length 4-12 let-
ters,
# try 60 algorithms to create 666  from random strings
```

```python
# how many finds
MaxFound=10000
print("Letters=",letters)
ev,tot=0,0
while(1):
  mylength = random.randint(4, 12) # word with length from 4
to 12
  attempt=''.join(random.choice(letters) for x in range(
mylength ))
  xsum = [0]*60  # try 60 simplest algorithms to get 666
  for i in attempt:
    k=1+letters.find(i)
    for n in range( 0,10): xsum[n] +=int(str(k)+str(n) )
    for n in range(20,30): xsum[n] +=k+n
    for n in range(30,40): xsum[n] +=k-n
    for n in range(40,50): xsum[n] +=int(k*n)
    for n in range(50,60): xsum[n] +=int(k/n )
  ev +=1
  # did you find 666 in this random string?
  if 666 in xsum:
                # print("Found=666",ev,tot, "Word=",attempt)
                tot +=1
                if (tot>MaxFound): break
print("Probability for 666 from random strings
=",float(tot)/ev)
```

20.8 Приложение

В этом приложении мы считаем вероятность того, что из 21 дня наблюдений, 4 дня являются солнечными, и эти четыре дня соответствуют какими-то другим значимыми событиями. Смотри описание в главе <u>6.8 Из моего опыта</u>.

```python
import random

# how many successful events to estimate probability
MaxCount=100

# total days of observation
days=21

# expected sunny days
sunny=[0,3,8,20]

tot,event=0,0
while(1):
    random_sunny = random.sample(range(0, days), len(sunny))
    tot +=1
    s=0
    for i in sunny:
        for j in random_sunny:
            if (i == j ): s +=1
    if (s==len(sunny)):
        event +=1
        if (event>MaxCount): break
print("Probability of ",sunny," events=", float(event)/tot)
```

20.9 Приложение

Эта программа для главы 9.1 Число π считает позицию числа 999999 в постоянной «π». Она рассчитывает вероятность появления такого числа на позиции меньше, чем (или равной) 762 в большом количестве иррациональных чисел. Затем программа находит все возможные шестизначные числа, которые появляются с вероятностью меньше, чем вероятность появления 999999 в числе «π».

Чтобы распечатать число «π» с точностью 770 знаков, просто добавьте "print(PI)" после линии кода, где переменная PI определена. Для расчёта вероятности появления числа 999999 мы используем деление иррациональных чисел с помощью генератора псевдослучайных чисел.

Для этой программы требуется специализированная библиотека "mpmath", которую можно загрузить из этой ссылки (The MPmath development team 2023) бесплатно.

```python
import sys,random
from itertools import product
from mpmath import mp

def calcProb(PI, find, maxdps):
  precision=20 # max found
  Position=0
  mp.dps = maxdps # precision
  try:
    Position=PI.index(find)
    if (Position>0):
      print("Find ",find," in PI at position=",Position)
```

```
            if (Position<7): return 1
    except ValueError: return 1.0 # Not found at this precisions
    if (Position>0): # reset position
        mp.dps = Position + 1;
        print("Redefine precision =",mp.dps)
    j,n,S=0,0,0
    delta=0.01
    while(1): # infinite loop to collect statistics
       M=mp.mpf( 1+delta*j*random.uniform(1.0, 2.0) )
       R=random.uniform(1, 10.0)
       S = mp.sqrt(M-delta) /  (mp.sqrt(R));
       if (S>9.99):
           delta=delta*0.1
           continue
       ST=str(S)
       j +=1
       idx=-1
       try:
        idx=ST.index( find )
       except ValueError: pass # Not found
       if (idx>-1 and idx<=Position):
           if (n>=precision): break
           n +=1
    return float(n)/j


mp.dps = 770 # initial precision
PI=str(mp.pi)
find="999999"
p999999=calcProb(PI, find, mp.dps)
print("Probability for pattern ", find, " is ", p999999)
res={}
for x in product("0123456789",repeat=6):
    find="".join(x)
    p=calcProb(PI, find, mp.dps)
    if (p<p999999):
      print("Probability for pattern ", find, " is ", p)
      res[find] =p
i=0
```

```
for key, value in res.items():
    print(i, key, ":", value)
    i +=1
```

20.10 Приложение

В этой программе для главы <u>9.2 Число *е*</u> мы находим вероятность того, что блок из любых четырёх чисел повторится, по
крайней мере, два раза подряд в числе «*е*» (основание натурального логарифма). Вначале мы рассчитываем положение повторе-
ния числа 1828. Это позиция 9. Затем мы создаём много случайных (иррациональных) чисел и находим вероятность повторного
появления любого 4-х значного числа на позиции равным, либо
меньше чем, позиция 9.

```python
import random
from mpmath import mp
# maximum number of matches
NumMax=100
# initial precision (can be arbitrary)
mp.dps = 1000
print("Base of the natural logarithm= ",str(mp.e))

# return last position of repeated value
def getRepeated4(NUM):
    pos=0
    idx=NUM.find(".") # position after .
    if (idx>-1): NUM=NUM[idx+1:]
    for i in range(len(NUM)-8):
        h1,h2=[],[]
        for j in range(i,i+4):
            h1.append(NUM[j])
            h2.append(NUM[j+4])
        if (h1[0] == h2[0] and h1[1] == h2[1] and
            h1[2] == h2[2] and h1[3] == h2[3]):
            pos=i+8
            break
    return pos
```

```
pos=getRepeated4( str(mp.e) )
print("Last position of repeated values",pos)

mp.dps=pos+2 # redefine precision
j,event=0,0
delta=0.01
while(1): # infinite loop to collect statistics
    M=mp.mpf( 1+delta*j*random.uniform(1.0, 2.0) )
    R=random.uniform(1, 10.0)
    S = mp.sqrt(M-delta) /  (mp.sqrt(R));
    ST=str(S%1) # number after decimal
    j +=1
    if (getRepeated4(ST)>0):
        event +=1
        if (event>NumMax): break
print("Prob for 1st repeated=",float(event)/j)
```

20.11 Приложение

Здесь мы приводим программные коды для вычислений в главе 9.7 Тонкая структура мира.

Первая часть кода оценивает вероятность найти вещественное число в промежутке между 85 и 185, которое так же или более близко к любому целому числу, как $1/\alpha$. Результат вычисления даёт число близкое к 0.069.

```python
import random

nTotal=1000000
nEvent=0
# Life is possible for 85-180
alphaRange=[85,180]

def relativeError(y):
    yint=round(y)
    diff=abs(yint-y)
    return diff/yint

alphaInv=137.035999084
relAlpha=relativeError(alphaInv)
print("Relative deviation from integer=",relAlpha)
for i in range(1, nTotal):
    y = random.uniform(alphaRange[0], alphaRange[1])
    rel=relativeError(y)
    if (rel<relAlpha): nEvent += 1
print("Probability=",nEvent/float(nTotal)," found=", nEvent)
```

Второй код показывает вычисления обратной величины постоянной тонкой структуры, рассчитанной двумя способами, и сравнивает их с экспериментальным измерением.

```python
import math

e =1.602176565e-19 # C
e0=8.854187817e-12 # F·m-1
h= 6.62607015e-34  # J·s
c= 299792458.0
pi=math.pi

alp_inv=1.0 /(e*e / (2*e0*h*c) )
alp_inv_geom=(4*pi*pi*pi + pi*pi+ pi)

print("From e,h,e,c constants =",alp_inv)
print("From Geometry using PI =",alp_inv_geom)
print("Experimentally measured=",137.035999206)
```

20.12 Приложение

Эта простая программа считает вероятность того, что при случайном отборе значений высоты пирамиды Хеопса в интервале от 100 до 150 метров, мы получим отношение высоты к основанию, согласующееся с величиной 0.6363 в пределах 0.17% относительной ошибки. Смотри главу 9.9 Великая пирамида и числа.

```python
import random
# Average radius of the Earth and Moon
EarthR=6371000
MoonR=1737100
Ratio=(EarthR+MoonR) / (2*EarthR)
print("Ratio=",Ratio)

# average sizes of the Pyramid
Pside=230
Phight=146.6

# expected precision
Precision=0.0017

nn,tot=0,0
while(1):
    T=random.uniform(50, 150)/Pside
    if (abs((T-Ratio)/Ratio) < Precision):
        nn=nn+1
        if (nn>100): break
    tot = tot+1
print("Probability  =", float(nn)/tot)
```

20.13 Приложение

Эта программа для главы <u>10.2 Книга Урантии</u>. Мы приводим код, написанный на языке Python, который проверяет день недели для 14 дней года (по Юлианскому календарю), взятые из книги Урантии (Urantia Foundation 2008). Мы нашли 14 мест в книге, где указана точная дата событий, включая день недели и год. События без указанных лет не использовались, чтобы уменьшить неопределённость в трактовке. Затем, мы использовали этот код, чтобы проверить правильность дней недели. Из 14 отобранных дней (случайным образом), только один день не совпал с нашими вычислениями. Для позиции 129:1.1 (1419.4) наши вычисления дают Четверг, а не Воскресение.

```
def weekday( data ):
    """ Julian day of week, Sunday = 1, Saturday = 7
    http://en.wikipedia.org/wiki/Zeller%27s_congruence """
    year,m,q=data[0],data[1],data[2] # year,month,day
    if m == 1:
        m = 13; year -= 1
    elif m == 2:
        m = 14; year -= 1
    K = year % 100
    J = year // 100
    f = (q + int(13*(m + 1)/5.0) + K + int(K/4.0))
    fg = f + int(J/4.0) - 2 * J
    fj = f + 5 - J
    if year > 1582: h = fg % 7
    else: h = fj % 7
    if h == 0: h = 7
    days = ["Sunday", "Monday", "Tuesday", "Wednesday",
"Thursday", "Friday", "Saturday"]
    return days[h-1]


ur={}
ur["191:3.3 (2041.2)"]=["April 14, a.d.2", (2,4,14), "Friday"]
ur["124:3.4 (1370.2)"]=["June 24, a.d.5", (5,6,24), "Wednes-
day"]
ur["137:8.3 (1535.9)"]=["June 18, a.d.26", (26,6,18), "Tues-
day"]
ur["141:0.1 (1587.1)"]=["January 19, a.d.27", (27,1,27), "Mon-
day"]
ur["130:0.1 (1427.1)"]=["April 26, a.d.22", (22,4,26), "Sun-
day"]
ur["126:3.2 (1389.5)"]=["April 17, a.d.9", (9,4,17), "Wednes-
day"]
ur["124:6.1 (1374.1)"]=["April 9, a.d.7", (7,4,9), "Saturday"]
ur["124:5.2 (1373.2)"]=["January 9, a.d.7", (7,1,9), "Sunday"]
ur["129:1.1 (1419.4)"]=["January 9, a.d.21", (21,1,9), "Sun-
day"]
ur["135:8.2 (1503.5)"]=["January 12, a.d.26", (26,1,12), "Sat-
urday"]
```

```
ur["146:0.1 (1637.1)"]=["January 18, a.d.28", (28,1,18), "Sun-
day"]
ur["158:0.1 (1752.1)"]=["August 12, a.d.29", (29,8,12), "Fri-
day"]
ur["161:0.1 (1783.1)"]=["September 25, a.d.29", (29,9,25),
"Sunday"]
ur["149:0.1 (1668.1)"]=["October 3, a.d.28", (3,10,28), "Sun-
day"]
i=1
for k, v in ur.items():
    print(i,k, "expect=",v[2], "calculated=",weekday(v[1]))
    i +=1;
```

20.14 Приложение

Для главы <u>10.4 Предчувствия трагедий</u> мы приводим код, который содержит данные о количестве пассажиров в дни аварии и в предшествующие трагедии дни (без аварий). Данные взяты из публикации (Cox 1956). Значения 1 соответствует дням, когда информацию невозможно было получить. Мы используем программу DataMelt (Chekanov 2016) для этого графика. Он показывает распределение отклонений для числа пассажиров от среднего значения, рассчитанного для дней, когда аварий не было. Действительно, распределение сдвинуто немного влево, как и ожидалось бы в случае, если бы пассажиры могли предчувствовать трагедии. Однако, такое отклонение слишком мало, чтобы с уверенностью утверждать об эффекте предвидения.

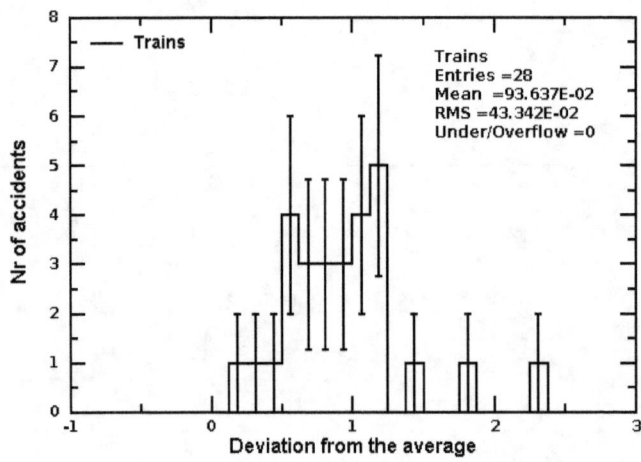

```
from jhplot  import HPlot,H1D

cvs_data='''Line|Train|Date|D-7|D-6|D-5|D-4|D-3|D-2|D-1|D-
accident
Boston & Maine|#60|07/05/53|36|83|53|-1|34|34|32|23
Boston & Maine|#1115|18/12/51|182|163|173|166|-1|-1|151|203
Canadian Pacific|#2960|21/02/53|123|85|62|54|46|46|80|126
Central Vermont|#332|15/07/51|173|131|94|75|124|140|187|147
Chicago & Est III.|Georgian|15/06/52|35|70|62|48|53|60|68|9
Chi. Mil., St. P. &
Pac|#15|15/12/52|150|136|100|120|87|118|86|55
Louisville & Nashville|#99|02/02/52|77|110|38|48|51|52|133|85
New York Central|#5|27/03/53|109|84|161|49|84|86|81|55
New York Central|#12|27/03/53|86|84|185|66|65|60|82|109
New York Central|#27|04/10/50|57|93|87|79|90|62|59|53
Western Maryland|#2|14/02/51|6|7|2|10|-1|7|6|9
Atlantic Coast Line|#2|20/04/53|53|50|55|52|54|41|45|52
Atchison Topeka & Santa Fe|#2|22/09/54|73|78|50|71|77|75|66|48
Atchison Topeka & Santa Fe|#4|06/09/54|11|11|14|6|12|6|8|3
Atchison Topeka & Santa Fe|#15|13/11/53|55|61|50|38|49|70|49|63
Atchison Topeka & Santa Fe|#19|22/08/54|43|55|44|51|58|42|52|35
Atchison Topeka & Santa Fe|#20|24/11/54|32|41|82|46|36|60|37|40
Chicago & Est III.|Georgian|15/06/52|106|56|49|45|55|83|89|159
Chi. Mil., St. P. & Pac|#15|15/12/52|69|41|35|53|63|50|29|46
Chi. Mil., St. P. & Pac|#16|31/05/53|18|25|15|13|16|24|13|19
Chi. Mil., St. P. & Pac|#16|05/09/54|28|36|53|55|32|62|56|42
Kansas City Southern|#1|10/08/51|30|30|13|15|12|20|16|12
Louisville & Nashville|#99|10/08/51|66|37|36|33|49|62|56|25
New York  |#5|i/n/Si|45|23|43|35|26|31|44|31
New York Central|#12|3/27/53|103|40|120|100|54|69|73|96
New York Central|#27|04/10/50|129|159|143|135|109|95|77|96
Pennsylvania|#17|06/09/53|16|9|16|13|12|20|15|11
Pennsylvania|#173|15/06/53|182|132|114|56|196|176|180|161'''

c1 = HPlot("Canvas")
c1.visible(1)
c1.setAutoRange()
c1.setMarginLeft(70)
c1.setNameX("Deviation from the average")
c1.setNameY("Nr of accidents");
h1= H1D("Trains", 20, 0.0, 2.5)
```

```python
import csv
reader = csv.reader(cvs_data.splitlines(), delimiter='|')
n=0;
plus=0
minus=0
for row in reader:
    n +=1
    if n<2: continue
    m,k=0,0
    nr_in_accident=float(row[len(row)-1])
    for i in range(3,len(row)-1):
        nr=float(row[i])
        if (nr>0):
                m=m+nr
                k +=1
    mean=m/k
    print(mean, nr_in_accident, mean/nr_in_accident)
    h1.fill(  nr_in_accident/mean )
    if (mean>nr_in_accident):  plus +=1
    if (mean<=nr_in_accident): minus +=1

print("Plus=",plus)
print("Minus=",minus)
c1.drawStatBox(h1)
stat= h1.getStat()
print stat["mean"],"+-",stat["mean_error"]
c1.draw(h1)
```

Список литературы

3600+ French Last Names and Meanings/ Find your French last name and learn about its meaning and origins. (2024). Получено 15 January 2024 г., из FamilyEducation: https://www.familyeducation.com/baby-names/surname/origin/french

Aczel, A. (2015). *Why Science Does Not Disprove God.* HarperCollins.

Agarwal, R., & Agarwal, H. (2021). Origin of Irrational Numbers and Their Approximations. *Computation, 9*(3), 29. Получено из https://www.mdpi.com/2079-3197/9/3/29

Arndt, J., & Haenel, C. (2001). *Pi - Unleashed.* Springer Berlin Heidelberg.

Atwater, P. H. (2007). *The Big Book of Near-death Experiences: The Ultimate Guide to What Happens When We Die.* Hampton Roads Pub.

Avella, A. (24 January 2022 г.). *Physics - Quantum Mechanics Must Be Complex.* Получено 2 January 2024 г., из Physics (APS): https://physics.aps.org/articles/v15/7

Balasubramanian, V. (26 July 2006 г.). *Penn Researchers Calculate How Much The Eye Tells The Brain.* Получено 17 December 2023 г., из ScienceDaily:

http://www.sciencedaily.com/releases/2006/07/0607261
80933.htm

Ball, W. R., & Coxeter, H. M. (1987). *Mathematical Recreations and Essays.* (H. M. Coxeter, Ред.) Dover Publications.

Barnett, T. (16 September 2015 г.). *Building a Protein by Chance.* Получено 2 February 2024 г., из Stand to Reason: https://www.str.org/w/building-a-protein-by-chance

Barrow, J. (2001). Cosmology, life, and the anthropic principle. *Annals of the New York Academy of Sciences, 950 (1)*, 130.

Beitman, B. (2022). *Meaningful Coincidences: How and Why Synchronicity and Serendipity Happen.* Inner Traditions/Bear.

Beitman, B. B., Celebi, B. D., & Elif Coleman, S. L. (б.д.). Synchronicity and healing. *Integrative psychiatry (Oxford University Press.)*, 445–483.

Belousov, L. S., & Manykin, A. (Ред.). (2014). *Первая мировая война и судьбы европейской цивилизации.* Izdat. Moskovskogo Univ. Получено 11 February 2024 г.

Ben, D., Tressoldi, P. E., Rabeyron, T., & Duggan, M. (2016). Feeling the future: A meta-analysis of 90 experiments on the anomalous anticipation of random future events. *F1000Research.* Получено из https://f1000research.com/articles/4-1188/v2

Benedictus, L. (2020). *Full Fact.* Получено из The Great Pyramid's location isn't as spooky as this post makes out.: https://fullfact.org/online/great-pyramid-speed-of-light/

Berengut, J. C., Flambaum, V. V., King, J. A., & Webb, J. K. (2011). Is there further evidence for spatial variation of fundamental constants? *Phys. Rev. D., 83*, 123506.

Borbley, A. (1988). *Secrets Of Sleep.* (D. Schneider, Перев.) Basic Books. Получено 9 March 2024 г.

Boyer, A. (2019). Weathering the Storm: Physiological and Behavioural Responses of White-Throated Sparrows to Inclement Weather Cues. *Electronic Thesis and Dissertation Repository*, 6215.

Browne, S., & Harrison, L. (2008). *End of Days: Predictions and Prophecies About the End of the World.* Berkley. Получено 8 April 2024 г.

Cambray, J. (2012). *Synchronicity: Nature and Psyche in an Interconnected Universe.* Texas A&M University Press. Получено 14 December 2023 г.

Chekanov, S. V. (2016). *Numeric Computation and Statistical Data Analysis on the Java Platform.* Springer International Publishing. Получено 17 December 2023 г.

Chopra, D. (2005). *Synchrodestiny.* Rider.

Colburn, T. A. (2000). Information, thought, and knowledge. *In Proceedings of the world multiconference on systemics, cybernetics and informatics*, 467—471.

Cox, W. E. (1956). Precognition: An analysis. II. Subliminal precognition. *Journal of the American Society for Psychical Research, 55*, 99-109.

Csanyi, E. (12 September 2012 г.). *Nikola Tesla - Everything is the Light*. Получено 16 February 2024 г., из Electrical Engineering Portal: https://electrical-engineering-portal.com/nikola-tesla-everything-is-the-light

Dare, L. (2017). *Biblical Numerology: Meaningful Numerical Values and Patterns of the Holy Bible*. CreateSpace Independent Publishing Platform. Получено 16 February 2024 г.

Darwin, C. (1979). *The origin of species : complete and fully illustrated. Original publication year 1859*. Gramercy Books.

Davies, O. (2018). *A Supernatural War: Magic, Divination, and Faith During the First World War*. (O. Davies, Ред.) Oxford University Press. Получено 12 February 2024 г.

Dawkins, R. (2006). *The Selfish Gene*. OUP Oxford. Получено 31 January 2024 г.

Dawkins, R. (2008). *The God Delusion*. Houghton Mifflin Company.

Dimitrov, T. (1995). *50 Nobel Laureates and Other Great Scientists who Believe in Go*. Novelists.net.

Dobrogosz, H. (31 January 2024 г.). *40 Coincidences That Prove The World Is Small.* Получено 2 February 2024 г., из BuzzFeed: https://www.buzzfeed.com/hannahdobro/shocking-small-world-stories

Ėkshtut, S. A. (1994). *В поиске исторической альтернативы: Александр I, его сподвижники, декабристы.* Россия молодая.

Faggin, F. (2024). *Irreducible: Consciousness, Life, Computers, and Human Nature.* John Hunt Publishing Limited.

Feuillet, L., Dufour, H., & Pelletier, J. (2007). Brain of a white-collar workeк. *The Lancet, 390,* 262.

Feynman, R. P., & Leighton, R. (1997). *"Surely you're joking, Mr. Feynman!" : adventures of a curious character.* (R. Leighton, & E. Hutchings, Ред.) W.W. Norton.

Geisler, N. L., & Turek, F. (2004). *I Don't Have Enough Faith to Be an Atheist.* Crossway.

Geison, G. L. (2014). *The Private Science of Louis Pasteur.* Princeton University Press.

Ginsburgh, I., & Taylor, G. L. (1987). *Scientific Predictions of The Urantia Book.* Получено 8 February 2024 г., из The Urantia Book and Contemporary Christian Beliefs About Revelation: https://archive.urantiabook.org/archive/science/ginsss2.htm

Gooding, D. W., & Lennox, J. C. (2018). *Suffering Life's Pain: Facing the Problems of Moral and Natural Evil.* Myrtlefield House.

Gorvett, Z., & Brunelle, F. (13 July 2016 г.). *You are surprisingly likely to have a living doppelganger.* Получено 14 February 2024 г., из BBC: https://www.bbc.com/future/article/20160712-you-are-surprisingly-likely-to-have-a-living-doppelganger

Hancock, G. (1995). *Fingerprints of the Gods: The Evidence of Earth's Lost Civilization.* Crown.

Hands, J. (2016). *Cosmosapiens: Human Evolution from the Origin of the Universe.* Harry N. Abrams. Получено 31 January 2024 г.

Hawking, S. W. (1988). *A brief history of time : from the big bang to black holes.* Bantam.

Hawking, S., & Mlodinow, L. (2010). *The Grand Design.* Random House Publishing Group.

Hermanns, W. (1983). *Einstein and the poet : in search of the cosmic man.* Branden Press.

Hofstadter, D. (1985). *Metamagical Themas.* Basic Books.

Howells, K. (7 February 2023 г.). *Our favorite moons of the Solar System.* Получено 17 March 2024 г., из The Planetary Society: https://www.planetary.org/articles/our-favorite-moons-of-the-solar-system

Husain, A., Reddy, J., & Sajid, M. (2021). Fractal dimension of coastline of Australia. *Scientific Reports, 11*.

Impey, C. (2012). *How It Began: A Time-Traveler's Guide to the Universe.* W. W. Norton.

Jung, C. G. (1901). *The Symbolic Life: Miscellaneous Writings (The Collected Works of C. G. Jung, Volume 18) (The Collected Works of C. G. Jung, 68) Hardcover.* Princeton University Press.

Jung, C. G. (1973). *Synchronicity: An Acausal Connecting Principle.* Princeton University Press. Получено 14 December 2023 г.

Jung, C. G., & Pauli, W. E. (2012). *The Interpretation of Nature and the Psyche.* Ishi Press International. Получено 14 December 2023 г.

Kanakogi, Y., & others. (2022). Third-party punishment by preverbal infants. *Nat Hum Behav, 6*, 1234–1242.

Kittel, W., & De Wolf, E. A. (2005). *Soft Multihadron Dynamics.* World Scientific. Получено 4 February 2024 г.

Kline, M. (1972). *Mathematical Thought from Ancient to Modern Times.* Oxford University Press; Illustrated edition.

Krauss, L. M. (2013). *A Universe from Nothing: Why There Is Something Rather than Nothing.* Atria.

Lange, M. (2010). What Are Mathematical Coincidences (and Why Does It Matter)? *Mind, 119,* 474.

Lennox, J. C. (2009). *God's Undertaker: Has Science Buried God?* Lion. Получено 28 January 2024 г.

Lennox, J. C. (2019). *Can Science Explain Everything?* Good Book Company. Получено 18 January 2024 г.

Lennox, J. C. (2021). *God and Stephen Hawking 2ND EDITION: Whose Design Is It Anyway?* Lion Hudson PLC.

Lim, M. (30 July 2021 г.). *Turning DNA into data storage powerhouses.* Получено 22 December 2023 г., из DUG Technology: https://dug.com/turning-dna-into-data-storage-powerhouses/

Mandelbrot, B. B. (1983). *The fractal geometry of nature.* Henry Holt and Company. Получено 4 February 2024 г.

Masci, D. (5 November 2009 г.). Religion and Science in the United States. *Pew Research Center.* Получено 20 December 2023 г., из https://www.pewresearch.org/religion/2009/11/05/an-overview-of-religion-and-science-in-the-united-states/

Menskiĭ, M. B. (2011). *Сознание и квантовая механика: жизнь в параллельных мирах : (чудеса сознания-из квантовой реальности) : [пер. с англ.].* Век 2.

Meyer, S. C. (2009). *Signature in the Cell: DNA and the Evidence for Intelligent Design.* HarperCollins.

Meyer, S. C. (2013). *Darwin's Doubt: The Explosive Origin of Animal Life and the Case for Intelligent Design.* HarperCollins.

Meyer, S. C. (2021). *The Return of the God Hypothesis: Three Scientific Discoveries Revealing the Mind Behind the Universe.* HarperOne.

Miller, B. (18 February 2019 г.). *A Dentist in the Sahara: Doug Axe on the Rarity of Proteins Is Decisively Confirmed.* Получено 2 February 2024 г., из Evolution News: https://evolutionnews.org/2019/02/a-dentist-in-the-sahara-doug-axe-on-the-rarity-of-proteins-is-decisively-confirmed/

Miller, J. (2022). Does quantum mechanics need imaginary numbers? *Physics Today, 75*(3), 14-16.

Mindell, A. (2000). *Quantum Mind: The Edge Between Physics and Psychology.* Lao Tse Press. Получено 2 February 2024 г.

Moody, R. A. (2005). *The Light Beyond.* Rider.

Murray, D. B., & Teare, S. W. (11 1993 г.). Probability of a tossed coin landing on edge. *NASA/ADS.* Получено 21 December 2023 г., из https://ui.adsabs.harvard.edu/abs/1993PhRvE..48.2547M/abstract

Mushtaq, H. (2023). *You'll be amazed by how much data DNA can store (figures inside)! — Steemit.* Получено 22 December 2023 г., из Steemit: https://steemit.com/science/@hmushtaq/you-ll-beamazed-by-how-much-data-dna-can-store-figures-inside

Nelson, G. K. (1969). *Spiritualism and Society*. Routledge & K. Paul.

Nucleic acid memory. (7 November 2016 г.). Получено 22 December 2023 г., из Tature: https://www.nature.com/articles/nmat4594

Penrose, R. (1989). *The emperor's new mind concerning computers, minds, and the laws of physics*. Oxford University Press.

Penrose, R. (2007). *The Road to Reality: A Complete Guide to the Laws of the Universe*. Knopf Doubleday Publishing Group.

Peoc'h, R. (1995). Psychokinetic Action of Young Chicks on the Path of an Illuminated Source. *Journal of Scientific Exploration, 9*, 223.

Pietsch, P. (1981). *Shufflebrain*. Houghton Mifflin.

Ponte, D. M., & Schäfer, L. (Nov 2013 г.). Carl Gustav Jung, Quantum Physics and the Spiritual Mind: A Mystical Vision of the Twenty-First Century. *Behav Sci (Basel).*, *3*(4), 601-618.

Roskies, R., & Peres, A. (1971). A new pastime–calculating alpha to one part in a million. *Phys. Today, 24*, 9.

Sanger, L. (2024). *God exists. A Philosophical Case for the Christian God*. Sanger Press.

Schäfer, L. (2013). *Infinite Potential: What Quantum Physics Reveals about how We Should Live.* Deepak Chopra Books.

Sellers, J. (2017). Out-of-Body Experience: Review & a Case Study. *Psychology, Medicine Journal of Consciousness Exploration & Research.*

Shalev, B. A. (2002). *100 Years of Nobel Prizes.* Americas Group. Получено 21 January 2024 г.

Shermer, M. (2018). *Heavens on Earth: The Scientific Search for the Afterlife, Immortality, and Utopia.* Henry Holt and Company.

Social Security. United States government. (2020). *Actuarial Life Table. Statistical tables, www.ssa.gov.* Получено 2023, из www.ssa.gov: https://www.ssa.gov/oact/STATS/table4c6.html

Swinburne, R. (2004). *The Existence of God.* Clarendon Press.

Taleb, N. N. (2008). *The Black Swan: The Impact of the Highly Improbable.* Random House Publishing Group.

Taylor, G. (9 November 2017 г.). Scientific Predictions of the Urantia Book. Получено 8 February 2024 г., из http://evolving-souls.org/wp-content/uploads/2018/02/Scientific-Assertions-Predictions-of-UB.pd

The MPmath development team. (2023). *MPmath.* Получено 30 December 2023 г., из mpmath - Python library for arbitrary-precision floating-point arithmetic: http://mpmath.org/

Urantia Foundation. (2008). *The Urantia Book*. (Urantia Foundation, Ред.) Urantia Foundation.

Von Daniken, E. (1999). *Chariots of the Gods*. Penguin Publishing Group.

Weber, R. (1990). *Dialogues with Scientists and Sages: The Search for Unity*. Penguin Group (USA) Incorporated.

Wells, D. (1988). Which is the most beautiful?. *The Mathematical Intelligencer, 10*, 30-31.

Wheeler, J. (1990). *Complexity, Entropy And The Physics Of Information*. (W. H. Zurek, Ред.) Avalon Publishing. Получено 13 February 2024 г.

Wolfram, S. (2002). *A new kind of science*. Wolfram Media.

Yee, J. (20 May 2019 г.). *The Relationship of the Fine Structure Constant and Pi, viXra.org e-Print archive*. Получено 15 February 2024 г., из viXra.org: https://vixra.org/abs/1905.0396

Балашов, Л. (2022). *Случайность как категория философии | Лев Балашов. Философия, политика*. Получено 9 February 2024 г., из Дзен: https://dzen.ru/a/Yz3eyFXW9m6go7Mh

Блаватская, Е. П. (1888). *Тайная доктрина («The Secret Doctrine»)*. Эксмо (2008) Переводчик: Рерих Е. Редактор: Галий В.

Карышев, И. А. (1895). *Книга 1-я. Бог не опровержим наукой.* Книга.

Налимов, В. В., & Дрогалина, Ж. А. (1995). *Реальность нереального: вероятностная модель бессознательного.* Мир Идей. АО AKRON.

Пирогов, Н. И. (2010). *Вопросы жизни. Дневник старого врача. Юбилейное издание к 200-летию со дня рождения Н.И. Пирогова.* Глаголъ.

Щербаков, А. (2021). *Феномен сознания вне тела.* Ridero.

Предметный указатель

В

Г

Д

Е

Ж

З

И

К

Л

М

Н

О

П

Р

C

T

Ц

Ч

Ш

Э

Ю

www.ingramcontent.com/pod-product-compliance
Lightning Source LLC
Chambersburg PA
CBHW060849120626
46553CB00001B/24